建筑工程施工管理技术要点集丛书

建筑工程造价管理

邹庆梁　杨南方　王世超　编著

中国建筑工业出版社

图书在版编目（CIP）数据

建筑工程造价管理/邹庆梁等编著．—北京：
中国建筑工业出版社，2004
（建筑工程施工管理技术要点集丛书）
ISBN 978-7-112-06929-3

Ⅰ．建… Ⅱ．邹… Ⅲ．建筑造价管理
Ⅳ．TU723.3

中国版本图书馆 CIP 数据核字（2004）第 106196 号

建筑工程施工管理技术要点集丛书
建筑工程造价管理
邹庆梁　杨南方　王世超　编著
*
中国建筑工业出版社出版、发行（北京西郊百万庄）
各地新华书店、建筑书店经销
北京市燕鑫印刷有限公司印刷
*
开本：850×1168 毫米　1/32　印张：12¼　字数：330 千字
2005 年 1 月第一版　2012 年 9 月第六次印刷
印数：8601－10100 册　定价：**20.00** 元
ISBN 978－7－112－06929－3
（12883）

本书简明扼要地全面介绍了建设工程造价的基本概念及其管理程序。分别介绍造价的构成，工程定额、指标、工程量清单计价的计价依据，并着重介绍最新颁布的《建设工程量清单计价规范》的内容，及其具体应用，阐明了定额、指标与工程量清单的关系。此外，对进行造价管理及计价中所涉及的有关工程建设法定程序和手续，也进行了交代。

本书可供建筑工程基建、施工、管理、监理及设计人员学习参考，也可作为管理人员的培训教材。

* * *

责任编辑：黎　钟
责任设计：孙　梅
责任校对：刘　梅　王金珠

丛书编委会

主　任：曹　森　刘中平　彭尚银

编　委：吴兆军　贾丕业　闫怀庚　胡伟江　沈诗国
张玉忠　朱洪田　王春赋　丛　林　王继才
江建文　姜仁荣　庞卫祥　李文华

《建筑工程造价管理》

主　编：邹庆梁　杨南方　王世超

副主编：白丽亚　贾丕业　张建设

主　审：丁西林　彭尚银　高　汛

编　写：杨　景　翁兴武　张子智　陈　虹　刘春才
侯振佳　李仁林　邹俊豪　李政林　孙福倩
张世田　李　伟　刘继忠　杨元林　贾新永

丛书前言

优异的建筑，不仅要有优秀的设计、优质的建材和设备，还要有先进的施工技术、精湛的施工工艺和全程的过程控制，而规范的施工管理则是优异建筑永恒的主题。

改革开放以来，特别是进入21世纪以来，国家对施工管理的改革进一步深化，颁布实施了一系列规定，如竣工验收备案制度、见证取样和送检规定等；对有关结构设计和施工质量验收的标准规范本着“验评分离，强化验收，完善手段和过程控制”的方针进行了修订，并于2003年全部实施。这些规定、标准、规范的实施强化了施工管理工作，同时对施工管理工作提出了新的、更高的要求。

参加工程建设的各方应努力学习国家有关新规定、新标准和新规范等，对工程建设施工管理进一步加强和深化，以适应新形势对施工管理的要求，确保工程建设质量。为此，解放军工程质量监督站、沈阳军区基建营房部在中国建筑工业出版社支持下，组织有关单位一些具有较高理论水平和丰富实践经验的人员，依据国家近年来颁布实施的结构设计标准、施工质量验收规范、规章、规定等，结合施工中的实际编写了这套要点集丛书。

本套要点集丛书共10本，分别是：

工程项目管理、施工组织设计编制、建筑工程造价管理、新型建筑材料应用、建筑工程质量检验、建筑结构施工、建筑安装施工、建筑装饰施工、房屋防渗漏和施工质量验收。

本套丛书适用于参加工程建设的建设单位、监理单位、施工单位以及质量监督机构和主管部门的有关人员，也可供有关院校教学参考。

本套丛书在编写过程中得到有关专家、教授和同行的大力支持和帮助，在此表示诚挚的感谢！

由于作者水平有限，文中不当之处敬请读者给予斧正。

前　言

建筑工程造价管理，是运用科学、技术原理和经济、法律等管理手段，按照价值规律和建设项目自身的价值特点，以及工程建设客观规律的要求，科学合理地确定建设项目的造价，并从项目建设的各个环节、各个方面，对造价实施全过程、全方位的动态管理，以充分利用人力、物力、财力和自然资源，降低工程成本，提高投资效益和经济效益。

基本建设投资大、周期长，如何使投资效果得到有效发挥，以达到预期的经济效果，是各级政府管理部门和建设项目管理者都十分关注的问题。工程造价管理以建设项目为对象，从立项决策到竣工投入使用的全过程，围绕工程造价所进行的优化、确定、控制、管理等工作，以求资源的最有效的利用，确保工程达到需求目的的前提下最大节省人力、物力和财力。随着社会主义市场经济的逐步健全，投资体制改革的不断深化，工程造价管理也将逐步由国家定价转变为市场形成造价的机制，这对工程造价管理人员的业务素质和他们对市场的应变能力提出了更高的要求。

本书的宗旨，是为适应社会主义市场经济和建设项目全过程工程造价管理的需要，帮助广大工程造价管理人员学习、掌握工程造价管理知识，提高建设工程造价管理水平。

本书包括六部分的内容：一是工程造价相关知识，二是建设工程造价综述，三是工程造价计价依据，四是工程造价指标，五是工程量清单计价，六是建设项目造价管理。针对工程造价管理的要点，逐一简述，便于读者有目的地查阅学习，随时解决工作中遇到的疑难问题。书中叙述简明扼要，实用性强，并附有必要的实例分析，可供建设、设计、施工单位工程造价管理人员、工程招投标管理人员、建设监理人员阅读，也可以作为工程造价管理人员的培训教材。由于编者水平有限，错误和不足之处在所难免，诚望读者提出宝贵意见。

目　录

1 工程造价管理相关知识

1.1 建设项目管理

(1) 项目管理的基本概念

项目是指在一定约束条件下(限定时间、限定资源)具有专门组织和特定目标的一次性任务；它具有一次性、明确性、整体性、生命周期等特点。

建设项目是指按一个总体设计进行建设的各个单项工程构成的总体，在我国也称为基本建设项目。建设项目除具备一般项目的特征外，还具有其自身的特征，即：一是投资额巨大，建设周期长；二是建设项目是按一个总体设计建成的，是一个可以形成生产能力或使用价值的若干单项工程的总体；三是建设项目一般在行政上实行统一管理，在经济上实行统一核算，因此有权统一管理总体设计所规定的各项工程。

项目管理是指在一定的约束条件下，为达到项目目标而实施的计划、组织、协调、指挥和控制的过程。项目管理具有如下特点：一是每个项目管理都有自己特定的管理程序和步骤；二是项目管理是以项目经理为中心的管理；三是项目管理需要运用现代管理方法和手段；四是要在管理过程中实施动态控制。

建设项目管理是指在建设项目生命周期内，用系统工程的理论、观点和方法，对建设项目进行计划、组织、协调、指挥和控制的管理活动。

(2) 建设项目的分类

按建设性质分，可划分为基本建设项目和更新改造项目两大类。其中基本建设项目又包括：新建项目、扩建项目、迁建项目、恢复项目；更新改造项目包括：挖潜工程、节能工程、安全工程、环境工程。

按投资作用分，建设项目可划分为生产性建设项目和非生产性建设项目。生产性建设项目是指直接用于物质生产或直接为物质生产服务的建设项目，包括工业建设、农业建设、基础建设、商业建设；非生产性建设项目是指用于满足人民物质文化福利需要的建设和非生产部门的建设，包括：办公用房、居民建筑、公共建筑和其他建设四个方面。

按项目规模分，基本建设项目可划分为大型项目、中型项目和小型项目三类。其具体划分标准，需根据各个时期经济发展水平和实际工作中的需要划定。现行国家把投资 5000 万元以上的能源、交通、原材料部门的基本建设项目划分为大型项目，投资 3000 万元以上的其他部门和非工业建设项目划分为大中型项目。

(3) 建设项目的目标控制

1）投资控制

建设项目投资应贯穿于工程建设的全过程或建设程序的所有步骤。越是前期，投资控制越重要。其控制重点在前期决策和设计阶段。

① 项目建议书阶段的控制。在项目建议书阶段要进行投资估算和资金筹措。其任务主要是对项目的经济效益和社会效益作初步估算。如果是利用外资，还应分析利用外资的可能性，并初步测算偿还能力。

② 可行性研究阶段的投资控制。在可行性研究阶段，主要是在项目建议书获得批准后，对项目进行评估，为项目决策提供主要依据。这个阶段要在完成市场需求预测、场址选择、工艺技术方案选择等可行性研究的基础上，对拟建项目各种经济因素进行调查、研究、预测、计算和论证。运用定性分析和定量分析相结合、动态分析与静态分析相结合的方法，计算内部收益率、净现值率、投资利润等指标，完成财务评价。大中型项目还要利用

影子汇率、社会折现率等经济参数，进行国民经济评价，从而考查投资行为宏观经济的合理性。可行性研究报告是进行投资决策的主要依据。

③ 编制设计文件阶段的投资控制。初步设计是根据批准的可行性研究报告和有关设计基础资料，拟定工程建设实施的初步方案。建设项目投资的多少，是在这一阶段拟定的。因此，这一阶段是实施投资控制的关键阶段。在设计中，必须始终具有经济观念，根据功能的需求进行设计，不能浪费，使项目投资得到有效控制。

④ 工程施工招标阶段的控制。在工程施工招标阶段，项目法人要通过编制标底，发布招标文件，组织开标、评标和定标进行投资控制。标底是评标和定标的依据。因此，标底的编制要科学、严谨、准确、可靠。

⑤ 施工阶段的投资控制。施工阶段是投资活动的物化过程，也是投资大量支出的阶段。这个阶段的控制任务是，按设计要求实施，按进度和实际工程量付款，使实际支出控制在合同价之内，而合同价则控制在初步设计概算之内。在这一阶段，要尽量减少设计变更，努力降低造价。同时，工程竣工后要搞好决算和结算。

2）进度控制

影响工程进度的因素很多，有建设单位、勘察设计单位、施工单位、环境社会因素等。建设项目进度控制是一个动态过程，需要采取有效措施，适应变化，使不平衡变为相对平衡，实现进度控制目标。进度控制的重点放在施工准备和进行施工阶段。为使工程进度得到控制，需要对建设项目的每一个阶段都进行控制：

在项目建议书的内容中，按规定有“项目进度建议”。此建议是对项目进度轮廓的设想，是上级对项目建议书进行审批的重要依据。

在可行性研究报告中，按规定有“实施进度的建议”。这是对项目进度建议的具体化，是对建设项目进行评估进度决策的重要依据。

在设计过程中，必须实施设计进度控制，并对设计方案的施工进度做出预测。

在建设准备阶段，要编制施工总进度计划，并进行进度决策。为编制招标文件中的总工期目标和施工中的进度控制提供依据。

在建设施工阶段，要严格按计划进度实施，并尽量设法排除偏离进度计划目标的因素，保证进度目标的实现。

在竣工验收交付使用阶段，要加快工程收尾工作，尽量缩短验收进程，竣工后要及早交付使用。

3）质量控制

质量是反映实体满足功能和隐含需要能力特点的总和。质量控制是为达到质量要求所采取的作业技术活动。质量形成的全过程，就是建设程序的全过程，同时也是质量控制的全过程。质量、投资、进度三项指标具有对立统一、相互制约的关系；不能脱离投资和进度的制约，孤立地对待质量问题。

① 对质量形成过程的控制

A. 项目建议书对质量形成的影响。由于项目建议书对建设项目提出轮廓设想，其中包括产品方案、建设地点、拟建规模、投资估算等，为可行性研究提供依据，对建设项目的功能和建设决策产生影响，这个阶段对建设质量有潜在影响。

B. 可行性研究阶段对质量形成的影响。在可行性研究阶段，要对建设项目在技术上、经济上、环境上以及项目本身对国民经济的影响上进行论证，并作多方案比较，从而选出最佳方案，为设计提供依据。可行性研究做出的决策，是项目成败的关键，对项目建设质量有着决定性的影响。

C. 设计阶段对质量形成的影响。可行性研究阶段提出的质量要求，要通过设计工作具体化。设计的质量决定着建设项目建成后的使用价值和功能。所以，设计阶段是影响建设项目的决定

性环节。

D. 施工阶段对质量形成的影响。施工阶段形成质量的主体，所有与建设活动有关的单位都要在此阶段参与质量形成活动。所以，质量控制工作量最大的阶段是施工阶段。

E. 项目竣工对质量的影响。在建设项目竣工验收阶段，要对施工阶段的质量效果进行试车运转、检查、评定与考核，认定其是否达到了决策阶段和设计阶段的质量目标，这对工程投入使用后的使用质量有重大影响。

② 对质量实施主体的控制

建设项目质量控制主体体现了多元化的特点。勘察单位、设计单位、施工单位、建设单位、监理单位及材料、构配件、设备供应单位，均对建设项目质量负有责任。

A. 建设单位质量控制责任。建设单位既是建设项目的投资者，又是项目的使用者和拥有者。所以，质量管理应贯穿于项目建设的全过程。建设单位对各个阶段的质量全面负责组织与管理，对工程质量负有决策、监督、帮助、考核和组织验收的责任。

B. 勘察、设计单位质量控制责任。勘察设计单位对建设项目的质量负有勘察设计责任。设计单位也应实行项目管理，进行设计目标控制。应建立设计质量管理体系，健全设计质量的校对、审核制度，设计文件必须符合国家、行业和地区有关法规、技术标准，使功能满足可行性研究的要求。在施工中，设计单位负有设计变更、监督和参加验收的责任。

C. 施工单位的责任。施工单位对建设项目负有制造责任。要通过实行项目管理和建立施工项目质量保证体系，确保每一个分部分项工程和单位工程质量达到标准和合同要求，按竣工标准要求交工。达不到合同要求的，要进行返修；交工后要实行回访和保修。在施工中，要自觉接受建设单位、监理单位、设计单位和工程质量监督部门的检查监督。

D. 监理单位质量控制责任。监理单位受建设单位的委托对

建设项目实施监理。监理单位应当按建设项目质量管理标准、有关规范、质量设计文件、施工承包合同的要求实现质量目标。

E. 建筑材料、构配件、设备供应单位的质量责任。材料、构配件、设备供应单位应当建立有效的质量保障体系，所供应的设备和材料，必须符合国家规定和有关标准。

1.2 工程经济

(1) 投资管理体制

所谓投资是指投资主体为了特定的目的，以达到预期的价值垫付行为。投资包括投资主体、投资客体、投资目的和投资方式四个必备的投资要素，缺一不可。

投资从不同的角度，可作不同的分类。按投资在再生产过程中周转方式的不同，投资可分为固定资产投资和流动资产投资；按投资的领域不同，可分为生产经营性投资和非生产经营性投资；按投资方式的不同，可分为直接投资和间接投资；按投资主体的不同，可分为政府、企业(公司)、国家授权投资主体投资和个人投资；按投资资金来源的不同，可分为国内投资和国外投资。

1）固定资产投资概念及特点

固定资产是指在社会再生产过程中可供长期反复使用，并在其使用过程中基本上不改变实物形态的劳动资料和其他物质资料，如房屋、建筑物、机器设备、运输工具等。固定资产作为经济社会活动的重要内容，是国民经济和企业经营管理的重要组成部分。它与一般生产、流通领域相比，具有下述诸多不同的特点：

A. 资金占用多，一次性投入的资金大。生产领域的固定资产投资，主要用于机器设备和建筑安装的投入。现代化的建筑物和机器设备，与大规模生产相适应；大型化和复杂化的，则需投入大量的资金。投资的资金需要在较短时间内筹集，一次性

投入。

B. 建设和回收过程长。从垫支到回收投资一般要经过建设期和回收期两个阶段。建设期少则一、二年，长则几年、十几年甚至几十年。在相当长的时间内，投资者只是不断地投入人力、物力、财力，而得不到回收，大量资金要占用在建设工程上。投资项目在竣工投产后，即进入生产期。这时，投入的资金开始周转，随着产品的不断销售和利润的实现，逐渐地收回投资，回收的过程要持续很长时间。

C. 投资形成的产品具有固定性。投资形成的建筑物和设备等，都要固定在一定位置。设备虽然具有相对的流动性，但一进入投资过程，就要包容在厂房等建筑物内，而各种建筑物又是与土地联成一体的，因而在空间上相对固定。同时，固定资产一般都有固定用途、固定使用对象和固定工艺等，因而具有固定性。

D. 投资产品具有单件性。固定资产的投资项目不可能是批量生产的，必须一个一个地单独建设。每个投资项目都有其特有设计，因而具有独特的形式与结构。即使是按照标准建造的厂房或住宅，也会由于建设地点、自然条件和施工条件的不同而有所差异。这与一般工业产品按同一图纸大批量生产明显不同。

E. 投资项目的管理比较复杂。固定资产投资是形成新的生产能力和改造原有生产能力的手段，它决定着国民经济和社会发展各方面的比例关系，决定着生产力布局，也决定着新的生产技术水平，对国民经济的发展产生深远持久的影响。因而对投资项目的决策和宏观管理要求极为严格和复杂。从选择项目到组织实施的各个环节，都要有一套严格的建设程序，需要若干经济技术单位按照严格的规范协调进行。

2）固定资产的投资体制

① 投资体制的定义和组成。投资体制是指组织、领导和管理社会投资活动的基本制度和主要方式、方法。它是经济体制的重要内容，主要包括：投资主体如何确立，投资决策制度如何选择，投资利益关系如何处理，投资管理权限和职责如何划分，投

资控制方式如何采用以及投资管理机构如何设置等问题。

从不同的角度考查投资管理体制，有不同的组成。

从系统论的角度看，投资体制主要由投资决策系统、投资控制系统、投资调控系统、投资动力系统、投资信息系统四大系统组成，投资体制是四者的统一体。

从管理机制来看，投资体制主要由三个要素组成，包括：投资主体的决策层次结构、投资运行机制、投资领域内各经济实体之间的关系。

从管理体制来看，投资体制的组成主要包括投资计划管理体制、投资资金管理体制和投资经营管理体制。

从管理对象来看，投资体制的组成主要包括投资项目管理体制、设计体制、施工管理体制等。

② 投资体制的模式

根据投资决策的集权与分权程度不同，可以把投资模式分为三种典型的模式：

A. 高度集权型投资体制模式。这种模式的特点是企业投资全部纳入国家统一计划，投资方式单一，投资领域各经济实体之间的联系非商品化。国家不仅决定关系国民经济结构的新建项目的决策，而且决定原有企业本身的扩建与改建，甚至包揽企业固定资产折旧资金的使用，企业没有固定资产扩大再生产的自主投资决策权。预算拨款是投资资金的主要来源，计划亏损以及低利企业由国家财政予以补助。集权投资模式不要求市场发育，它排斥市场体制。在社会主义制度建立初期，它曾经起到了一定的作用，但随着市场经济的发展和完善，集权投资模式已逐渐退出历史舞台。

B. 分散型投资模式。这是一种投资决策权完全分散的投资模式，国家彻底放弃了一切投资决策权，把它交给为数众多的企业。这种模式模仿了西方市场经济发达国家的投资体制，要求市场高度发育，信息与竞争充分。在我国实行市场经济的初期，因不具备这种条件，暂不宜使用。

C. 综合型投资模式。其基本特征为：划分国家、地方和企业的投资范围。中央政府负责对关系整个国民经济产业结构和社会消费结构的产业的投资；地方政府负责对关系地方产业、经济结构的新建项目的决策，企业再生产方面的一切决策权全部由企业自主行使。形成了中央、地方、企业三个层次的投资主体。投资调控主要通过财政、税收、利率和筹资等手段引导和调节投资的流向。综合型投资体制模式具有集权型投资模式所没有的优点，同时在一定程度上解决了松散型投资模式的弊病。根据我国目前情况，这种模式是我们所采取的投资体制模式。值得注意的是，综合型投资模式必须以企业产权的明晰化和比较发达的市场机制为前提。否则，就会导致企业投资行为的某种紊乱，产生周期性的经济振荡，形成放权与收权的怪圈。

(2) 工程建设管理体制

1) 我国工程管理的现状

我国对工程建设项目程序实行严格的管理。根据现有的规定，可分为八个循序渐进的工作步骤，分别为：项目建议书阶段、可行性研究报告阶段、建设项目决策阶段、设计工作阶段、建设准备阶段、建设实施阶段、竣工验收阶段和评价阶段。

建国后，我国长期实行高度集中的计划经济，政府是主要甚至是惟一的投资主体，投资管理主要依靠行政系统和政府手段。改革开放以来，我国的投资主体逐渐向多元化方向发展，按投资资金来源分，可分为：国家预算内资金、国内贷款、外资、自筹资金和其他资金。然而，在投资主体发生变化的情况下，我国对不同投资主体工程建设项目仍然沿用同一种模式，而没有实行分类管理。其结果，一方面对国有投资项目管理不够严格、规范，另一方面，对非国有资金来源的投资项目管理又过严、过死，行政干预较多。从而造成投资规模膨胀，投资效益不高，投资结构不合理，限制了投资主体的积极性。尤其是我国建筑市场尚不发达，市场准入和清除制度还不健全，对投资项目缺乏严格而规范的管理，政府对工程监督管理体系不完善，工程咨询代理制度发育不成熟，工程风险管理制度和工程信息化管理系统还未建立起来，行业协会自律机制亟待加强，政企不分，多头管理和地方保护、部门保护的问题比较严重。这些既不利于我国工程建设与国际接轨，又妨碍我国具有特色的工程建设管理体制的建立和发展。因此，亟需对我国工程建设管理体制进行改革，建立全国统一的建设大市场。

2）工程建设管理体制的主要内容

对于政府投资的工程，要严格执行项目法人责任制、招投标制、工程监理制和合同管理制等制度。其目的是为了避免政府投资的无谓浪费，保证政府的投资效果。

① 项目法人责任制度。项目法人责任制度的建立，是为了建立约束机制，规范项目法人的行为，明确责、权、利，提高建设水平和投资效益。项目法人责任制度是按《公司法》的要求设立有限责任公司形式的项目法人，由项目法人对项目的策划、决策、资金筹措、建设实施、生产经营、债务偿还和资产的保值增值，实行全过程负责的制度。项目法人的组织形式为：国有独资公司设立董事会，由投资方负责组建；国有控股或参股的有限责任公司设立股东会、董事会、监事会；各类建设项目的董事在建设期间至少应有一名常驻现场管理。董事会应建立例会制度，讨论项目的重大事宜，对资金支出进行严格的管理，以决议形式予以确认。

② 招标制度。为把市场竞争引入投资体制改革，国家明确要求对工程建设实行招标制度。

《中华人民共和国招标投标法》规定，大中型建设项目的勘察、设计、建筑安装、监理以及与工程有关的重要设备、材料等采购，必须进行招标。招标投标不受地区、部门、行业的限制，任何地区、部门和单位不得进行保护。招标投标应当遵循公开、公平、公正、择优和诚实信用的原则。招标投标必须严格按照程序进行。

③ 建设工程监理制。所谓建设工程监理，是指具有相应资

质的监理单位受建设单位的委托，依据国家有关工程建设的法规、法律、制度，经建设部门批准的工程建设项目文件，订立工程委托监理合同，对工程建设实施的专业化监督管理。从工作性质、内容作用来看，目前我国推行的建设工程监理制度与国外为业主提供的项目管理咨询相似，但又有较大区别。发达国家项目管理咨询服务，包括设计准备阶段、设计阶段、施工阶段、投产前准备阶段和保修阶段。每个阶段都要进行投资控制、进度控制、质量控制和合同管理、信息管理与组织协调方面的工作。我国的建设项目监理，按本来的设想，也包括建设前期的投资决策咨询，对设计阶段、招标阶段、施工阶段的监理。监理的主要内容是控制工程建设的投资、进度(工期)和质量，进行工程建设合同管理，协调有关单位的关系。但在实践中由于种种原因，目前建设工程监理主要在施工阶段进行监理，而且着重对施工质量进行控制。今后，须参照国外建设工程的做法，加大工程建设监理的力度，拓展工程监理的范围。按照《建筑法》，将政府投资的工程建设项目列为强制监理的工程范围。另外，还应加强监理工程师的培训、注册、执业资格考核，提高监理队伍的素质和监理水平。

④ 合同管理制。合同是约束和规范合同双方行为的重要手段。我国从 1991 年起，建设部和国家工商管理总局相继联合颁发了《建设工程勘察合同示范文本》等一整套工程建设示范文本。之后，又进行了多次修改完善，形成了标准合同文本系列。现在使用的最新施工合同文本为《建设工程施工合同》示范文本(GF—1999—2001)，对工程质量、进度、投资等控制目标进行管理。建设工程施工合同明确了建设单位和施工单位在施工中的权利和义务，有利于对工程施工的管理，是建设工程监理的前提和基础。建设工程合同的订立，必须遵守国家的法律法规，平等互利，协商一致。

(3) 投资方案经济效益评价指标与评价方法

在对投资项目进行经济评价前，首先需要建立一套评价指标，并确定其科学的评价标准。评价指标是投资项目经济或投资效果的量化及其直观的表现形式，它通常是通过对投资项目所涉及的费用和效益的量化和比较来确定的。只有正确理解和适当地运用各个评价指标的含义及其评价准则，才能对投资项目所涉及的费用进行有效的经济分析，做出正确的投资决策。

评价指标按照其所考虑的因素及使用方法的不同，可进行不同的分类，其中最常用的分类方法之一是按照是否考虑所量化的费用和效益的时间因素，即是否考虑资金的时间价值，将评价指标分为静态评价指标和动态评价指标。

1）静态评价指标

工程经济分析中，把不考虑资金时间价值的经济评价指标称为静态评价指标。此类指标的特点是简单易算，包括静态投资回收期和投资收益率。主要用于对投资时间较短、规模与收益较小的投资项目的经济评价。静态投资回收期 P_t 的表达式为：

$$P_t = \sum_{t=0}^{t}(C_I - C_O)_t = 0 \tag{1.2.1}$$

式中 P_t——静态投资回收期；

C_I——现金流入量；

C_O——现金流出量；

$(C_I - C_O)_t$——第 t 年的静现金流量。

静态投资回收期一般以年为单位，自项目建成开始年算起。当然也可以计算自项目建成投产年算起的静态投资回收期。但对于这种情况，需要加以说明，以防止两种情况混淆。

以上表达式是一个一般性表达式。在具体计算静态投资回收期时，又分两种情况。

① 项目建成投产后各年的净收益（即净现金流量）均相同，其静态投资回收期的表达式为：

$$P_t = \frac{K}{R} \tag{1.2.2}$$

式中　P_t——静态投资回收期；

K——全部投资；

R——每年的净收益。

【例题 1.2.1】　某投资方一次性投入 500 万元，估计投产后每年的平均净收益为 50 万元，求该方案的静态投资回收期。

解：根据以上公式可得

$$P_t=\frac{500}{50}=10\text{ 年}$$

该方案的静态投资回收期为 10 年。

② 项目建成后每年的收益率不同，其静态投资回收期则可根据累计净现金流量求得。其计算公式为：

$$P_t=[\text{累计净现金流量开始出现的正值年份}]-1+\frac{\text{上一年累计净现金流量绝对值}}{\text{当年净现金流量}} \tag{1.2.3}$$

【例题 1.2.2】　某投资方案的净现金流量如图 1.2.1 所示，试计算其静态投资回收期。

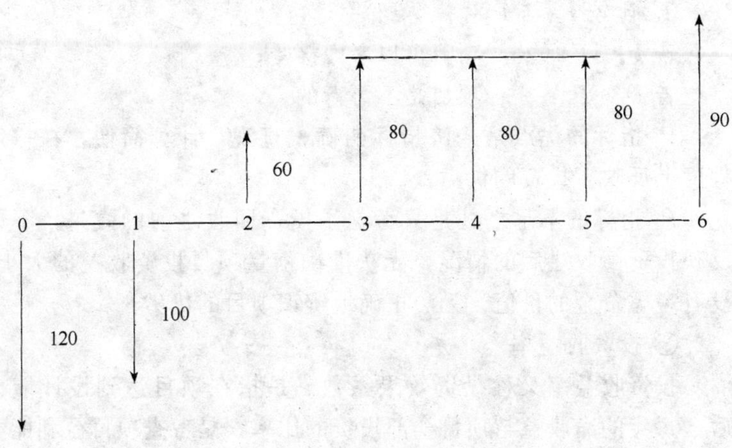

图 1.2.1

解：列出该投资方案的累计现金流量情况表，见表 1.2.1。

累计现金流量表(万元) **表 1.2.1**

年　序	0	1	2	3	4	5	6
净现金流量	−120	−100	60	80	80	80	90
累计净现金流量	−120	−220	−160	−80	0	80	170

根据公式(1.2.3)有：

$$P_t = 5 - 1 + \frac{|0|}{80} = 4 \text{ 年}$$

该投资方案的静态投资回收期为 4 年。

静态投资回收期一般从建设开始年算起。采用静态投资回收期对投资方案进行评价时，其基本做法是：

A. 确定行业的基准投资回收期(P_c)。基准投资回收期是国家根据国民经济各部门、各地区具体条件，按照行业和部门的特点，结合财务会计上的有关制度及规定而公布的，同时还对建设项目经济评价指标，进行不定期的修订。这是对投资方进行经济评价的重要标准。

B. 计算项目的静态投资回收期(P_t)。

C. 比较 P_t 与 P_c：

若 $P_t \leqslant P_c$　　项目可以考虑接受；

若 $P_t > P_c$　　项目是不可行的。

P_t 指标的优点是经济指标明确、直观，计算简便，在一定程度上反映了投资的优劣；

P_t 指标的不足之处是只考虑了投资回收之前的效果，不能反映投资回收之后的情况，无法准确衡量项目投资收益的大小。没有考虑资金的价值，无法正确地辨识项目的优劣。

③ 投资收益率

投资收益率又称投资效果系数。是指在项目达到设计能力后，每年的净收益与项目全部投资的比率，是考查项目盈利能力的指数。其表达式为：

$$\text{投资收益率} = \frac{\text{年净收益}}{\text{项目全部投资}} \times 100\% \qquad (1.2.4)$$

当项目在正常年份内各年的收益情况变化幅度较大时，也可以列成下列表达式计算：

$$投资收益率=\frac{年平均净收益}{项目全部投资}\times 100\% \qquad (1.2.5)$$

在采取投资收益率对项目进行经济评价时，其基本做法与采用静态投资回收期的做法相似，主要也是将计算出的项目投资收益率与行业的平均投资收益率进行比较：若高于或等于行业平均收益率，则项目可以考虑接受，若低于行业平均投资收益率则项目不可行。

投资收益率是一个综合性指标，在进行项目综合性评价时，根据分析目的的不同，投资收益率又分为：投资利润率、投资利税率、资本金利润率等。其中最常见的为资本金利润率。投资利润是指项目在正常生产年份内所获得的利润总额或年平均利润交易额与项目全部投资的比率，其表达式为：

$$投资利润率=\frac{年利润总额(年平均利润总额)}{项目全部投资}\times 100\% \qquad (1.2.6)$$

【例题 1.2.3】 某投资项目收益情况如表 1.2.2 所示，试计算其利润率。

某项目投资收益情况表(万元) **表 1.2.2**

年　序	0	1	2	3	4	5
投　资	－400					
利　润		50	50	50	50	50

解：根据式(1.2.6)有：

$$投资利润率=\frac{50}{400}\times 100\%=12.5\%$$

投资利润率反映了项目在正常生产年份的单位投资所带来的利润。投资收益率指标优点是：计算简便，能直观地衡量项目的经营成果，可适用于各种投资。其不足之处是：没有考虑投资收益的时间因素，忽视了资金具有时间价值的重要性。同时，指标的主观性太强，在指标的计算中，对于该如何计算占用资金，如何确定利润，都带有一定的不确定性和人为因素。因此，以投资收益率指标作为主要的决策依据不太可靠。

2）动态评价指标

一般将考虑了资金时间价值的经济效益评价指标称为动态评价指标。与静态评价指标相比，动态评价指标更加注重考察项目在其计算期内各年现金流量的具体情况。因而也就能够更加直观地反映项目的盈利能力，所以它的应用也就比静态评价指标更加广泛。在项目的可行性研究阶段，进行项目经济评价时一般是以动态评价指标作为主要指标，以静态评价指标作为辅助指标。

动态评价指标常用的一般有：净现值(率)、内部收益率、净年值、动态投资回收期等。

① 净现值与净现值率

A. 净现值(NPV)的含义及计算。净现值是指把项目计算期内各年的净现金流量，按照一个给定的标准折现率(基准收益率)折算到建设期初(项目计算期第一年年初)的现值之和。

净现值是考察项目在其计算期内盈利能力的主要动态评价指标。其表达式为：

$$\mathrm{NPV}=\sum_{t=0}^{n}(C_{\mathrm{I}}-C_{\mathrm{O}})_{t}(1+i_{\mathrm{c}})^{-t} \tag{1.2.7}$$

式中 NPV——净现值；

$(C_{\mathrm{I}}-C_{\mathrm{O}})_{t}$——第 t 年的净现金流量；

n——项目计算期的年限；

i_{c}——标准折现率。

净现值的经济含义可以直观地解释如下：假设有一个小型投资项目，初始投资为 10000 元，项目寿命期为 1 年，到期可获得净收益 12000 元。如果设定基准收益率为 8%，根据净现值的计算公式，可以求出该项目的净现值为 1111 元(12000×0.9259－10000)，这就是说，只要投资者能在资本市场或从银行以 8%的利率筹措到资金，那么该项投资即使再增加 1111 元的投资，在经济上还是可以做到不盈不亏。换一个角度讲，如果投资者能够以 8%的利率筹借到 10000 元的资金，那么一年后，投资者将会获得 1200 元的利润(12000－10000×(1＋8%)，这 1200 元的利润的现值恰好是 1111 元(1200×0.9529)，即净现值刚好等于项目在生产经营期内所获得的净收益的现值。

B. 净现值的判别准则。根据公式(1.2.7)计算出 NPV 后，其结果不外乎有以下三种情况：即 NPV＞0，NPV＝0 或 NPV＜0。在用于投资方案的经济评价时其判别准则如下：

若 NPV＞0，它说明方案可行。因为这种情况说明投资方案实施后的投资收益水平不仅能够达到标准折现率的水平，而且还会有盈余，也即项目的盈利能力超过其投资收益期望水平。

若 NPV＝0，说明方案可考虑接受。因为这种情况说明投资方案实施后的投资收益水平恰好等于标准折现率，也即其盈利能力能达到所期望的最低财务盈利水平。

若 NPV＜0，说明方案不可行。因为这种情况说明投资方案实施后的投资收益水平达不到标准折现率，也即其盈利能力水平比较低，甚至有可能会出现亏损。

【例题 1.2.4】 某项目的各年现金流量如表 1.2.3 所示，试用净现值指标判断项目的经济性(i_c＝15%)。

某项目的现金流量表(万元)　　　　**表 1.2.3**

年　序	0	1	2	3	4～19	20
投资支出	40	10				
经营成本			17	17	17	17
收　入			25	25	30	50
净现金流量	－40	－10	8	8	13	33

解：利用(1.2.7)式，将表中各年净现金流量代入，得：

$$NPV = -40 - 10\times(P/F,15\%,1) + 8\times(P/F,15\%,2) + 8\times(P/F,15\%,3) + 13\times(P/A,15\%,16)(P/F,$$

$15\%,3)+33(P/F,15\%,20)$

$=-40-10\times0.8696+8\times0.7561+8\times0.6575+13\times 5.954\times0.6575+33\times0.0611$

$=15.52$(万元)>0

由于 NPV>0，故此项目在经济效果上是可以接受的。

C. 净现值与折现率的关系。从计算公式(1.2.7)可以看出，对于具有常规现金流量(即在计算期内，方案的净现金流量序列的符号只改变一次的现金流量)的投资方案，其净现值的大小与折现率的高低有直接的关系。比如说，如果我们已知某投资方案各年的净现金流量，则该方案的净现值就完全取决于我们所选用的折现率，折现率越大，净现值就越小，折现率越小，净现值就越大，随着折现率的逐渐增大，净现值将由大变小，由正变负，NPV 与 i 之间的关系一般如图 1.2.2 所示。

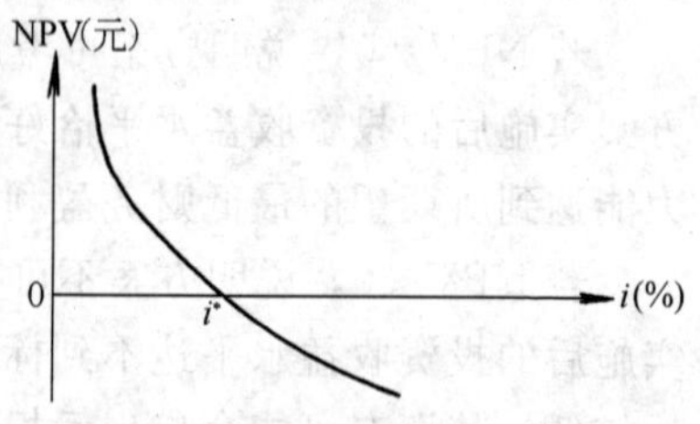

图 1.2.2　净现值与折现率的关系

从图 1.2.2 中可以发现，NPV 随 i 的增大而减小，在 i^* 处，曲线与横轴相交，说明如果选定 i^* 为折现率，则 NPV 恰好等于零。在 i^* 的左边，即 $i<i^*$ 时，NPV>0；在 i^* 的右边，即 $i>i^*$ 时，NPV<0。由于 NPV$=0$ 是净现值判别准则的一个分水岭，因此可以说 i^* 是折现率的一个临界值，我们将其称做内部收益率。关于内部收益率将在稍后部分详细介绍。

在 NPV 的表达式中，还有一个重要的概念，就是标准折现率 i_c。

标准折现率又称基准收益率，它代表了项目投资应获得的最低财务盈利水平，也即是衡量投资方案是否可行的标准，是一个重要的经济参数，其数值确定的合理与否，对投资方案的评价结果有直接的影响，定得过高或过低都会导致投资决策的失误。因为如果标准折现率定得过高，由于存在资金的时间价值，会导致现值之和变小，从而使一些经济效益不错的方案被拒绝，而如果定得过低，又会使现值之和变大，致使经济效益不好的一些投资方案也可能会被接受，从而造成不应该有的损失。

标准折现率的确定一般以行业的平均收益率为基础，同时综合考虑资金成本、投资风险、通货膨胀以及资金限制等影响因素。对于国家投资项目，进行经济评价时使用的标准折现率是由国家组织测定并发布的行业基准收益率，非国家投资项目可参考行业基准收益率，由投资者自行确定。

D. 净现值(NPV)指标的优点与不足。

NPV 指标的优点：

考虑了资金的时间价值并全面考虑了项目在整个寿命期内的经济状况；

经济意义明确直观，能够直接以货币额表示项目的净收益；

能直接说明项目投资额与资金成本之间的关系。

NPV 指标的不足：

必须首先确定一个符合经济现实的基准收益率，而基准收益率的确定往往是比较困难的；

不能直接说明在项目运营期间各年的经营成果；

不能真正反映项目投资中单位投资的利用效率。

E. 净现值率(NPVR)。净现值指标用于多个方案的比较选择时，没有考虑各方案投资额的大小，因而不能直接反映资金的利用效率。为了考察资金的利用效率，通常采用净现值率作为净现值的辅助指标。

净现值率(NPVR)是指项目的净现值与投资总额现值的比值，其经济涵义是单位投资现值所能带来的净现值，是一个考察项目单位投资的盈利能力的指标。其表达式为：

$$\mathrm{NPVR}=\frac{\mathrm{NPV}}{K_{\mathrm{p}}} \tag{1.2.8}$$

式中　K_{p}——全部投资的现值之和。

【例题 1.2.5】　某企业拟购买一台设备，其购置费用为

35000 元，使用寿命为 4 年，第 4 年末的残值为 3000 元，在使用期内，每年的收入为 19000 元，经营成本为 6500 元，若标准折现率为 10%，试计算该设备购置方案的净现值率。

解：购买设备这项投资的现金流量情况如图 1.2.3 所示。

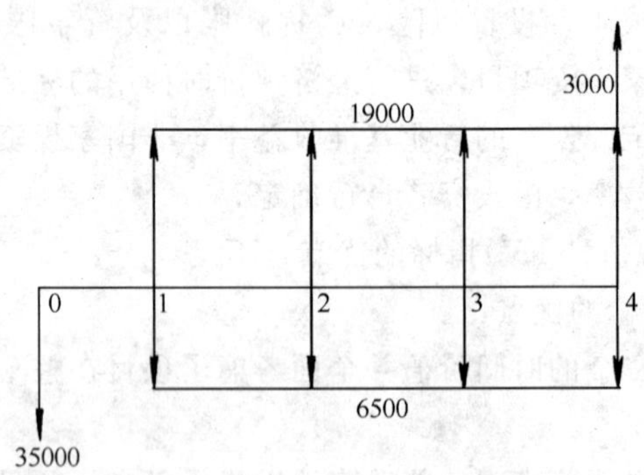

图 1.2.3　设备购置方案的现金流量图(元)

根据公式(1.2.7)可计算出其净现值为：

$$\begin{aligned}NPVR &= -35000+(19000-6500)\times(P/A,10\%,3)+\\&\quad(19000+3000-6500)\times(P/F,10\%,4)\\&=-35000+31086.25+10586.5\\&=6672.75(\text{元})\end{aligned}$$

根据公式(1.2.8)可求出其净现值率为：

$$NPVR=\frac{NPV}{K_p}=\frac{6672.75}{35000}=0.1907$$

② 净年值(NAV)

净年值是指通过资金时间价值的计算将项目的净现值换算为项目计算期内各年的等额年金，是考察项目投资盈利能力的指标。其表达式为：

$$NAV=NPV(A/P,\ i,\ n) \tag{1.2.9}$$

式中　$(A/P,\ i,\ n)$——资本回收系数。

其现金流量图可由图 1.2.4 表示。

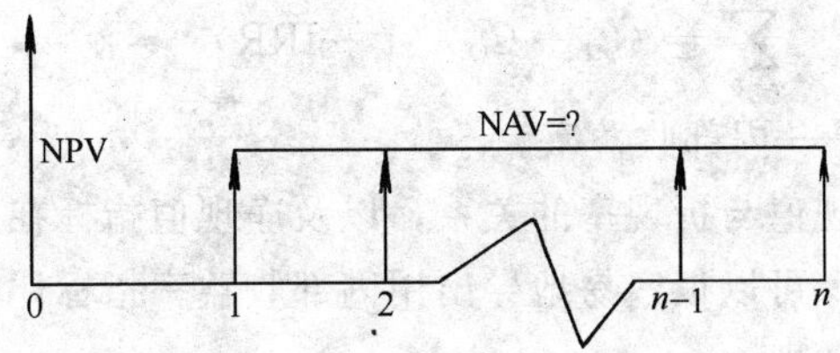

图 1.2.4 净年值与净现值的现金流量关系

由 NAV 的表达式可以看出，NAV 实际上是 NPV 的等价指标，也即对于单个投资方案来讲，用净年值进行评价和用净现值进行评价，其结论是一样的。其评价则是：

若 NAV⩾0，则方案可以考虑接受；

若 NAV＜0，则方案不可行。

【例题 1.2.6】 根据【例题 1.2.5】中的数据用净年值指标分析投资的可行性。

解：根据公式(1.2.9)可求得：

$$
\begin{aligned}
NAV &= -35000\times(A/P,10\%,4)+19000-6500+3000\\
&\quad\times(A/F,10\%,4)\\
&= -35000\times0.3155+12500+3000\times0.2155\\
&= -11042.5+12500+646.5\\
&= 2104(\text{元})
\end{aligned}
$$

由于 NAV＝2104 元＞0，所以该项投资是可行的。

净年值指标主要用于寿命期不同的多方案评价与比较，特别是寿命周期相差较大，或寿命周期的最小公倍数较大时的多方案评价与比较，这一点在第三节中有详细的介绍。

③ 内部收益率(IRR)

将净现值等于零时的折现率称为内部收益率，这是一个重要的经济评价指标，下面予以详细介绍。

A. 内部收益率的概念及判别准则。内部收益率是指项目在整个计算期内各年净现金流量的现值之和等于零时的折现率，也就是项目的净现值等于零时的折现率，其表达式为：

$$\sum_{t=0}^{t=n} = (C_I - C_O)_t (1 + IRR)^{-t} = 0 \qquad (1.2.10)$$

式中　IRR——内部收益率。

根据净现值与折现率的关系，以及净现值指标在方案评价时的判别准则，可以很容易地导出用内部收益率指标评价投资方案的判别准则，即：

若 IRR$>i_c$ 则 NPV>0，方案可以接受；

IRR$=i_c$ 则 NPV$=0$，方案可以考虑接受；

IRR$<i_c$ 则 NPV<0，方案不可行。

B. 内部收益率的计算。由表达式(1.2.10)可以看出，内部收益率的计算是求解一个一元多次方程的过程，要想精确地求出方程的解，也即内部收益率，是一件非常困难的事情。因此在实际应用中，一般是采用一种称为线性插值试算法的近似方法来求得内部收益率的近似解。它的基本步骤如下：

a. 首先根据经验，选定一个适当的折现率 i_0。

b. 根据投资方案的现金流量情况，利用选定的折现率 i_0，求出方案的净现值 NPV。

c. 若 NPV>0 则适当使 i_0 继续增大；

若 NPV<0 则适当使 i_0 继续减小。

d. 重复步骤③，直至找到这样的两个折现率 i_1 和 i_2，及其对应地求出的净现值 $NPV_1>0$，$NPV_2<0$；其中 i_2-i_1 一般不超过 2%～5%。

e. 采用线性插值公式求出内部收益率的近似解，其公式为：

$$IRR = i_1 + \frac{NPV_1}{NPV_1 + |NPV_2|}(i_2 - i_1) \qquad (1.2.11)$$

公式(1.2.11)可结合图 1.2.5 推导如下：

由图 1.2.5 可以看出，在 i_1 和 i_2 之间，净现值与折现率的关系如弧$\widehat{AD}$所表示，它在 F 处与横轴相交，从而内部收益率为 IRR，现在我们用直线段$\widehat{AD}$近似替代弧线段$\widehat{AD}$(在 i_2-i_1 很小时这样做误差不大)，然后用几何方法求出$\widehat{AD}$与横轴的交点处的

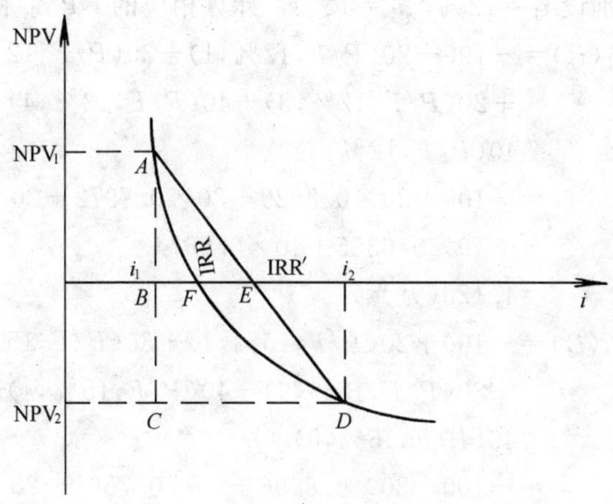

图 1.2.5 IRR 的近似计算图解

折现率 IRR′，用 IRR′作为 IRR 的近似值。

求 IRR′方法如下：

根据几何原理：因$\triangle ABE \backsim \triangle ACD$

所以 $AB/AC=BE/CD$

也即，$BPV_1/[NPV_1+|NPV_2|]=(IRR'-i_1)/(i_2\quad i_1)$

从而，$IRR'=i_1+\dfrac{NPV_1}{NPV_1+|NPV_2|}\times(i_2-i_1)$

也即公式(1.2.11)。

【例题 1.2.7】 某项目净现金流量如表 1.2.4 所示。当基准收益率 $i_c=12\%$时，试用内部收益率指标判断该项目的经济性。

某项目现金流量表(万元) **表 1.2.4**

年　序	0	1	2	3	4	5
净现金流量	−100	20	30	20	40	40

解：此项目净现值的计算公式为：

$$NPV=-100+20(P/F,i,1)+30(P/F,i,2)+20(P/F,i,3)+40(P/F,i,4)+40(P/F,i,5)$$

现分别设 $i_1=12\%$，$i_2=15\%$，计算相应的 NPV_1 和 NPV_2。

$$
\begin{aligned}
NPV_1(i_1) &= -100+20(P/F,12\%,1)+30(P/F,12\%,2) \\
&\quad +20(P/F,12\%,3)+40(P/F,12\%,4)+ \\
&\quad 40(P/F,12\%,5) \\
&= -100+20\times0.8929+30\times0.7972+20\times0.7118 \\
&\quad +40\times0.6355+40\times0.5674 \\
&= 4.126(万元)
\end{aligned}
$$

$$
\begin{aligned}
NPV_2(i_2) &= -100+20(P/F,15\%,1)+30(P/F,15\%,2) \\
&\quad +20(P/F,15\%,3)+40(P/F,15\%,4)+ \\
&\quad 40(P/F,15\%,5) \\
&= -100+20\times0.8696+30\times0.7561+20\times0.6575 \\
&\quad +40\times0.5718+40\times0.4972 \\
&= -4.015(万元)
\end{aligned}
$$

用线性插值计算公式(1.2.11)可算出 IRR 的近似解：

$$
\begin{aligned}
IRR &= i_1+\frac{NPV_1}{NPV_1+|NPV_2|}\times(i_2-i_1) \\
&= 12\%+4.126/[4.126+|-4.015|]\times(15\%-12\%) \\
&= 13.5\%
\end{aligned}
$$

因为 $IRR=13.5\%>i_c=12\%$，故该项目在经济效果上是可以接受的。

④ 动态投资回收期

动态投资回收期是指在考虑了资金时间价值的情况下，以项目每年的净收益回收项目全部投资所需要的时间。这个指标的提出主要是为了克服静态投资回收期指标没有考虑资金的时间价值，因而不适合用于计算期较长的项目经济评价的弊病。

动态投资回收期 P_t' 可表达式如下：

$$
\sum_{t=0}^{t=n}(C_I-C_O)_t(1+i_c)^{-t}=0 \qquad (1.2.12)
$$

采用表达式(1.2.12)来计算 P_t' 一般比较繁琐，因此在实际应用中往往是根据项目的现金流量表，用下列近似公式来计算：

P_t'＝累计净现金流量现值开始出现正值的年份数－1

＋上一年累计净现金流量现值的绝对值/当年净现金流量现值　　(1.2.13)

【例题 1.2.8】　某项目有关数据见表 1.2.5，计算该项目的动态投资回收期。设 $i_c=10\%$

某项目有关数据表(万元)　　**表 1.2.5**

年　　序	0	1	2	3	4	5	6	7
投　　资	20	500	100					
经营成本				300	450	450	450	450
销售收入				450	700	700	700	700
净现金流量	－20	－500	－100	150	250	250	250	250
净现金流量现值	－20	－454.6	－82.6	112.7	170.8	155.2	141.1	128.3
累计净现金流量现值	－20	－474.6	－557.2	－444.5	－273.7	－118.5	22.6	150.9

解: 根据公式(1.2.13)，有：

$$P_t'=6-1+\frac{|-118.5|}{141.1}=5.84(\text{年})$$

该项目的动态投资回收期为 5.84 年。

动态投资回收期用于投资方案评价的判别准则可根据净现值的判别准则推出。根据净现值的计算公式(1.2.7)和动态投资回收期的公式(1.2.12)可以得到：

当 NPV＝0 时，有 $P_t'=n$，因此 P_t 的判别准则是：

若 $P_t'\leqslant n$　则 NPV⩾0，方案可以考虑接受；

若 $P_t'>n$　则 NPV＜0，方案不可行。

动态投资回收期是考察项目财务上投资实际回收能力的动态指标。它反映了等值回收，而不是等额回收项目全部投资所需要的时间，因而更具有实际意义。

(4) 投资方案决策

投资方案决策是投资者为了实现预期目标，根据所掌握的各种信息资料，经过初步研究分析提出不同的备选方案，并借助于科学的理论和方法，对提出的方案进行择优决断的过程。

投资方案的决策按考查备选方案数目，可分为单方案投资决策和多方案投资决策两种。单方案投资决策就是对一个投资方案是否可行进行最优方案的判定。方案类型可分为独立方案、互斥方案和相关方案三种。

方案的选择有三个约束条件。一是方案的相关性，也就是方案之间具有一定的联系，不同的联系会对方案产生不同的影响。二是方案的不可分性，一个投资方案就是一个整体，不能被肢解。选择方案时，要么被接受，要么拒绝，不能接受方案的一部分而拒绝另一部分。三是资金的有限性。资金对于需要而言是有限的。进行方案选择时，应充分考虑资金的分配和充分利用的问题。

1）独立方案的选择

在一组独立方案中，每个方案采纳与否完全取决于自身的经济效果。因此，独立方案的选择采用单独方案的决策方法。

【例题 1.2.9】 现有 *A*、*B*、*C* 三个相互独立的方案，其中有关数据如表 1.2.6 所示。设基准收益率为 15%，资金不受限制，试进行方案选择。

表 1.2.6

项　目	方案 *A*	方案 *B*	方案 *C*
初始投资(万元)	2000	3200	4000
年净收益(万元)	560	760	1000
寿命期(年)	10	10	10

解：

A. 净产值法(计算各方案的 NPV，并按 NPV 的评价准则予以检验)

$NPV_A=-2000+560(P/A,15\%,10)=810.53$(万元)

$NPV_B=-3200+760(P/A,15\%,10)=614.29$(万元)

$NPV_C=-4000+1000(P/A,15\%,10)=1018.80$(万元)

由于三个方案的 NPV 均大于 0，因此都可以采纳。

B. 年净值法

$NPV_A=-2000(P/A,15\%,10)+560=161.4$(万元)

$NPV_B=-3200(P/A,15\%,10)+760=122.24$(万元)

$NPV_C=-4000(P/A,15\%,10)+1000=202.8$(万元)

由于三个方案的 NPV 均大于 0，因此都可以采纳。

C. 内部收益法(计算中方案的 IRR，并按 IRR 的评价准则分别予以检验)

$-2000+560(P/A,IRR,10)=0$　　由此解得 IRR=25%

$-3200+760(P/A,IRR,10)=0$　　由此解得 IRR=20%

$-4000+1000(P/A,IRR,10)=0$　　由此解得 IRR=21.55%

由于三个方案的 IRR 均大于 15%，因此都可以采纳。

由以上例子可知，采用净现值法、净年值法和内部收益法进行独立方案选择是有效的。选择结果也完全一致。需要说明的是，这里仅限于资金不受限制情况下的独立方案选择。当资金受限制时，各独立方案也就有了一定的相关性，我们把它归属于相关方案类型。

2）互斥方案的选择

由于互斥方案具有排他性，因此互斥方案的选择就要进行方案的比较，从中选出最优方案。在进行方案比较时，要特别注意各方案之间的可比性和评价指标的选用，否则，将会得出错误的结论。互斥方案的选择一般是在备选方案中进行最优方案的判定(可称为相对效果检验)。遵循方案可比性原则，分相等寿命、不等寿命和无限寿命三种情况来讨论对互斥方案的选择。

① 相等寿命互斥方案的选择

相等寿命互斥方案的选择评分，可采用净现值法、净年值法、增额内部收益率法、费用现值法和费用年值法。

A. 净现值法

【例题 1.2.10】　有三个相等寿命的互斥方案，有关收益见表 1.2.7。若基准收益率为 15%，试用净现值法选择最佳方案。

表 1.2.7

项　目	方案 A	方案 B	方案 C
初始投资(万元)	10000	8000	5000
年净收益(万元)	2500	1500	1400
寿命期(年)	10	10	10

解：计算各方案的 NPV 并检验

$NPV_A=-10000+2500(P/A,\ 15\%,\ 10)=2547$(万元)

$NPV_B=-8000+1500(P/A,\ 15\%,\ 10)=-471.8$(万元)

$NPV_C=-5000+1400(P/A,\ 15\%,\ 10)=2026.32$(万元)

由于 $NPV_A>0$，$NPV_B<0$，$NPV_C>0$，因此淘汰 B 方案，保留 A、C 方案。

又由于 $NPV_A-NPV_C=520.68>0$，即 $NPV_A>NPV_C$，故选择 A 为最佳方案。

由上例可知，用净现值法进行方案选择的判定准则为：净现值大于或等于零且净现值最大者为最优方案。

B. 净年值法

由于净年值法与净现值法是等效的指标，因此用净年值法进行方案选择的判定准则为：净年值大于或等于零且净年值最大者为最优方案。

【例题 1.2.11】　用净年值法选择例题 1.2.10 中三个相等寿命互斥方案的最优方案。

解：各方案的净年值计算结果如下：

$NPV_A=-10000(P/A,\ 15\%,\ 10)+2500=507$(万元)

$NPV_B=-8000(P/A,\ 15\%,\ 10)+1500=-94.4$(万元)

$NPV_C=-5000(P/A,\ 15\%,\ 10)+1400=403.5$(万元)

由于 $NPV_A>0$ 且在三个方案中其净年值最大，故方案 A 为最优方案。

C. 增额内部收益率法

$-10000+2500(P/A,IRR,10)=0$　由此解得 $IRR_A=21.55\%$

$-8000+1500(P/A,\mathrm{IRR},10)=0$ 由此解得 $\mathrm{IRR_B}=13.5\%$

$-5000+1400(P/A,\mathrm{IRR},10)=0$ 由此解得 $\mathrm{IRR_C}=25\%$

由于方案 A 比方案 C 多投入 5000 万元，那么这 5000 万元的增额投资的内部收益率为：

$$-(10000-5000)+(2500-1400)(P/A,\ \triangle \mathrm{IRR_A}-C,\ 10)=0$$

由此解得：$\triangle \mathrm{IRR_A}-C=17.13\%$，也大于 15%，表明其自身经济效果满足要求。它与方案 C 相比的增额内部收益率为 17.13%，也大于 15%，表明其相对经济效果较优。故三个方案的最优方案为方案 A，与净现值法及年值法所得的结论相同。

由此我们可以得出一般性的结论，即用增额内部收益率法进行方案选择的判定准则为：当 $\triangle \mathrm{IRR}>i_0$ 时，投资方案较优；当 $\triangle \mathrm{IRR}<i_0$ 时，投资小的方案较优。

在实际工作中，在进行多个互斥方案的比较时，往往会遇到各方案的收入相同或收入基本相同但难以估算的情况，在此情况下，通常采用费用现值法或费用年值法。用费用现值法或费用年值法进行方案选择的判定原则为：费用现值或费用年值最小的为最佳方案。

② 不等寿命互斥方案的选择

对于互斥方案来讲，如果其寿命期不相同，那么就不能直接采用净现值法等评价方法来对方案进行比选，因为此时寿命期长的方案的净现值与寿命期短的方案的净现值不具有可比性。因此为了满足时间可比的要求，就需要对各备选方案的计算期和计算公式进行适当的处理，使各个方案在相同的条件下进行比较，才能得出合理的结论。

为满足时间可比条件而进行处理的方法很多，常用的有年值法、最小公倍数法和研究期法等。

A. 年值(*AW*)法

年值(*AW*)法是对寿命期不相等的互斥方案进行比选时用到一种简明的方法。它是通过分别计算各备选方案净现金流量的等额年值(*AW*)并进行比较，以 $AW\geqslant 0$，且 AW 最大者为最优方案。其中年值(AW)的表达式为：

$$AW = \left[\sum_{t=0}^{n}(CI-CO)_t(1+i_c)^{-t}\right](A/P,i_c,n)$$
$$= NPV(A/P,i_c,n) \qquad (1.2.14)$$

【例题 1.2.12】 某建设项目有 A、B 两个方案，其净现金流量情况如表 1.2.8 所示，若 $i_c=10\%$，试用年值法对方案进行比选。

A、B 两方案的净现金流量(万元) **表 1.2.8**

方案 \ 年序	1	2～5	6～9	10
A	−300	80	80	100
B	−100	50	—	—

解：先求出 A、B 两个方案的净现值：

$$NPV_A = -300(P/F,10\%,1)+80(P/A,10\%,8)(P/F,10\%,1)+100(P/F,10\%,10) = 153.83(\text{万元})$$

$$NPV_B = -100\times(P/F,10\%,1)+50\times(P/A,10\%,4)\times(P/F,10\%,1) = 53.18(\text{万元})$$

然后根据公式(1.2.14)求出 A、B 两方案的等额年值 AW。

$$AW_A = NPV_A(A/P,i_c,n_A) = 153.83\times(A/P,10\%,10) = 25.04(\text{万元})$$

$$AW_B = NPV_B(A/P,i_c,n_B) = 53.18\times(A/P,10\%,5) = 14.03(\text{万元})$$

由于 $AW_A > AW_B$ 且 AW_A、AW_B 均大于零，故方案 A 为最佳方案。

B. 最小公倍数法

又称方案重复法，是以各备选方案寿命期的最小公倍数作为进行方案比选的共同的计算期，并假设各个方案均在这样一个共同的计算期内重复进行，对各方案计算期内各年的净现金流量进行重复计算，直至与共同的计算期相等。例如有 A、B 两个互斥方案，A 方案计算期为 6 年，B 方案计算期为 8 年，则其共同的计算期即为 24 年(6 和 8 的最小公倍数)，然后假设 A 方案将重复实施 4 次，B 方案将重复实施 3 次，分别对其净现金流量进行重复计算，计算出在共同的计算期内各个方案的净现值，以净现值较大的方案为最佳方案。

【例题 1.2.13】 根据[例 2-25]的资料，试用最小公倍数法对方案进行比选。

解: A 方案计算期 10 年，B 方案计算期为 5 年，

则其共同的计算期为 10 年，也即 B 方案需重复实施两次。

计算在计算期为 10 年的情况下，A、B 两个方案的净现值。

$$NPV_A = 153.83(万元)$$

$$\begin{aligned} NPV_B &= -100\times(P/F, 10\%, 1)+50\times(P/A, 10\%, 4)\\ &\quad \times(P/F, 10\%, 1)-100\times(P/F, 10\%, 6)+50\\ &\quad \times(P/A, 10\%, 4)\times(P/F, 10\%, 6)\\ &= 86.20(万元) \end{aligned}$$

其中 NPV_B 的计算可参考图 1.2.6。

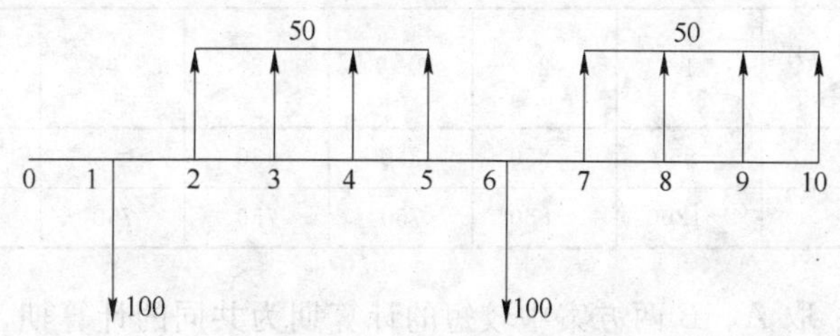

图 1.2.6 方案 B 的现金流量图(单位：万元)

由于 $NPV_A > NPV_B$，且 NPV_A、NPV_B 均大于零，故方案 A 为最佳方案。

C. 研究期法

在用最小公倍数法对互斥方案进行比选时，如果诸方案的最小公倍数比较大，则就需对计算期较短的方案进行多次的重复计算，而这与实际情况显然不相符合，因为技术是在不断地进步，一个完全相同的方案在一个较长的时期内反复实施的可能性不大，因此用最小公倍数法得出的方案评价结论就不太令人信服。这时可以采用一种称为研究期法的评价方法。

所谓研究期法，就是针对寿命期不相等的互斥方案，直接选取一个适当的分析期作为各个方案共同的计算期，通过比较各个方案在该计算期内的净现值来对方案进行比选。以净现值最大的方案为最佳方案。其中，计算期的确定要综合考虑各种因素，在实际应用中，为简便起见，往往直接选取诸方案中最短的计算期为各个方案的共同的计算期，所以研究期法又称最小计算期法。采用研究期法方案进行比选时，其计算步骤、判别准则均与净现值法完全一致，唯一需要注意的是对于寿命期比共同的计算期长的方案，要对其在计算期以后的现金流量情况进行合理的估算，以免影响结论的合理性。

【例题 1.2.14】 有 A、B 两个项目的净现金流量如表 1.2.9 所示，若已知 $i_c=10\%$，试用研究期法对方案进行比选。

A、B 两个项目的净现金流量(万元)　单位：万元　**表 1.2.9**

项目＼年序	1	2	3～7	8	9	10
A	−550	−350	380	430		
B	−1200	−850	750	750	750	900

解：取 A、B 两方案中较短的计算期为共同的计算期，也即 $n=8$(年)，分别计算当计算期为 8 年时 A、B 两方案的净现值：

$$NPV_A = -550\times(P/F,10\%,1)-350\times(P/F,10\%,2)+380\times(P/A,10\%,5)\times(P/F,10\%,2)+430\times(P/F,10\%,8)$$

$$=601.89(\text{万元})$$

$$NPV_B = [-1200(P/F,10\%,1)-850(P/F,10\%,2)+750(P/A,10\%,7)(P/F,10\%,2)+900(P/F,10\%,10)](A/P,10\%,10)(P/A,10\%,8) = 1364.79(\text{万元})$$

计算 NPV_B 时，是先计算 B 在其寿命期内的净现值，然后再计算 B 在共同的计算期内的净现值。

由于 $NPV_B > NPV_A > 0$，所以方案 B 为最佳方案。

1.3 工 程 财 务

(1) 工程财务概述

1) 工程财务管理的概念

财务是指资金的筹集、使用和分配等日常业务活动。工程财务是指在工程实施项目过程中的财务活动，具体表现为工程建设有关的企业和单位资金运动，以及通过资金运动所体现的经济关系。工程财务包括建设单位财务、勘察设计单位财务和施工企业财务等。

财务管理是指对财务活动进行的计划、控制、核算、分析和考核等一系列管理活动。工程财务管理是对工程项目实施过程中的财务活动所进行的管理活动。加强工程财务管理的目的是为了保证工程财务的正常开展，保证工程所需资金的筹措、合理使用和正确分配。工程财务管理包括建设单位财务管理、勘察设计单位财务管理和施工企业财务管理。

2) 财务与会计的关系

企业财务与会计，是紧密联系又有区别的概念。企业财务是企业筹集、使用和分配资金的一项日常业务活动，企业会计则是以货币为主要计量单位对企业的各种业务活动进行核算和监督的管理活动。企业各种业务活动（包括财务活动在内）构成企业会计核算和监督的对象，而企业会计职能的有效发挥，又能保证企业各种业务活动的正常开展。

企业财务活动必须遵循企业财务通则规定的原则和规范。企业会计活动应遵循企业会计准则规定的原则和要求。企业会计核算的基本原则有：真实性、及时性、相关性、可比性、一致性、权责发生制、配比性、谨慎性和实际成本核算原则、划分收益性支出与资本性支出及重要性原则等。企业的会计要素主要有：资产、负债、所有者权益、收入、费用、利润等。

3）企业财务管理的原则和方法

企业财务管理的基本原则是，建立健全企业内部财务管理制度，做好财务管理基础工作，如实反映企业财务状况，依法计算和缴纳国家税收，保证投资者权益不受侵犯。

企业财务管理的基本方法是，做好各项财务收支的计划、控制、核算、分析和考核工作，依法合理筹集资金，有效利用各项资产，努力提高经济效益。

(2) 工程成本核算与利润

1）施工企业成本概述

① 成本与费用

在市场经济体制下，企业在一定时期内，在生产和经营过程中发生的、用货币形式表现的各种耗费，称为费用。严格地说，费用是指在一定会计期间内，企业资产中为取得当期营业收入而耗费掉的那一部分资产。按照经济内容，费用可分为直接费用、制造费用和期间费用。

广义地讲，成本是指企业为实现生产经营目的而取得各种资产（固定资产、流动资产、无形资产、制造产品）或劳务所发生的费用支出。它包含了企业生产经营过程中一切对象化的费用支出（所谓对象化是指成本以特定的受载体来归集和计算）。

狭义地讲，成本是为制造产品而发生的费用支出，包括为生产产品而耗费的直接人工、直接材料、其他直接费及制造费用。其中直接人工、直接材料、其他直接费用直接计入产品成本，制造费用计入产品成本。狭义概念强调成本是以企业生产的特定产品为对象来归集和计算的，是为生产一定种类和一定数量的产品所负担的生产费用。

② 完全成本法与制造成本法

完全成本法是将企业在生产经营过程中发生的所有费用都摊到产品中去，形成产品的完全成本。企业在生产经营过程中发生的所有费用，一般包括企业直接人工费、直接材料费、其他直接费、制造费用、销售费用、管理费用和财务费用。按照完全成本法，就要将这些费用全部计入产品成本。这种成本计算模式核算工作量大，容易通过费用的归集和分配人为地调节产品成本，并且资金周转缓慢，不便于与同行业成本对比分析等，但它能够提供每一种产品的完全成本。

制造成本法是指在计算产品成本时，只归集、分配与生产和经营有关的生产费用，而将与生产经营无直接关系的费用直接计入当期损益。按照制造成本法，就是直接将人工、直接材料、其他直接费、制造费用计入产品成本，而将销售费用、管理费用和财务费用直接计入当期损益。按照制造成本法，施工企业的工程成本计算到直接组织施工的施工单位一级，公司一级的费用支出则属于期间费用，均不计入产品成本。

制造成本法很大程度上简化了成本核算，有利于考核成本管理责任，便于企业进行成本预测与决策。我国现行财务制度明确规定，产品成本计算由完全成本法改为制造成本法。

2）施工企业成本费用的内容

施工企业成本费用，分为直接费和间接费两部分。其中直接费相当于工业企业的产品成本(即制造成本)，间接费相当于工业企业的间接费用。

① 直接费：由直接工程费和措施费组成。

直接工程费是指在施工过程中耗费的构成工程实体和有助于工程实体形成的各项费用。包括人工费、材料费、施工机械费等。

措施费是指直接工程费以外施工过程中发生的其他直接费用。包括环境保护费、文明施工费、安全施工费、临时设施费、夜间施工费、材料二次搬运费、大型机械设备进出场及安拆费、混凝土和钢筋混凝土模板及支架费、脚手架费，已完工程及设备保护费、施工排水及降水费等费用。

② 间接费：由规费和企业管理费组成。

规费是指政府和有关权利部门规定必须缴纳的费用。内容包括：工程排污费、工程定额测定费、社会保障费、住房公积金、危险作业意外伤害保险五种。其中社会保障费包括养老保险费、失业保险费、医疗保险费三种。

企业管理费是指建筑安装企业组织施工生产和经营管理所需的费用。内容包括：管理人员工资、办公费、差旅交通费、固定资产使用费、工具用具使用费、劳动保险费、工会经费、职工教育经费、财产保险费、财务费、税金和其他费。

3）成本费用管理

施工企业费用管理，着重围绕成本费用预测、成本费用计划、成本费用控制、成本费用核算、成本费用分析与考核等环节进行。这些环节的内容相辅相成，构成了一个完整的成本费用管理体系。各个环节之间是互为条件、互相制约的。成本费用预测与成本费用计划为成本费用控制与成本费用核算提出了要求和目标，成本费用控制与成本费用核算为成本费用分析与考核提供依据；成本费用分析与考核的结果，反馈给成本费用预测与计划环节，作为下一阶段预测和计划的参考。企业整个成本费用管理工作就是这样一环扣一环地进行的。

① 成本费用预测

成本费用预测，是指根据有关成本费用资料和各种相关因素，采用一定的预测方法，对未来成本所作的科学估计。成本费用预测方法分为两大类：定性预测方法和定量预测方法。

A. 定性预测。

成本费用的定性预测是指成本管理人员，根据专业知识和实践经验，通过调查研究，利用已有资料，对成本费用的发展趋势及可能达到的水平所作的分析和推断。

由于定性预测主要是依靠管理人员的素质和判断能力，因而这种方法必须建立在对企业成本耗费的历史资料、现状及影响因素都全面了解的基础上。这种方法简单易行，在资料不多，难以进行定量预测时最为适用。

定性预测方法有多种，最常见的有调查研究判断法，即依靠专家来预测未来成本的方法，所以也称专家预测法。其具体方式有座谈会法和函询调查法。

B. 定量预测。这是利用历史成本费用统计资料以及成本费用与影响因素之间的数量关系，通过数学模型来推测、计算未来成本的可能结果。在成本费用预测中，常用的定量预测方法有高低点法、加权平均法、回归分析法、量体分析法等。

② 成本费用计划

成本费用计划，是在多种成本费用的基础上，通过分析、比较、论证、判断之后，以货币形式预选规定计划期内生产的耗费和成本所达到的水平，并且确定各个成本项目比上期预计要达到的降低额和降低率，提出保证成本费用计划实施所需要的主要措施方案。它是进行成本控制的主要依据。

企业成本费用计划的编制，都是建立在成本费用预算和一定资料基础上的，具体编制需要采用一定的方法。

A. 在成本计划降低指标试算平衡基础上编制。成本计划的试算平衡，是编制成本计划的一项重要步骤。试算平衡是指在正式编制成本计划之前，根据已有资料，测算影响成本的各项因素，寻求确实可行的节约措施，提出降低成本的目标，以保证成本降低。

B. 弹性预算。这里所说的预算，是通过有关数据集中而系统地反映企业经营预测、决策确定的经营目标。预算的种类很多，按静动区分，可分为固定预算和可变预算。固定预算又称静态预算，是根据预算期间内计划预定的一种活动水平(如施工产量水平)确定相应数据的预算方法。如果按照预算期内可预见的多种经营活动水平，分别确定相应的数据，使编制的预算随着生

产经营水平的变动而变动，这种预算就是可变预算，又称弹性预算。因此，弹性预算是为一定活动范围而不是以单一水平而编制的。它比固定预算更便于落实任务，区分责任，并使预算执行起来对成本情况的评价和考核建立在更加客观而可比的基础上。弹性预算主要适用于成本预算及一些间接费用、期间费用的预算。

C. 零基预算。编制费用预算的传统方法，是以原有的水平为基础进行差量分析。其基本程序是：以本期费用预算的执行情况为基础，按预算内有关业务量预期的增减变化，对现有费用水平作适当调整，以确定预期内的预算数。在指导思想上，是以承认现实的基本合理性作为出发点。而零基预算则不同，是一种全新的预算控制法。它的全称叫“以零为基础的编制计划和预算的方法”。零基预算的基本原理是：对于任何一个预算期，任何一种费用项目的开支数，不是从原有的基础出发，即根本不考虑基期的费用开支水平，而是像企业创立时那样，一切以零为起点，从根本上来考虑各个费用项目的必要性及其规模。零基预算的优点是：不受框架限制，不受现行财务执行的约束，能够充分发挥各级管理人员的积极性和创造性，促进各级财务计划部门精打细算，量力而行，合理使用资金，提高经济效益。但零基预算编制工作量大。

D. 滚动预算。通常的财务预算，都是以固定的一个时期(如二年)为预算期的。由于实际经济情况是不断变化的，预算人员难以准确地对未来较远时期进行推测，所以这种预算往往不能适应实际中的各种变化。另外，在预算执行一个阶段后，往往会使管理人员只考虑剩下一段时间，而缺乏长远打算。为了弥补这些缺陷，国家推广使用了滚动预算法。滚动预算也叫连续预算或永续预算。它是根据每一个阶段预算执行情况相应调整下一阶段预算值，并同时将预算期向后移动一个时间段。这样使预算不断滚动、延伸，于是经常保持一个预算期。这种方法的优点是：在预算中可使管理者能够对未来一个时期生产经营活动保持一个稳定的视野，便于对不同时期的预算做出分析比较，也使工作主

动，不至于在原预算将全部执行结束时，再编制新的预算。

③ 成本费用控制

成本费用控制，是指企业在生产经营过程中，按照规定的成本费用标准，对影响产品寿命周期成本费用的各种因素进行严格的监督和调节，及时提示偏差，并采取措施加以纠正，使企业实际成本费用控制在计划之内，保证实现成本费用的目标。

A. 成本控制的程序

a. 制定成本控制标准。成本费用控制标准是对各项费用开支和各种能源消耗所规定的数量界限。成本控制标准有多种形式，主要有目标成本、成本计划指标、费用预算、消耗定额等。

b. 实施成本费用控制。即依据成本费用控制标准对成本费用的形成过程进行具体的监督，并通过成本控制的信息反馈系统及时提示成本费用差异，实行成本过程控制。

c. 确定差异。通过对实际成本费用和成本标准比较，计算成本费用差额数，分析成本费用脱离标准的程度和性质，确定造成成本费用差异的原因和责任归属。

d. 消除差异。组织群众挖掘潜力，提出降低成本费用的措施或修订成本费用的建议，并对成本费用差异的责任部门进行相应的考核和奖惩，采取措施，改进工作，以达到降低成本费用的目的。

B. 标准成本控制。指预先确定标准成本，在实际成本发生后，以实际成本与标准成本相比，用来提示成本差异，并对成本差异进行因素分析，据以加强成本控制的方法。其中标准成本是通过仔细调查、分析和技术测定而确定的在正常经营条件下用以衡量和控制实际成本的一种预计成本。通常按零件、部件、生产阶段，分别对直接材料、直接人工、制造费用等进行测定。标准成本的基本形式均以“价格标准”乘以“数量标准”表达，即：

$$标准成本=价格标准\times数量标准 \tag{1.3.1}$$

C. 成本费用归口分级管理。为有效地进行成本费用控制，企业要建立成本费用控制体系，实行成本费用归口分级管理。成

本费用归口管理是指按照各职能部门在成本费用管理方面的职责，把成本费用指标和降低成本费用目标分解下达给有关职能部门进行控制并负责完成，实行责、权、利结合的一种形式。在公司总部的统一领导和计划下，由财务部门把成本费用指标和降低成本费用目标按主管部门的职能部门进行分解下达。如原材料成本指标由物资部门归口控制，企业管理费指标由行政部门归口控制等等。

成本费用分级管理，是按照各施工生产单位成本费用管理职责，把成本费用指标和降低成本费用目标分解下达给工程队、班组进行控制并负责完成，实行责、权、利相结合的一种管理形式。在我国，一般实行公司总部、工程处(工区)、施工队、班组四级成本费用管理，并采取逐级分解成本费用和降低成本费用目标的方法。公司总部的成本费用管理在公司经理或总会计师的领导下由会计部门负责，并下达各工程处(工区)成本费用指标，计算实际成本费用，检查和分析成本指标完成情况。工程处(工区)根据总部下达的成本费用指标，分解下达给各施工队，各施工队下达给班组，组织班组进行成本管理。班组是成本管理的最基层单位。直接费用的发生多数是在班组发生的。这一级的成本节约和浪费，直接影响成本高低，所以要加强班组成本控制。

4）成本费用核算

成本费用核算，是审核、汇总、核算在一定时期内生产费用发生额和计算产品成本工作的总称。正确进行成本费用核算，是加强成本费用管理的前提。核算得不准确、不及时，就无从实现成本费用的合理补偿，无从及时分析成本费用升降的原因，不利于采取及时措施降低成本费用，提高经济效益。

在施工企业，一般应以单位工程作为成本核算对象。这是因为，工程进度的统计是按单位工程进行的，按单位工程组织成本核算，便于同生产计划执行情况相一致；另一方面，是由于考核实际成本升降的尺度是预算成本，预算成本也是按单位工程进行编制的。但是，一个施工企业常常同时承包若干个工程项目，每一个工程项目又包含若干个单位工程，这些工程在规模上有大小，在工期上有长短，在施工时间上，可能有平行或交叉，在施工地点上，可能形成相互影响。对此，成本核算对象必须根据具体情况和施工管理的要求，具体进行划分：

① 工业和民用建筑一般以单位工程作为成本核算对象。

② 一个单位工程，如果有两或两个以上施工单位同时施工时，各施工单位都以同一单位工程作为核算对象，各自核算自己完成的部分。

③ 对于工程规模大、工期长，或者采用新材料、新工艺的工程，可根据需要，按工程分部划分成本核算对象。

④ 在同一工程项目中，如果若干个单位工程结构类型、施工地点相同，开竣工时间相近，可以合并成一个成本核算对象；建筑群中如有创全优工程，则应以创全优工程为成本核算对象，并严格划清工料费用。

⑤ 改建或扩建的零星工程项目，可以将开竣工时间接近的一批单位工程合并为一个成本核算对象。

5）成本费用分析

成本费用分析是根据成本费用核算资料及其他有关资料，全面分析了成本费用变动情况，系统研究了影响成本费用升降的各种因素及其形成的原因之后，寻找降低成本费用的潜力。通过成本费用分析，可以正确地掌握成本费用变动的规律，加强成本费用管理工作；可以定期对成本费用的执行结果进行分析、评价和总结，为预测成本费用、编制下期成本费用计划和经营决策提供重要依据。

成本费用的分析应用现代技术方法进行科学的、具体的分析。成本费用的技术分析方法是多种多样的，包括比较分析法、相对数分析法和因素分析法。这里就因素分析法作一介绍。

因素分析法是把某产品成本综合指标分解为各个相互联系的原始因素，以确定引起变动的各个影响程度的一种成本费用分析方法。它可以衡量各项因素影响的大小，以便查明原因，明确主要问题的存在，提出改进措施，达到降低成本的目的。

在运用因素分析法分析各种因素影响的大小时，采用一种分析方法，叫连环替代法，也叫连锁替代法。其基本过程为：

① 以各个因素的计划数为基础，计算出一个总数；

② 逐项以各个因素的计划数为基础，计算出一个总数；

③ 每次替换后，实际数就被保留下来，直到所有计划数都被替换成实际数为止；

④ 每次替换后，都应求出新的计算结果；

⑤ 最后每次替换所得结果，与其相邻的前一个计算结果相比较，其差额即为替换的那个因素对总差异的影响程度。

【例题 1.3.1】 某项目部承包一项工程，计划砌砖工程量 $1200m^3$，按预算定额规定，每立方米用普通砖 510 块，每块普通砖的计划价格为 0.12 元，而实际砌砖工程量却达 $1500m^3$，每立方米实际耗普通砖 500 块，每块普通砖实际购入价为 0.18 元，试用连环替代法进行成本分析。

解：砌砖工程的普通砖成本计算公式为：

普通砖成本＝砌砖工程量×每立方米普通砖消耗量×普通砖价格 (1.3.2)

采用连环替代法分别根据上述三个因素对普通砖成本的影响进行分析，计算过程和结果如表 1.3.1 所示。

砌砖工程普通砖成本分析表 **表 1.3.1**

计算顺序	砌砖工程量	每立方米普通砖消耗量	普通砖价格(元/块)	普通砖成本(元)	差异数(元)	差异原因
1	2	3	4	5＝(2×3×4)	6	7
计划数	1200	510	0.12	73440		
第一次替代	1500	510	0.12	91800	18360	由于工程量增加
第二次替代	1500	500	0.12	90000	－1800	由于普通砖节约
第三次替代	1500	500	0.18	135000	45000	由于价格提高
合计					61560	

由以上分析可知，普通砖实际成本增加了61560元，主要原因是由于普通砖价格高所引起的。另外，由于普通砖节约，使红砖成本降低了1800元，这是好的现象，应该总结经验。

6）成本费用考核

成本费用考核，指在财务报告期结束时通过把报告期成本实际完成数额与计划指标进行对比，来审核和考查成本费用的完成情况以评价成本费用管理水平的一项管理工作。主管部门通过对企业的实际成本费用完成情况与下达的成本费用计划指标进行对比考核，来衡量企业成本费用管理的好坏，并作为企业成本费用管理奖惩的依据，以督促企业进一步加强成本费用管理，提高经济效益。企业通过对所属单位和各部门的归口管理和负责的成本费用计划指标进行考核，来衡量各单位和各部门经济责任制的落实情况，并作为对其奖惩的主要依据，以促进企业内部成本管理工作的提高。

7）施工企业的营业收入

① 施工企业营业收入的内容。营业收入是指企业在生产经营过程中，由于工程施工、提供劳务、作业及销售产品等所得的收入。营业收入是企业生产经营成果的价值表现，是企业的一项重要财务指标，施工企业的营业收入包括工程价款收入和其他营业收入。

工程价款收入是施工企业的基本业务收入，在企业营业额中占有极大的比例。根据财务制度制定，施工企业的营业价款收入是指工程价款结算收入，此外，还包括：工程索赔收入、向发包单位收取的临时设施基金、劳动保险基金、施工机构迁移费等。其中工程价款收入是指施工企业在建筑安装工程全部或部分完工时，按照承包合同所签订的投标价格或按照国家和地区规定的预算单价和收费标准，向发包单位办理工程结算所得的价款收入。

其他营业收入是指工程价款收入以外施工企业的其他种种营业收入，是对工程价款收入的补充，一般每一笔收入金额较小、收入不太稳定，服务对象不十分固定。主要包括：劳务作业收入、产品销售收入、设备租赁收入、材料销售收入、多种经营收入和其他业务收入等。这部分营业收入虽然在企业总收入中所占的比例不高，但随着市场经济的发展和企业经营机制的转变，这些收入有增加的趋势。

② 营业收入的确定。企业应当合理确认营业收入的实现，并将已实现的收入按时入账。企业应当根据权责发生制的要求，在发生商品、提供劳务、同时收讫价款或者索取价款的凭证时，确认营业收入。

施工企业承包的工程项目，一般要经过较长的建设周期。长期工程合同(包括劳务合同)，一般应根据完成进度法或者完成合同法合理确认营业收入。

8) 利润及利润的分配

① 利润组成。企业利润是企业在一定时期内经营活动所取得的财务成果。施工企业的利润总额，包括营业利润、投资净收益和营业外收支净额，衡量着企业生产经营管理的重要综合指标，可用下式表达：

利润总额＝营业利润＋投资净利润＋营业外收支净额 (1.3.3)

A. 施工企业利润。由工程结算利润加其他业务利润减管理费用和财务费用组成。可用下式表示：

营业利润＝工程结算利润＋其他业务利润－管理费用－财务费用 (1.3.4)

工程结算利润是指企业及其内部独立核算的施工单位已向工程发包单位办理工程价款结算而形成的利润。其他业务利润是指施工企业除工程价款收入外的其他业务收入，扣除其他业务成本及应负担的费用、流转税及附加后的所得利润。

B. 投资净收益。投资净收益是指对外投资收益减去投资损益后的余额。企业对外投资收益包括：对外投资分得的利润、股利、债券利息、企业对外投资到期回收或中途转让所得款项高于账面价值的差额、按权益法核算的股份投资在被投资单位增加的

净资产中所拥有的数额等；企业对外投资损失包括：企业对外投资分担的亏损、投资到期回收或中途转让取得价款低于账面价值的差额、按照权益法核算的股份投资在被投资单位减少的净资产中所分担的数额等。

C. 营业外收支净额。营业外收支净额为营业外收入减去营业外支出后的差额。营业外收入是指企业与营业收入相对应的，虽与企业生产经营活动没有直接因果关系，但与企业又有一定联系的收入。营业外收入包括固定资产盘盈和出售净收益，因债权人原因确实无法支付的应付款项、罚款收入、教育费附加返还款，以及其他非营业性收入。营业外支出是指与企业生产经营没有直接关系，但却是企业必须付出的支出；包括：固定资产盘亏、报废、毁损和出售的净损失，非季节性的停工损失、非常损失、自办技工学校经费、公益救济性赠与、赔偿金、违约金等。

② 利润分配。企业实现的利润总额，按照国家规定做相应的调整后，必须缴纳所得税。企业缴纳所得税后的利润，除国家另有规定外，应按照下列顺序分配：

A. 被没收的财产损失，支付各项税收的滞纳金和罚款。

B. 弥补企业以前年度亏损。企业发生的年度亏损，在连续五年内未能用税前利润弥补的，应用税后利润弥补。

C. 提取法定盈余公积金。法定盈余公积金按照税后利润扣除前两项的10％提取；盈余公积金达到注册资本50％时可不再提取。盈余公积金可用于弥补亏损或用于转增资本；但转增资本金后，企业的法定盈余公积金一般不得低于注册资本的25％。

D. 提取公益金。公益金主要是用于企业职工福利性支出。

E. 向投资者分配利润。企业的税后利润，扣除前四项后的余额，应按投资各方的投资比例进行分配。企业以前年度未分配的利润，可以并入本年度向投资者分配。

(3) 工程税收

按照课税对象的不同性质，税收可划分为流转税、所得税、财产税和行为税五大类。这里只介绍与工程有关的税收。

1）流转税

流转税是对商品生产、商品流通、提供劳务的销售额或营业额征税的税种统称。经过近几年税制改革的进一步推进，我国已建立了增值税、消费税、营业税三税并立的流转税格局。即对商品的交易和进口普遍征收增值税，并选择少数消费品增收消费税，对不实行增值税的劳务交易征收营业税。

① 营业税。营业税是对工商营利事业以营业额为对象征收的一种流转税。营业税的纳税人，是指在中华人民共和国境内提供应税劳务、转让无形资产或者销售不动产的单位和个人。其中，提供应税劳务是指交通运输业、建筑业、金融保险业、邮电通信业、文化体育业、娱乐业、服务业所提供的属于营业税征收范围内的劳务。

营业税一般根据计税金额和适用税税率计算，其基本公式为：

$$应纳税额=计税营业额\times适用税率 \tag{1.3.5}$$

营业税属于价格内税。所谓价格内税，是商品价值或价格内含应纳的此项税金。式中的营业额为纳税人提供应税劳务、转让无形资产或销售不动产时向对方收取的全部价款和其他费用，即含税营业收入。

我国营业税实行差别比例税率。对同一行业实行同一税率，对不同行业实行不同税率。对交通运输业、建筑业、邮电通信业和文化体育业适用较低的3%税率，对服务业、转让无形资产和销售不动产适用5%的税率，对金融保险业实行8%的税率，对娱乐业则实行5%～20%弹性税率。

施工企业应按建筑、安装、修缮、装饰和其他工程作业营业额的3%，向企业所在地主管税务机关申报缴纳营业税。施工企业如从事建筑、修缮、装饰工程作业，无论与对方如何结算，其营业额均包括工程所有原材料及其他物质和动力的价款在内。施工企业从事安装工程作业，凡所安装的设备工程价值作为安装工程产值，其营业额应包括设备价款在内。施工企业作为总承包人将工程分包或者转包给他人的，以工程总额减去付给分包人或转包人的价格后的余额为计税营业额。

② 增值税。增值税是以商品生产流通或劳务服务各个环节的增值额为征税对象征收的一种流转税。增值税的纳税人，是指在中华人民共和国境内销售货物或者提供加工修理修配劳务及进口货物的单位和个人。增值税的纳税人，分为小规模纳税人和一般纳税人两种。

我国现行增值税采用国际通行的间接计算方法，即购进扣税法。对一般纳税人来讲，实行凭发票注明税款进行抵扣的办法。其应纳税额为当期销项税额抵扣后的余额。公式为：

$$应纳税额=当期销项税额-当期进项税额 \quad (1.3.6)$$

其中，销项税额是指纳税人销售货物或者提供应税劳务，按照销售额和规定的税率计算并向购买方收取的增值税额。其计算公式如下：

$$销项税额=销售额\times 适用税率 \quad (1.3.7)$$

当期进项税额是指纳税人当期购进货物或接受应税劳务，向销售方支付的增值税额。在零售以前的各环节销售商品时，销售方必须规定在增值税专用发票上分别注明增值税税额和不含增值税的销售价格。购买方根据从销售方取得的增值税专用发票(或海关的完税凭证)注明的增值税税额确定本期进项税额，进行抵扣。

增值税在零售环节实行价内税，零售以前的其他环节实行价外税。所谓价外税，是指商品销售价格中不包括此项税金。计算销项税额时，计算式中的销售额不包括增值税税额。

增值税的基本税率为17％，对于基本食品、农业生产资料、图书、报纸、杂志等则适用于13％的低税率，零税率的适用范围只适用于出口货物。

施工企业从事多种经营，即在从事营业税应税项目的同时也从事增值税应税项目，如施工企业既搞建筑安装，从事应纳税的建筑业，又搞建筑材料销售，从事应纳税的货物销售等等，这就需要企业对不同经营行为分别核算、分别申报、分别缴纳营业税和增值税。如企业不分别核算或不能准确核算的，则一并征收增值税，不征收营业税。

2）所得税

所得税是以单位（法人）或以个人（自然人）在一定时期内纯收入额为征税对象的各个税种的总称。目前，我国的所得税分为企业所得税、外商投资企业和外国企业所得税、个人所得税等。

① 企业所得税。企业所得税是以企业的生产、经营所得和其他所得为征税对象。凡在中华人民共和国境内设立的企业，除外商投资企业和外国投资企业外，应当就其生产、经营所得（包括来源于中国境内和境外所得），依照规定缴纳企业所得税。这里的企业包括国有企业、集体企业、私人企业、联营企业、股份制企业，以及生产经营所得和其他所得的组织。企业所得税的纳税人，是实行独立经济核算的企业或组织。企业所得税计税是依据企业在纳税年度内实现的应纳税所得。应纳税所得额是纳税人每项纳税年度的收入总额减去准予扣除的余额。

企业所得税实行33%的比例税率。

② 外商投资企业和外国企业所得税。外商投资企业和外国投资企业所得税，以我国境内的外商和外国投资企业经营所得和其他所得为征税对象。外商投资企业和外国投资企业所得税的纳税人，是指在中华人民共和国境内的外商和外国投资企业。其中，外商投资企业是指中外合作经营企业、中外合资经营企业和外资企业；外国企业是指在中国境内设立机构、场所，从事生产、经营和虽未设立机构、场所，而来源于中国境内所得的外国公司、企业和其他经济组织。

外商投资企业和外国投资企业所得税税率为30%的比例税率；地方所得税的税率为3%，综合负担率为33%。对于新开办的生产性外商投资企业，实行定期减免税政策优惠，对于特定区域和特定项目投资，给予降低税率、延长或增加减免税期限、减免地方所得税的优惠。

③ 其他税

A. 土地增值税。土地增值税是以转让房地产所得的增值额为征收对象。土地增值税的纳税人，是指转让国有土地使用(所有)权、在土地上建造建筑物及附着物并取得收入的单位和个人。土地增值税实行四级超额累计进税率，区分增值额超额累计扣除项目金额的不同情况，分别按30%、40%、50%和60%计税。

B. 城市维护建设税。城市维护建设税是指为筹集城市维护和建设资金而开设的一种附加税。城市维护建设税的纳税人，是有义务缴纳增值税、消费税和营业税的单位和个人。城市维护建设税是以实际缴纳的增值税、消费税和营业税税额为计税依据，与上述三种税同时缴纳。城市建设维护税税率为7%；缴纳人所在地为县城或镇的，税率为5%；纳税人所在地不在市区、县城或镇的，税率为1%。

C. 教育费附加。为了发展地方教育事业，扩大地方教育经费来源而征收的一种附加税。教育费附加的纳税人，是有义务缴纳增值税、消费税和营业税的单位和个人。教育费附加以实际缴纳的增值税、营业税、消费税的税额为计征依据，与上述三种税同时缴纳，附加税率为3%。

D. 固定资产投资方向调节税。固定资产投资方向调节税是以固定资产投资额为征税对象。固定资产投资方向调节税的纳税人，是指在中华人民共和国境内进行固定资产投资的单位和个人。征收此税的目的是为了贯彻国家的产业政策，控制投资规模，引导投资方向，调节投资结构，加强重点建设，促进国民经济稳定协调发展。固定资产投资方向调节税根据国家产业政策和

项目经济规模实行差别税率。对于基本建设投资项目而言，国家急需发展的项目投资，税率为0%；国家鼓励发展，但受能源、交通制约的项目投资，税率为5%；楼、堂、馆、所项目以及国家严格限制发展的项目投资，课以重税，税率为30%；税率税目表中未列出的项目，税率统一为15%，对于更新改造项目的投资，实行0%和10%两档税率，凡属于国家急需发展的项目投资，给予优惠扶持，适用零税率；其他更新改造项目的投资，一律适用10%的税率。

(4) 财务报表

财务报表是反映企业财务状况和经营成果的总结性书面文件，包括资产负债表、损益表、现金流量表、有关附表及财务情况说明书。企业应当向投资者、债权人、有关政府部门及其他报表使用者提供财务报表。

1）资产负债表。资产负债表是反映企业某一特定时期财务状况的报表。资产负债表根据“资产＝负债＋所有者权益”这一会计形式，将日常核算工作中形成的有关账户的期末余额进行整编编制的。它反映企业在某一特定日期的资产、负债所有者权益的余额分布情况，是一种静态的报表。资产负债表的项目，应当按资产、负债和所有者权益的类别，分项列出。

① 资产负债表的格式。资产负债表的格式，国际上通常有报告式和账户式两种，报告式资产负债表将资产、负债和所有者权益项目按上下顺序排列，以“资产－负债＝所有者权益”的关系式来表示企业的财务状况。账户式资产负债表是将资产项目排列在表格的左方，将负债和所有者权益项目按上下顺序排列在表格的右方，以“资产＝负债＋所有者权益”的关系式来表示企业的财务状况。我国采用账户式资产负债表的格式。根据资产的流动性，资产一方按照流动资产、固定资产、无形资产及递延资产、其他资产的顺序排列。负债按流动负债和长期负债的顺序排列。所有者权益按实收资本、资本公积金、盈余公积金和未分配利润的顺序排列。施工企业的账户式资产负债表的一般格式如表

1.3.2 所示：

资产负债表 **表 1.3.2**

编制单位： 年 月 （元）

资 产	行次	年初数	期末数	负债及所有者权益	行次	年初数	期末数
流动资产：				流动负债：			
货币资金				短期借款			
短期投资				应付票据			
应收票据				应付账款			
应收账款减坏账准备				其他应付款			
预付款项				应付工资			
其他应收款				应付福利费			
待摊费用				应付税金			
存货				未付利润			
其中：在建工程				其他未交款			
其他流动资产				提留费用			
待处理流动资产损失				其他流动负债			
一年内到期的长期债券投资				一年内到期的长期负债			
流动资产合计				流动负债合计			
长期投资：				长期负债：			
长期投资				长期借款			
固定资产：				应付债券			
固定资产原价减累计折旧				长期应付款			
固定资产净值				其中：住房周转金专项应付款			
待处理固定资产损失				长期负债合计			

续表

资　　产	行次	年初数	期末数	负债及所有者权益	行次	年初数	期末数
固定资产合计				递延税项：			
专项工程：				递延税款贷款			
专项工程				负债合计			
无形资产及递延资产：				所有者权益：			
无形资产				实收资本			
递延资产				资本公积			
无形资产及递延资产合计				盈余公积			
其他资产：				未分配利润			
临时设施减临时设施摊销费				所有者权益合计			
临时设施净值							
临时设施清理							
其他长期资产							
其他资产合计							
递延税项：							
递延税款借项							
资产总计				负债及所有者权益总计			

补充资料：1. 已贴现的商业承兑汇票　　元；

2. 已包括固定资产原价内的融入固定资产原价　　元。

② 资产与负债各项数字之间的关系

A. 流动资产合计＝货币资金＋短期投资＋应收票据－坏账准备＋预付账款＋其他应收款＋待摊费用＋存货＋其他流动资产＋待处理流动资产损失＋一年内到期的长期债券投资；

B. 固定资产净值＝固定资产原价－累计折旧；

C. 固定资产合计＝固定资产净值＋固定资产清理＋待处理

固定资产损失；

D. 无形资产及递延资产合计＝无形资产＋递延资产；

E. 临时设施净值＝临时设施－临时设施摊销费；

F. 其他资产合计＝临时设施净值＋临时设施清理＋其他长期资产；

G. 资产总计＝流动资产合计＋长期投资＋固定资产合计＋专项工程＋无形资产及递延资产合计＋其他资产合计＋递延税款借项；

H. 流动负债合计＝短期借款＋应付票据＋应付账款＋预收账款＋其他应付款＋应付工资＋应付福利费＋未交税金＋未付利润＋其他未交款＋其他流动负债＋一年内到期的长期负债；

I. 长期负债合计＝长期借款＋应付债券＋长期应付款＋其他长期负债；

J. 负债合计＝流动负债合计＋长期负债合计＋递延税款贷项；

K. 所有者权益总计＝实收资本＋资本公积＋盈余公积＋未分配利润；

L. 资产总计＝负债及所有者权益总计。

2）损益表及附表

损益表是反映企业在一定时间内的经营成果及其分配情况的报表。损益表的项目，应当按利润率的构成和利润分配各项目分项列出。利润分配部分各个项目也可以另行编制利润分配表。我国现行法令规定，企业分别编制损益表和利润分配表。损益表根据“收入－费用＝利润”这一会计等式，将企业根据权责发生制原则确定的某一会计期间的各项收入与费用的发生额进行整理后编制，以反映企业在该会计期间的利润形成过程，是一种动态报表。

① 损益表。损益表采用上下顺序排列的报告式格式，依次反映出结算利润、营业利润、利润总额和净利润四个层次。施工企业的损益表格式如表 1.3.3。

损　益　表　　　　　　　　**表 1.3.3**

编制单位　　　　　　　年　　月　　　　　　　　（元）

项　目	行　次	本月数	本月累计数
一、工程结算收入			
减：工程结算成本			
工程结算税金及附加			
二、工程结算利润			
加：其他业务利润			
减：管理费用、财务费用			
三、营业利润			
加：投资效益、营业外收入			
减：营业外支出			
加：以前年度损益调整			
四、利润总额			
减：所得税			
五、净利润			

损益表中项目数字之间的关系如下：

A. 工程结算利润＝工程结算收入－工程结算成本－工程结算金及附加

B. 营业利润＝工程结算利润＋其他业务利润－管理费用－财务费用

C. 利润总额＝营业利润＋营业外收入－营业外支出＋以前年度损益调整

D. 净利润＝利润总额－所得税

② 利润分配表

利润分配表，是损益表的附表，是反映企业在一定期间内利润去向的报表，也是计算企业在会计期末的未分配利润数额的报表。施工企业的利润分配表格式如表 1.3.4。

利润分配表　　表 1.3.4

编制单位：　　年度：　　（元）

项　目	行　次	本年实际	上年实际
一、净利润			
加：年初未分配利润			
减：归还借款的利润			
二、可供分配的利润			
加：盈余公积补亏			
减：提取盈余公积应付利润转作奖金的利润			
三、年度未分配利润			

利润分配表中的各项数目之间的关系如下：

A. 可供分配的利润＝净利润＋年初未分配的利润－归还借款的利润；

B. 年末未分配的利润＝可供分配的利润＋盈余公积补亏－提取盈余公积－转作奖金的利润。

3）现金流量表

现金流量表是反映一定会计期间现金收入和支出情况的报表。编制现金流量表的目的，是为使会计报表使用者提供企业一定会计期间现金等价物流出和流入的信息，以便于报表使用者了解和评价企业获得现金和现金等价物的能力，并据以预测企业未来现金流量。

① 现金流量的分类

现金流量是指企业现金和现金等价物的流入和流出。其中，现金是指企业库存现金以及随时可支付的存款，现金等价物是指企业持有的期限短、流动性强、易于转换为已知金额现金、价值变动风险小的投资。现金流量分为三类：一是经营活动产生的现金流量。经营活动是指企业投资活动和筹资活动以外的所有交易和事项；二是投资活动产生的现金流量。投资活动是指企业长期资产的购建和不包括在现金等价物范围内的投资及其处置活动；三是筹资活动产生的现金流量。筹资活动是指导致企业资本及债务规模和构成发生变化的活动。

② 现金流量表的格式

现金流量表采用报告式的格式，分别以经营活动、投资流动和筹资活动报告企业的现金流量。每一部分活动，均分别列示其导致现金流入和流出的项目，并计算该部分活动产生的现金流入小计和现金流出小计。

现金流量表采用直接法报告经营活动的现金流量(即直接列示现金的流入和流出)。编制此表时，应根据企业的日常会计记录，或通过有关项目进行调整来取得现金流量的信息。现金流量表还要求列出补充资料。在补充资料中要求反映不涉及现金收支的投资和筹资活动，并采取间接法报告经营活动的现金流量(即将净利润调节为经营活动的现金流量)。现金流量表的格式如表 1.3.5。

现金流量表 **表 1.3.5**

编制单位： 年度： (元)

项目	行次	金额	补充资料	行次	金额
一、经营活动产生的现金流量：			1. 不涉及现金收支的投资和筹资活动：		
销售商品、提取劳务收到的现金			以固定资产偿还债务		
收到的租金			以投资偿还债务		
收到的增值税销项税额和退回的增值税款			以固定资产进行投资		
收到的除增值税以外的其他税费退还			以存货偿还债务		
现金流量小计			2. 将净利润调节为经营活动的现金流量净利润		
购买商品、接受劳务支付的现金			加：计提的坏账准备或转销的坏账		

续表

项目	行次	金额	补充资料	行次	金额
经营租赁所支付的现金			固定资产折旧		
支付的增值税款			无形资产摊销		
支付的所得税款			处置固定资产、无形资产和长期资产的损失(减:收益)		
支付的除增值税、所得税以外的其他税费			固定资产报废损失		
支付的其他与经营活动有关的现金			财务费用		
现金流出小计			投资损失(减:收益)		
经营活动产生的现金流量净额			递延税款贷项(减:借项)		
二、投资活动产生的现金流量			存货的减少(减:增加)		
收回投资所收到的现金			经营性应收项目的减少(减:增加)		
分得股利或利润所收到的现金			增值税增加净额(减:减少)		
处置固定资产、无形资产和其他长期资产所收到的现金净额			经营活动产生的现金流量净额		
收到的其他与投资活动有关的现金			3. 现金及其现金等价物增加情况		
现金流入小计			现金的末期余额		
购建固定资产、无形资产和其他长期资产所支付的现金			减：现金的初期余额		
权益性投资所支付的现金			加：现金等价物期末余额		
债权性投资所支付的现金			减：现金等价物的期初余额		
支付的其他与投资活动有关的现金			现金及其现金等价物净增加额		
现金流量小计					
投资活动产生的现金流量净额					

续表

项　　目	行次	金额	补 充 资 料	行次	金额
三、筹资活动所产生的现金流量					
吸收权益性投资所收到的现金					
发行债券所收到的现金					
借款所收到的现金					
收到的其他与筹资活动有关的现金					
现金流入小计					
偿还债务所支付的现金					
发生筹资费用所支付的现金					
分配股利或利润所支付的现金					
偿付利息所支付的现金					
融资租赁所支付的现金					
减少注册资本所支付的现金					
支出其他与筹资活动有关的现金					
现金支出小计					
筹资活动的产生的现金流量净额					
四、汇率变动对现金的影响额					
五、现金及其现金等价物净增加额					

③ 现金流量表各项目数字之间的关系

A. 该部分活动产生的现金流量净额＝每一部分活动的现金流入－现金流出小计

B. 现金及现金等价物净增加额＝三部分活动产生的现金流量净额之和＋汇兑变动对现金的影响额

C. 现金流量表中的经营活动产生的现金流量净额=补充资料中经营活动产生的现金流量净额

D. 现金流量表中的现金及其等价物净增加额=补充资料中现金及其现金等价物净增加额

1.4 建设项目审计

建设项目审计，是基本建设经济监督活动的一种重要形式。它是审计机关依据国家的方针、政策和有关法规，运用现代审计技术方法，对建设单位投资过程、投资效益和财经纪律的遵守情况进行审查，做出客观公正的评价，并提出审计报告，以贯彻国家的投资政策，维护国家的利益，维护被审计单位的正当利益，严肃财经纪律，促使建设单位加强对投资的控制与管理，提高投资效益的一种经济监督活动。

建设项目审计的内容按其审计范围，可分为宏观审计和微观审计两个方面。宏观审计也称计划审计，是指对各地区、各部门投资计划的投资规模、结构、方向及拨款、贷款进行的审计。微观审计是指对具体的建设项目所涉及的建设单位、施工单位、监理单位等的相关财务收支的真实性、合法性的审查，对建设项目的投资效益进行审查，以及对建设单位内部控制制度的设置和落实情况进行审查。建设项目审计按固定资产形成过程的程序来划分，又可分为前期审计、建设过程审计、投资完成审计和投资效益审计。

(1) 建设项目审计的依据

1）法律法规。法律是由全国人民代表大会及其常务委员会依照立法程序制定和颁布的，由国家强制执行的行为准则，如《宪法》、《审计法》等。法规是除法律之外的各级行政机关制定的一切规范性文件，主要是指国务院、国家计委、建设部、财政部、审计署制定和颁布的有关建设项目的政策性文件。

2）制度依据。即国家主管部门和上级单位制订的一切具有约束力的制度和文件。如：《建设资金审计规定》、《国有建设单位会计制度》以及业务规范、技术经济标准、概预算定额、取费标准等。

3）资料依据。包括：预算、计划、经济合同、会计凭证、账簿、报表及其他与建设项目有关的资料。

(2) 建设项目的审计方法

1）简单审计法。指在某一建设项目的审计过程中，对关于某一个不重要或者经审计人员主观经验判断认为信赖度较高的环节和方面，可就其中关键审计点进行审核，而不需全面详细审计。如在建设项目的概预算审计中，如果是信誉度较高单位编制的概预算文件，审计人员可以采取简单审计方法，仅从工程单价、收费标准两方面进行审计。

2）全面审计法。即对建设项目工程量的计算、单价的套选和取费标准的运用等所有与建设项目的财政财务收支等进行全面的审计。此种方法审查面广、细致，有利于发现建设项目中存在的各种问题。但此种方法费时费力，一般仅用于大型工程、重点项目或问题较多的建设项目。

3）抽样审计法。即在大量的单位工程中，挑选主要造价高的单位工程进行全面审计。也可对大量工程进行分类，在每一类中找出具有代表性的工程进行全面审计。此外，还可以依据以往经验，选择易发生差错的工程或环节进行重点审计。

4）筛选审计法。通过经济技术指标的对比，经多次筛选，选出重点问题，然后进行审计。如：先将建设项目中不同类型工程的每平方米造价与规定的标准逐一进行比较，若未超出规定标准，就可进行简单审计；若超出规定标准，再根据各分部工程造价的比重，用积累的经验数据进行第二次筛选，如此下去，直至选取出重点。这种方法可加快审计速度，但事先须积累必要的经验数据，而且不能发现所有问题，可能会遗漏存在重大问题的环节或项目的发现。

(3) 建设项目审计的程序

建设项目审计程序，是指审计人员在对建设项目进行审查时，从开始到结束的全过程和所采取的步骤。一般包括审计准备阶段、审计实施阶段和审计终结阶段三个程序。

1）审计准备阶段。审计准备阶段是审计工作的起点，需要明确审计对象、项目和审计范围；摸清建设单位的组织情况，有关人员情况和经营的范围；掌握审计标准，熟悉基本建设的内容和各项政策及有关建设法规、制度等；收集整理与审计任务有关的各项文件资料。其中，文件和资料主要包括：国家有关规定、批准的建设项目计划任务书、设计文件和基本建设概预算，基本建设的年度计划，基本建设工程项目表，以及材料、设备和工器具购置明细表。物资采购计划、财务计划、借款计划和各种经济合同，还有基本建设单位的会计凭证、账簿、报表及与建设项目有关的设计、施工、监理等单位的资料。

2）审计实施阶段。此阶段的主要工作是采取各种审计方法取得审计证据，是整个建设项目工程工作量最大、费时最长、困难最多的阶段。其主要工作有：1. 制度评审与符合性测试。即在主要了解和描述内部控制制度的基础上检查和评价内部控制制度的完善、严密程度和执行的优劣程度，寻找薄弱环节和存在的主要问题。2. 分析式测试。指对被审查事项及会计资料等相关资料进行分析，以取得必要的判断证据，便于在制度评审的基础上进一步明确审计实施检查的重点。3. 实质性测试。这是实施阶段的一项重要工作。通过实质性测试以搜集确切的审计证据，支持其发表的审计意见。

3）审计终结阶段。审计人员在广泛征求和听取建设单位和有关工程建设人员汇报说明的基础上，对审计过程中获得的大量信息资料，进行综合归纳和分析研究，以事实为根据，以法律为准绳，对审查事项进行客观、公正、准确的评价，提出审计报告。并由派出的审计机关审定后分别报送上级审计机关和本级人民政府。根据审计报告，对违反国家财经纪律的，审计机关应按情况分别做出处理决定，通知有关建设单位及主管部门执行。被审查单位对审计结论有异议，可向上一级审计机关提出复审申请。复审期间，原审结论照常执行。在建设项目审查完毕后，审计机关应将审计过程中积累形成的各种审计文件和资料分类整理，归入审计档案，妥善保管，以备日后查阅。建档工作由负责该项审计工作的人员来完成。

(4) 对建设工程竣工决算的审计

竣工决算由建设单位编制，以实物和货币为计量单位，综合反映竣工项目的建成成果和财务情况的总结性报告文件。进行竣工决算审计，对于提高决算质量，正确评价投资效益，总结建设经验，改善建设项目管理具有重要意义。竣工决算的依据为：工程竣工报告和工程验收单；工程施工合同和有关规定；经审批的施工图预算；经审批的补充修正预算；预算外费用现场签证；材料、设备和其他各项费用的调整依据；有关定额、费用调整的补充项目；建设、设计单位修改或变更设计的通知单；建设单位、施工单位合签的图纸会审记录；隐蔽工程检查验收记录等。竣工决算审计的主要内容有：

1) 建设单位验收工作审计。主要审计在竣工验收之前，是否系统整理有关工程建设的技术资料；各种技术档案是否齐全；各项资料是否分类立卷，分别管理，并在竣工验收时移交生产单位统一管理；建设单位是否严格执行验收工作规范。

2) 各项财产物资和资金的清理工作审计。审查建设单位对施工现场的剩余器材是否及时进行清点回收；对于库存器材通过盘点、核对，看其是否账物、账表、账证相符，有无积压、隐瞒、转移、挪用、贪污、盗窃等问题；对于结余的设备、材料物资，是否按规定及时处理，收回资金；审查各项应收、应付款项是否认真清理、及时收回或偿还；审查银行存款、现金和其他货币资金的结余是否真实，账物相符；各种结余资金的账簿记录与竣工决算表所反映的内容是否相符；审查竣工结余资金是否在交清各项应付税款、其他应交款项，并归还其他应付款项后，按资金来源渠道分别进行处理。

3）建设项目投资及概算执行情况审计。审查建设项目是否按批准的初步设计和建设项目计划进行；各单位工程建设是否严格执行批准的概算内容；有无概算外项目，或擅自提高建设标准，扩大建设规模的问题；有无重大质量事故和经济损失。若发现建设单位实际完成的各项指标与批准的设计、概(预)算和计划有差异，应进一步查清其具体原因，并依据有关规定严肃处理。

4）基本建设支出审计。审查“建筑安装工程投资”、“设备投资”、“待摊投资”、“其他投资”的核算内容与方法是否合法、正确；列支范围是否符合现行制度的规定；其发生、分配是否真实、合法；核算所设置的会计科目及其明细科目是否正确；账务处理是否正确。在审计中，如发现费用支出不符合规定的范围，或其支出的账务处理有误，应督促建设单位根据制度的规定予以调整。审查各项目是否与历年资金平衡表中各项目期末数的关系相一致；根据“竣工工程概况表”，将基建支出的实际合计数与概算合计数进行比较，审查基建投资支出的情况。

5）交付使用资产和在建工程审计。审查交付使用资产是否真实、完整，是否符合交付条件，移交手续是否齐全合法；成本核算是否正确，有无将“转出投资”、“应核销投资”等混入交付使用财产的情况，有无提高造价、转移投资的问题；审查在建工程投资完成额的计算是否正确，并查明未能全部建成、及时交付使用的原因。

6）收尾工程审计。审查收尾工程的真实性，看其是否为上期基建投资计划中未完的项目转入、计划安排以及年度完成项目或工程新增加并报经批准项目等；依据总概算和工程形象进度，核实收尾工程量，审定收尾工程所需投资；审查收尾工程账簿记录的真实性、完整性和正确性，并与竣工决算表所反映的内容相核对。在审查中若发现有将新增项目列作收尾工程项目、增加新的工程内容和自行消化投资包干结余问题，应坚决予以揭露，并依法追究有关责任。

7）基建收入审计。基建收入审计的依据是1991年5月29日建总发字(91)第28号《基本建设管理规定》。建设单位基建收入审计，应从以下几方面进行：审查基建收入的取得是否符合规定，是否在基本建设过程中形成的各项工程建设副产品变价净收入、负荷试车和试生产收入，以及其他收入；审查建设单位是否按《基本建设收入规定》计算分成，足额上交或归还贷款，留成是否按规定交纳税金，其使用是否符合规定。

8）投资包干节余审计。首先审查投资包干指标完成情况。即审查总承包单位的资质及企业等级，看其中是否为具有法人资格和承包经济能力的经济实体，具备相应的总承包条件；审查投资包干合同的签订是否符合规定，主要内容和条款是否建立在批准的项目建议书、可行性研究报告和设计概算基础上，合同的主要包干指标是否符合法规；审查总承包单位是否严格履行承包合同，完成承包合同规定的主要材料耗用量、工期、质量、综合生产能力等各项投资包干指标，有无任意变更或削减建设内容、偷工减料等问题。其次审查投资包干结余分配是否符合规定。即审查基建投资包干结余的核算内容及方法是否合法、符合规定和真实；投资包干结余的提留、上缴、还款、分配是否按国家规定进行；其账务处理是否符合规定、正确。

9）竣工决算报表审计。审查竣工决算报表是否按规定在办理竣工验收后一个月内编报；报表数据是否真实，各表间的相互关系是否正常，如“竣工工程概况表”中所列的“新增生产能力”、“完成主要工程量”、“主要材料消耗”、“主要技术经济指标”及“建设成本”等是否根据概算、财务、统计、施工部门提供的资料核实填报，“交付使用财产明细表”合计数是否与“交付使用财产总表”相一致，“交付使用财产总表”的合计是否与“财务决算表”中“交付使用财产”数相符等；竣工决算分析说明的内容是否与竣工决算报表及实际情况相符，分析是否正确。

10）投资效益评价。从物资使用、工期、工程质量、新增生产能力、投资回收期等方面进行评价。

1.5 工程建设主要相关法律

在工程建设中，必然要产生多种法律关系，这是工程建设复杂性的体现。工程建设产生的多种法律关系决定了工程建设与许多法律都有直接的关系，例如：进行工程建设必须首先取得土地使用权，应当遵守土地管理法；在工程建设过程中，涉及的纳税问题必须遵守税法。

(1) 土地管理法

1）土地的管理权和使用权

土地所有权是指土地所有人在法律规定的范围内享有对土地的占有、使用、收益和处分的权力。我国实行土地的社会主义公有制，即全民所有制和集体所有制。全民所有制即国家所有，国家所有土地的所有权由国务院代表国家行使。城市市区的土地属于国家所有。农村和城市郊区的土地，除法律规定属于国家所有的以外，属于农民集体所有；宅基地和自留地、自留山，属于农民集体所有。土地使用权是指权利人根据法律或合同的规定所产生的使用土地的权利。国有土地和农村集体所有的土地，可依法确定给单位或个人使用。我国实行国有土地有偿使用制度，国有土地和集体所有的土地使用权可以依法转让。

2）土地的利用和保护

十分珍惜、合理利用土地和切实保护耕地是我国的基本国策。国家实行土地用途管制制度。国家编制土地利用总体规划，规定土地用途，将土地分为农用地、建设用地和未利用地。严格限制农用地转为建设用地，实行建设用地总量控制。

国家实行占有耕地补偿制度。非农业建设经批准占用耕地的，按照“占多少，垦多少”的原则，由占用耕地的单位负责开垦与所占用耕地的数量和质量相当的耕地；没有条件开垦者或开垦的耕地不符合要求的，应当按照规定缴纳耕地开垦费，专项用于开垦新的耕地。

国家建立土地调查制度和土地统计制度。县级以上人民政府土地行政主管部门会同同级有关部门进行土地调查，并且根据土地调查成果、规划土地用途和国家制订的统一标准，评定土地质量等级。土地行政主管部门和统计部门共同发布的土地面积统计资料是各级人民政府编制土地利用总体规划的依据。

(2) 建设用地

建设用地是指建造建筑物、构筑物的土地，包括城乡住宅和公共设施用地、工矿用地、交通水利设施用地、旅游用地、军事设施用地等。除新建乡镇企业、村民建设住宅和乡镇公共设施、公益事业的建设外，任何单位和个人进行建设，需要使用土地的，必须依法申请国有土地。国有土地包括国家所有的土地和国家征用的原属于农民集体所有的土地。

1）建设用地批准。建设占用土地，涉及农用地转为建设用地的，应当办理农用土地转用手续。征用基本农田、基本农田耕地以外的耕地超过 35 公顷的、其他土地超过 70 公顷的，由国务院批准；征用上述规定以外的土地，由省、自治区、直辖市人民政府批准，并报国务院备案。国家征用土地的，依照法定程序批准后，由县级以上人民政府予以公告并组织实施。经批准建设项目需要使用国有建设用地的，建设单位应当持法律、行政法规规定的有关文件，向有批准权的县级以上人民政府土地行政主管部门提出建设用地申请，经土地行政主管部门审查，报本级人民政府批准。

2）征用土地的补偿。征用土地的按照被征用土地的原用途给予补偿。征用土地的补偿费用包括土地补偿费、安置补助费以及地上附着物青苗的补偿费。征用耕地的补偿费，为该耕地被征用前 3 年平均产值的 6～10 倍。征用土地的安置补偿费，按照需要安置的农业人口计算。需要安置的农业人口数，按照被征用耕地数量除以征地前被征用单位平均每人占有的耕地数量计算。每一个需要安置的农业人口安置补助费标准，为该耕地被征用前 3 年平均年产值的 4～6 倍。但是，每公顷被征用耕地的安置补助费，最高不得超过被征用土地前3年平均产值的15倍。征地补偿安置方案确定后，有关地方人民政府应当公告，并听取被征用土地农村集体经济组织和农民的意见。

3）土地使用权的收回。有下列情形之一的，由有关人民政府土地管理部门报经原批准的人民政府或有批准权的人民政府批准，可以收回土地使用权：

① 为公共利益需要使用土地的；

② 为实施城市规划进行旧城改建，需要调整土地使用权方式的；

③ 土地出让等有偿使用合同约定的使用期届满，土地使用者未申请续期或申请续期未批准的；

④ 因单位撤销、迁移等原因，停止使用原划拨的国有土地的；

⑤ 公路、铁路、机场、矿场等经核准报废的。

其中，依照前两项规定收回国有土地使用权的，对土地使用权人应当给予适当补偿。

(3) 城市规划法

城市规划是指为了实现一定时期城市的经济社会发展目标，确定城市性质、规模和发展方向，合理利用城市土地，协调城市空间布局、各项建设的综合部署和具体安排等法定活动。城市规划必须坚持控制大城市规模、合理发展中等城市和小型城市的方针，促进生产力和人口的合理布局。严格控制大城市规模，主要是控制市区人口与用地规模，一般不要在大城市市区新建和扩建大中型工业项目。

1）城市规划的制定

城市规划一般分为总体规划和详细规划。大中城市根据城市的具体情况和实施管理的需要可在总体规划的基础上，编制不同地段的分区规划，为详细规划和规划管理提供比较具体的依据。

① 城市总体规划。城市总体规划是从宏观上控制城市土地使用和空间布局，引导城市合理发展的总体部署。城市总体规划

的内容应包括：城市的性质、发展目标和发展规模，城市主要建设标准和定额指标，城市建设用地布局、功能区分和各项建设的总部署，城市综合交通体系和河湖、绿地系统，各项专业规划，近期建设规划。城市总体规划的期限一般为 20 年，但对城市 30～50 年的远景发展进程和方向应当做出轮廓性的计划安排。分区规划，基本上属于总体规划的范畴，它是城市总体规划在分区范围内的进一步深化和补充。分区规划的任务是在总体规划的基础上，对城市不同地区的土地利用、人口分布以及公共设施的配置做出进一步计划安排。

② 城市详细规划。城市详细规划是对城市总体规划的具体化，使对城市近期建设区域内的建设进行具体安排。其任务是以总体规划和分区规划为依据，对城市近期建设地段各类用地的界限、适用范围和建设密度、建设高度、容积率、出入口方位等做出详细的控制性规定，或根据当前开发建设的需要做出建设性的具体规划设计。

2）城市规划的编制和审批

城市人民政府负责组织编制城市规划。县级人民政府所在地的城市规划，由县级人民政府负责编制。城市规划实行分级审批制度。直辖市的城市总体规划，由直辖市人民政府报国务院审批；省和自治区人民政府所在地的城市、城市人口在 100 万以上的城市及国务院指定的其他城市的总体规划，由省、自治区人民政府审查同意后，报国务院审批。

3）城市规划的实施

① 选址意见书制度。选址意见书是指建设工程(主要指新建大、中型工业与民用项目)在立项过程中，上报的设计任务书必须附有由城市规划行政主管部门提出的关于建设项目选哪个城市或者选哪个方位的意见。城市规划区内的建设工程选址和布局必须符合城市规划。

② 城市建设用地许可证制度。建设用地规划许可证是由建设单位和个人提出建设用地申请，城市规划行政主管部门根据规

划和建设用地项目的需要，确定建设用地位置、面积、界限的法定凭证。

③ 建设工程规划许可证制度。建设工程规划许可是由城市规划行政主管部门核发，用于确认建设工程是否符合城市规划要求的法律凭证。建设单位或者个人在取得建设工程规划许可证和其他有关批准文件后，方可申请办理开工手续。

(4) 建筑法

1）建筑法的概念和调整对象

建筑法是指调整从事建筑活动监督管理过程中所形成的社会关系的法律规范的总称。建筑活动是建筑法所要规范的核心内容。建筑法所称的建筑活动是指各类房屋及其附属设施的建造与其配套的线路、管道、设备的安装活动。但在建筑法中关于施工许可、施工资质、建筑工程承发包、禁止转包，以及建筑工程监理、建筑工程安全和质量管理的有关规定，适用于其他专业建筑工程的建筑活动。

建筑法的调整对象主要有两种社会关系：一是从事建筑活动过程中所形成的一定的社会关系；二是在实施建筑活动管理中形成的一定的社会关系。从性质上看，前一种属于平等主体的民事关系，即平等主体的建设单位、勘察设计单位、建筑安装企业、监理单位、建筑材料供应单位之间在建筑活动中所形成的民事关系。后一种属于行政管理关系，即建设行政主管部门对建筑活动进行的计划、组织、监督的关系。

2）建筑许可

国家实行建筑许可管理制度。建筑许可包括建筑工程施工许可和从业资格两种。

① 建筑工程施工许可。建筑工程施工许可，是指建设行政主管部门依据法定程序和条件，对建筑工程是否具备施工条件进行审查，对符合条件准许施工并颁发施工许可证的一种制度。

A. 施工许可的申请。施工许可证的申请期间，应当在施工准备工作基本就绪后，组织施工之前申请。施工许可证的申请者

是建设单位。

B. 建设工程施工许可证的审批。施工许可证由工程所在地县级以上人民政府建设行政主管部门审批。具体由哪一级行政主管部门审批，则要视工程的投资额大小和投资额来源的不同而定。建设行政主管部门应当在接到申请后的15日内，对符合条件的申请颁发施工许可证。

C. 施工许可证的有效期限。建设单位应当在领取施工许可证后的3个月内开工。因故不能按时开工的，应当向原发证机关申请延期，延期以两次为限，每次不超过3个月；既不开工又不申请延期或超过延期时限的，施工许可证自行作废。

D. 中止施工和恢复施工。在建的建设工程因故中止施工，建设单位应当在中止施工之日起1个月之内，向原发证机关报告，并按规定做好建设工程的维护管理工作。建设工程恢复施工时，应当向原发机关报告。中止施工一年以上的工程恢复施工前，建设单位应当向发证机关核验施工许可证。

E. 取得开工报告的建筑工程不能按期开工或者终止施工的处理。开工报告制度是我国建设领域长期实施的一项制度。按照国务院有关规定，批准开工报告的建筑工程，因故不能按期开工或者终止施工的，应当向批准机关报告情况。因故不能按期开工超过6个月的，应当重新办理开工报告的批准手续。

② 从业资格制度。从业资格制度是指国家对从事建筑活动的单位和人员实行资质或资格审查，并许可其按照相应的资质、资格条件从事相应建筑活动的制度。从业资格制度包括从事建筑活动的单位资质制度和从事建筑活动的个人资格制度两类。从事建筑活动的单位资质制度，是指建设行政主管部门对从事建筑活动的建筑施工企业、勘察单位、设计单位和工程监理单位的人员素质、管理水平、资金数量、业务能力进行审查，以确定其承担任务的范围，并发给相应资质证书的一种制度。从业建筑活动的个人资格制度，是指建设行政主管部门及有关部门对从事建筑活动的专业技术人员，依法进行考试和注册，并颁发执业资格证书

的一种制度。从业资格制度，是对从事建筑活动的主体实行资格审查的一种制度。建筑业是一个专业性、技术性很强的行业，只有加强对从业者的管理，才能保障建筑工程质量和施工安全，维护建筑市场秩序。从事资格制度的管理对象，单位主要包括建设工程总包单位、建设工程勘察设计单位、建筑施工企业、建设工程监理单位等；个人主要包括注册建筑师、注册结构工程师、注册造价工程师、注册监理工程师等。

3）建筑工程发包与承包

① 建筑工程发包。建筑工程发包是指建筑单位采用一定的方式，在政府管理部门的监督下，遵循公开、公平、公正的原则，择优选定设计、勘察、监理、施工等单位的活动。建筑工程发包分为招标发包和直接发包两类。政府投资的大、中型以上工程项目，必须采取公开招标方式。国家投资或控股的大型公共建筑，住宅小区的设计，应当采用方案竞标的方式确定。应当实行招标但不宜公开招标的工程项目，如保密工程、特殊专业工程等，可采取协议发包方式，即可以直接发包。

② 建筑工程承包。建筑工程承包是指承包单位(勘察设计、施工安装单位)通过一定的方式取得工程项目建设合同的活动。

4）建设工程监理

建设工程监理，是指工程监理单位接受建设单位的委托，依照法律、行政法规及有关的技术标准、设计文件和建设工程承包合同，对承包单位工程质量、建设进度和建设资金使用等方面，代表建设单位实施监督。

5）建筑安全生产管理

国家对建筑活动实行建筑安全生产管理制度。建筑工程安全生产管理，应当坚持“安全第一，预防为主”的方针，为了加强建筑安全生产管理，国务院建设行政主管部门制定了一系列安全生产管理法规，建筑生产安全管理法规制度日趋完善。建筑法规定了建筑安全生产管理制度、安全教育制度、安全检查制度、伤亡事故的报告、调查和处理制度。

6）建筑工程质量管理

建筑工程质量管理是指国家现行的有关法律、法规、技术标准、设计文件和合同中对工程安全、适用、经济、美观等特性的综合要求。建筑工程质量管理包括纵向和横向两个方面管理。纵向方面主要是指建设行政主管部门及其授权机构对建设工程质量的监督管理。横向方面主要是指建设工程各方如建设单位、勘察设计单位、施工单位、监理单位等的质量责任和义务。目前，我国的工程质量管理法律制度体系已基本建立。

(5) 房地产法

1）房地产和房地产法的概念

房地产是房屋财产和土地财产的总称。在形式上，房产总是与地产联系在一起的，因此，人们习惯将两者合称为房地产。目前我国所称房地产是建设领域中比较彻底地按照市场规律运作的。从这一角度来说，房地产的有关规定代表了工程建设管理将来的发展方向。

房地产法是调整房地产的开发、产权管理、交易、市场及产权转移过程中所产生的社会关系的法律规范的总称。其调整对象包括：房地产行政管理关系、房地产所有权关系、房地产所有权有关的其他财产关系、房地产流转关系。

2）土地使用权的取得

① 土地使用权的出让和转让。土地使用权的出让，是指国家将国有土地使用权在一定年限内让给土地使用者，由土地使用者向国家支付土地出让金的行为。土地使用权出让，可以采取拍卖、招标或双方协议的方式。土地使用权转让则是指土地使用者将土地使用权再转移的行为，包括出售、交换和赠与。

② 土地使用权划拨。土地使用权划拨，是指县级以上人民政府依法批准，在土地使用者缴纳补偿、安置等费用后，将该幅土地交付其使用，或者将土地使用权无偿交付给土地使用者的行为。下列建设用地的土地使用权，确属需要的，可由县级以上人民政府划拨：国家机关用地和军事用地、城市基础设施用地、公

益事业用地、国家重点扶持的能源交通水利等项目用地、法律法规规定的其他用地。

3）房地产开发

以出让方式取得土地使用权进行房地产开发的，必须按照土地使用权出让合同约定的土地用途、动工开发期限开发土地。房地产开发项目的设计、施工，必须符合国家有关标准和规范。

4）房地产交易

房地产交易是指房地产转让、抵押和房屋租赁行为的总称。房地产转让、抵押时，房屋的所有权和该房屋占用范围内的土地使用权同时转让、抵押。

① 基准地价、标的地价和种类房屋的重置价格定期确定并公开。基准地价是指各城市按不同的土地级别、不同地段分别评估和测算的商业、住宅、工业等各类用地使用权的平均价格。在基准地价的基础上，根据地块大小、形状、微观区位、容积率、土地使用年限、市场情况、产业政策等制定标的地价。房屋重置价格是指前一年新建的同样房屋的价格。这三类价格是由各城市的房地产管理部门和物价部门定期确定并公布。

② 房地产评估制度。房地产价格评价评估，应当遵循公正、公平、公开的原则，按照国家规定的技术规范、标准和评估程序进行评估。房地产价格评估业务，由经依法设立的具有房地产评估价资格的机构办理。

③ 房地产成交价格申报制度。房地产权利人转让房地产，应当向县级以上人民政府规定的部门如实申报成交价，不得隐瞒，也不得作不实的申报。

(6) 保险法

1）保险和投保的概念

风险是指人类无法控制与不能确定事故的发生导致损失的不确定性。不论事故发生与否，造成损失与否，都存在不确定性。正因为人类社会的危险事故不确定经常发生，所以人们对危险管理越来越重视。而对危险进行管理的重要方法，就是保险。

投保是指投保人根据合同的约定，向保险公司支付保险费，保险公司对合同约定的可能发生事故因其发生所造成的损失承担赔偿保险金责任，或者当被保险人死亡、伤残、疾病或者达到合同约定的年龄、期限时承担给付保险金责任的商业保险行为。

2）保险公司

保险公司即保险人，是按照约定收取保险费，并于保险事故发生后，承担赔偿或者给予支付保险金责任人的法人。保险公司的组织机构，适用公司法的规定，且只能采取下列形式：股份有限公司和国有独资公司。

保险公司的设立必须经金融管理部门批准，并符合下列条件：有合法的公司章程、有符合规定的注册资本最低限额、具备任职专业知识和业务工作经验的高级管理人员、有健全的组织机构和管理制度、有符合要求的营业场所和与业务有关的其他设施。

3）保险合同

保险合同是指投保人与保险公司约定保险权利义务关系的协议。投保人是指与保险公司订立保险合同，并按照保险合同负有支付保险费义务的人。保险公司是指与投保人订立保险合同，并承担赔偿或者支付保险金责任的保险人。保险公司在履行中还会涉及到被保险人和受益人的概念。被保险人是指其财产或者人身受保险公司保障，享有保险金请求权的人。投保人可以为被保人。受益人是指人身保险合同中由被保险人或者投保人指定的享有保险金请求权的人，投保人、被保险人可以为受益人。

保险合同可以分为财产保险合同和人身保险合同。财产保险合同是以财产及其有关利益为保险标的的保险合同。在财产保险合同中，保险合同的转让应当通知保险公司，经保险公司同意继续承保后，依法转让合同。在合同的有效期内，保险标的的危害程度增加的，被保险人按照合同约定应当及时通知保险公司，保险公司有权要求增加保险费或者合同。建筑工程一切险和安装工程一切险均为财产保险合同。

人身保险合同是以个人的寿命和身体为保险标的保险合同。投保人应向保险公司如实申报投保人的年龄、身体状况。投保人于合同成立后，可以向保险公司一次性支付全部保险费，也可以按照合同规定分期支付保险费。人身保险的受益人由被保险人或者投保人指定。保险公司对人身保险的保险费，不得用诉讼方式要求投保人支付。

保险合同订立后，当事人双方必须严格、全面地按保险合同订明条款履行各自的义务。在订立保险合同前，当事人双方均应履行告知义务。即保险公司应当向将办理保险的有关事项告知投保人；投保人应当按照保险公司的要求，将主要危害情况告知保险公司。在保险合同订立后，投保人应当按照订立期限，交纳保险费，应遵守有关消防、生产操作和劳动保护方面的法规及规定。保险公司可以对被保险财产的安全情况进行检查，如发生存在不安全因素，应及时向投保人提出清除不安全因素的建议。在保险事故发生后，投保人有责任采取一切措施，避免扩大损失，并将保险事故发生的情况及时向保险公司报告。保险公司对保险事故所造成的保险标的损失或引起的责任，应当按照保险合同的规定履行赔偿。

保险事故发生后，保险公司已支付了全部保险金额，并且保险金额相当于保险价值的，受损保险标的的全部权利归保险公司；保险金额低于保险价值的，保险公司按照保险金额与保险时此保险标的的价值取得保险标的部分权利。

(7) 税收有关法律

1）税法的概念

税法是调整国家税务机关与纳税人之间税收关系的法律规范的总称。我国的税法是由税收法律、法规和规章组成的一个统一的法律体系。我国税法由 24 个税种组成。

2）税收的基本要素

① 纳税主体。纳税主体又称纳税人或纳税义务人，是指按照税法规定，对国家负有纳税义务的社会组织和自然人。具体的

纳税主体由各种税种分别确定。

② 征税对象。征税对象即为征税客体，是指规定对什么征税。不同的税种有其特定的征税对象。我国的税收可分为流转税、所得税、财产税、资源税、关税等。

③ 税率。税率是应纳税额与征税对象之间的比例，是计算纳税的尺度。我国的税率有三种：一是比例税率；二是累进税率，包括全额累进税率和超额累进税率；三是定额税率。

④ 税种和税目。税种是指税收的种类，如个人所得税、房产税等。税目是各个税种所规定的具体征税项目，如消费税按照征税对象的不同划分为 11 个税目。

⑤ 起征点和免征额。起征点是指对某一征税对象开始征税的最低点。免征额是指在征税对象中免予征税的部分。

⑥ 纳税环节。纳税环节是税法规定的征税对象在生产、流通、消费过程中，应当纳税的环节。

3）与工程相关的重要税种

① 城镇土地使用税。这是国家按土地使用的等级和数量，对城镇范围内的土地使用者征收的一种税种。其税率为定额税率，其税额分为四种。

② 城市维护建设税。其征税对象是在城市中从事的生产、经营活动，税率为比例税率，但比例依纳税人所在地的不同而不同。城市维护建设税是以纳税人缴纳的增值税、消费税和营业税税额为计税依据的，实际是一种附加税。

③ 固定资产投资方向调节税。开征该税种的目的是为了贯彻国家产业政策，控制投资规模，引导投资方向，调节投资结构，加强重点建设，促进国民经济持续、稳定、协调发展。在我国境内进行固定资产投资的单位和个人，为该税种的纳税人。但三资企业不是该税种的纳税人。该税种根据国家产业政策和项目经济规模实行差别比例税率。固定资产投资项目按其单位工程分别确定适用的税率，其计税依据为固定资产投资项目实际完成的投资额。

④ 房产税。我国境内拥有房屋产权的单位和个人都是房产税的纳税人。产权属于全民所有的，由经营管理单位纳税。房屋税依照房产原值一次减去10％至30％后的余值计算缴纳。国家机关、人民团体、军队以及由国家财政部门拨付事业经费的单位的自用房产，个人所有非营业用的房产等，可以免纳房产税。

⑤ 土地增值税。转让国有土地使用权、地上的建筑物及附着物并取得收入的单位和个人，为土地增值税的纳税人，该税以转让房地产所取得的增值额为计征依据。纳税人转让房产所取得的收入除规定扣除项目金额后的余额为增值额。

(8) 价格法

价格是商品或者服务价值的货币表现。价格包括商品价格和服务价格。商品价格是指有形产品和无形产品的价格，服务价格是指各类有偿服务的收费。

1）价格的分类管理

从价格管理的角度，价格可分为市场调节价、政府指导价和政府定价三类。国家实行并逐步完善宏观经济调控下主要由市场形成的价格机制。价格的制定应当符合价值规律，大多数商品和服务价格实行市场调节，极少数商品和服务价格实行政府指导价或者政府定价。

2）经营者的价格行为

商品和服务的价格，除按照规定适用政府定价和指导价以外，都实行市场调节价，由经营者自主制定。经营者定价，应当遵循公平、合法和诚实信用的原则。经营者定价的基本依据是生产经营成本和市场供求状况。经营者应当努力改进生产经营管理，降低生产经营成本，为消费者提供价格合理的商品和服务，并在市场上获取利润。经营者销售、收购商品和提供服务，应当按照政府价格主管部门的规定明码标价，注明商品的品名、产地、规格、等级、计量单位、价格或服务的项目、收费标准等有关情况。行业组织应当遵守价格法律、法规，加强价格自律，接受政府价格主管部门的工作指导。

3）政府的定价行为。下列商品和服务价格，政府必要时可以实行政府指导价或由政府定价：

① 与国民经济发展和人民生活关系重大的极少数商品价格；

② 资源缺乏的少数商品价格；

③ 资源垄断经营的商品价格；

④ 重要的公用事业价格；

⑤ 重要的公益性服务价格。

政府指导价、政府定价的定价权限和具体适用范围，以中央和地方的定价目录为依据。中央定价目录由国务院价格主管部门制定、修订，报国务院批准后公布。地方定价目录由省、自治区、直辖市人民政府价格主管部门按照中央定价目录规定的定价权限和具体适用范围制定，经本级人民政府审核同意，报国务院价格主管部门审定后公布。省、自治区、直辖市人民政府以下各级人民政府不得制定定价目录。

(9) 招标投标法

招标投标，是在市场经济条件下进行大宗货物的买卖、工程建设项目的发包与承包，以及服务项目的采购与提供时，愿意为卖方(提供方)提出自己的条件，采购方选择条件最优者作为卖方(提供方)的一种交易方式。在这种交易方式下，通常是以项目采购(包括货物的购买、工程的发包和服务的采购)的采购方作为招标人，由各有意提供采购所需货物、工程或者服务项目的供应商、承包商作为投标人，向招标人书面提出自己拟提供的货物、工程或服务的报价及其他条件，由招标人进行审查比较后，从中择优选择中标者，并与其签订采购合同。招标投标法是调整在招标投标活动中产生的社会关系的法律规范的总称。《中华人民共和国招标法》规定，凡在我国境内进行招标的工程建设项目以及工程建设有关的重要设备、材料的采购，必须依照该法的规定执行。招标投标的目的是为了签订合同。虽然招标文件对招标项目有详细介绍，但它缺少合同重要条件：价格。在招标时，项目成交的价格是有待于投标者自己提出的。因此，招标不具备要约的条件，而投标则是要约，中标通知书是承诺。

1）招标

① 强制招标的工程建设项目范围。理论上讲，招标是一种民事行为。建设单位有权决定是否采取招标选定工程建设项目的承包方。但是，当事人的这种权利不是绝对的，它要受到法律的限制。《招标投标法》规定，有些工程必须进行招标。在我国境内进行下列工程建设项目，包括项目的勘察设计、施工、监理以及与工程建设有关的重要设备和材料等的采购，必须进行招标：

A. 大型基础设施、公共设施等关系到社会公共利益、公众安全的项目；

B. 全部或部分使用国有资金投资或由国家融资的项目；

C. 使用国际组织或外国政府贷款、援助资金的项目。

上述项目的具体范围和规模标准，由国务院发展计划部门会同有关部门制定，报国务院批准。法律或者国务院对必须进行招标的其他项目的范围有规定的，按照其规定执行。

对上述必须进行招标的建设项目，任何个人或者单位不得将其化整为零或者以其他任何方式规避招标。

② 建设工程招标的方式。建设工程招标的方式分为公开招标和邀请招标两种。

A. 公开招标。公开招标是指招标人以招标广告的方式邀请不特定的法人或其他组织投标，它是一种招标人按照法定程序，在公开出版物上发布或者以其他公开方式发布招标公告，所有符合条件的承包商都可以平等地参加投标竞争，从中择优选择中标者的招标方式。

B. 邀请招标。邀请招标是指招标人以招标邀请书的方式邀请特定的法人代表或其他组织投标。邀请招标是由接到邀请招标书的法人或者组织才能参加投标的一种招标方式，其他潜在的投标人被排除在外。邀请招标必须向三个以上的潜在投标人发出邀请。在公开招标之外规定邀请招标的方式主要原因在于，公开招标虽然符合招标的宗旨，但也存在着一些缺陷，如：单纯依靠书面文件确定中标人本身的缺陷，公开招标的成本较高、周期较长等。

C. 招标公告与投标邀请书。招标公告是指采用公开招标方式的招标人向所有潜在投标人发出一种广泛的通告。招标公告的目的，是使所有的潜在投标人都具有公平投标竞争的机会。招标公告必须通过指定的媒介发布。

D. 资格审查。资格审查是指在招标开始之前或者开始初期，由招标人对申请参加投标的潜在投标人进行资质条件、业绩、信誉、技术、资金等多方面情况的资格审查。只有在资格预审中被认为合格的潜在投标人，才可以参加投标。

E. 编制和发售招标文件。招标人应当根据招标项目的特点和需要编制招标文件。招标文件是投标人准备投标文件和参加投标的依据，也是招标投标活动当事人的行为准则和评标的重要依据。招标文件按套数发售，一般是一个投标人一套。

2）投标

① 对投标人资格的要求。投标人是响应招标、参加投标竞争的法人或者其他组织。自然人不能作为建设工程项目的投标人。除此之外，投标人还必须要具备两个条件：一是投标人应当具备承担招标项目的能力；二是投标人应当符合招标文件规定的资格条件。

② 编制和送达投标文件。不同的招标项目，其招标的文件也应当有所不同。对于建设工程施工项目招标，招标文件的内容应当包括拟派出的项目负责人与主要技术人员的简历、业绩和拟用于完成招标项目的机械设备等。投标人应当在招标文件要求提交投标文件的截止日期前，将投标文件送达投标地点。招标人收到投标文件后，应当签收保存，不得擅自开启。

③ 联合体共同投标。联合体共同投标，是指由两个以上的法人或者其他组织共同组成的联合体。以该联合体的名义即一个投标人的身份参加投标的组织形式。在很多情况下，组成联合体更能发挥联合体各方的优势，有利于建设项目的进度控制、投资

控制、质量控制。但是，联合体投标应当是潜在投标人的自愿行为，也只有在这种自愿的基础上，才能发挥联合体的优势。因此，招标人不得强制投标人组织联合体共同投标。联合体投标应当具备承担招标项目的相应能力、符合国家有关规定或者招标文件对投标人资格条件的有关规定，联合体各方均应具备规定的资格条件。由同一专业的单位组成的联合体，按照资质等级较低的单位确定资质等级。联合体各方应当签订共同投标协议，明确约定各方应当承担的工作和职责，并将共同投标协议连同招标文件一并提交招标人。联合体中标者，联合体各方应共同与招标人签订合同，就中标项目向招标人承担连带责任。

3）开标、评标和定标

① 开标。招标活动经过了招标阶段、投标阶段后，就进入了开标阶段。所谓开标，是指招标人将所有投标人的投标文件启封揭晓。我国《招标投标法》规定，开标应当在招标文件确定的提交招标文件截止时间的同一时间公开进行。开标地点应当为招标文件中预先确定的地点。开标应当由招标或者招标代理人主持邀请所有投标者参加。评标委员会和其他有关席位的代表应当应邀出席开标。开标时，首先应由投标人或者其推选的代表检查投标文件的密封情况和有无其他违规行为。然后，由开标主持人以招标文件递交的先后顺序逐个开启投标文件，当众拆封并高声宣读每一个投标人的名称、投标价格和投标文件的其他主要内容，并由专人进行记录。

② 评标。评标由招标人依法组建的评标委员会负责。依法必须进行招标的项目，评标委员会由招标人和招标代理机构的代表，以及受聘或者应邀参加该委员会的技术、经济等方面的专家组成。评委会的成员组成人数为5人以上的单数，其中技术、经济方面的专家不得少于总人数的三分之二，并且这些专家应从事相关领域工作满8年，具有高级职称或者具有同等专业水平。

评标委员会可以要求投标人对投标文件中含义不明确的内容作必要的澄清或者说明，但澄清或者说明不得超出投标文件的范围或者改变投标文件的实质性的内容。对投标文件的相关内容做出澄清或说明，其目的是为了有利于评标委员会对投标文件的审查、评审和比较。

③ 中标。中标人确定后，招标人应当向中标人发出中标通知书，并同时将中标结果通知所有未中标的投标人。中标通知书对招标人和中标人同样具有法律效力。中标通知书发出后，招标人改变中标结果的，或者中标人放弃中标项目的，应当依法承担法律责任。

招标人和中标人应当自中标通知书发出之日起 30 日内，按照招标文件和中标人的投标文件订立书面合同。招标人和中标人不得再订立背离合同实质性内容的其他协议。招标文件要求中标人提交履约保证金的，中标人应当提交。依法进行招标的项目，招标人应当自确定中标人之日起 15 日内，向有关行政监督部门提交招标投标情况的书面报告。

1.6 建设工程合同管理

(1) 建设工程合同的分类及订立

1）建设工程合同的种类

① 从承包范围和数量的不同，可将建设工程合同分为建设工程总承包合同、建设工程承包合同、分包合同。发包人将工程建设的全过程发包给一个承包人的合同即为建设工程总承包合同。发包人如果将建设工程的勘察、设计、施工等的每一项分别发包给一个承包人的合同即为建筑工程承包合同。经合同约定和发包人认可，从工程承包人承包的工程中承包部分工程而订立的合同即为建设工程分包合同。

② 从完成承包的任务来划分，建设工程合同分为建设工程勘察合同、建设工程设计合同和建设工程施工合同三类。《合同法》对工程监理合同也作了规定，我们也可以将监理合同作为建设工程承包合同的组成部分。

2）建设工程合同的订立

发包人可以与总承包人订立建设工程合同，也可以与勘察单位、设计单位、施工单位订立承包合同。发包人与总承包人订立的建设工程合同是总承包合同，一般包括从工程立项到交付使用的工程建设全过程。具体应包括：可行性研究、勘察设计、设备采购、施工管理、试车考核等内容。在实践中，建筑工程总承包合同还有一些别的表达方式，如设计施工的总承包，投资-设计-施工的总承包等，但主要还是全过程的总承包。这种发包方式是国家鼓励的。建设工程合同的订立与其他合同一样，也需要经过要约和承诺两个阶段。在一般情况下，建设工程合同都应通过招标投标确定承包人。招标投标既可以通过公开招标进行，也可以通过邀请招标进行。无论是公开招标还是邀请招标，都应按照法律的规定公开、公平、公正地进行，都需要进行招标、投标、评标、中标，最后由招标人和中标人订立建设工程合同。由于建设工程合同的重要性，根据《合同法》规定，建设工程合同必须采用书面形式。

(2) 工程总承包合同的管理

1）订立当事人的条件

建设单位发包项目总承包应当具备以下条件：①必须是法人或依法成立的其他组织；②要有项目审批机关批准的项目建议书和所需的资金；③若进行分阶段总承包招标时，还要具有分阶段招标的条件。

总承包单位应具备以下条件：①必须是具有法人地位的经济实体；②由各地区、各部门根据建设需要分别组建，并向公司所在地工商行政管理部门登记，领取法人企业营业执照；③总承包单位接受工程总承包任务后，可对勘察、设计、工程施工和材料设备供应等进行招标，签订分包合同，并负责对各项分包任务进行综合协调管理和监督；④总承包公司应当具有较高的组织管理水平、专业工程管理经验和工作效率。

2）总承包合同的主要条款

① 词语涵义及合同文件。合同应对合同中容易引起歧义的

词语进行解释，并对合同文件的组成、顺序、合同使用的标准，做出明确的规定。

② 总承包的内容。一般包括从工程立项到交付使用的工程的全过程，具体应包括：可行性研究、勘察设计、设备采购、施工管理、试车考核(即交付使用)等内容。具体的内容由当事人约定。

③ 双方当事人的权利义务。合同应当对当事人的权利义务做出明确的规定，这是合同的重要内容，且规定必须详细、准确。发包人一般应当承担以下义务：按约定向承包人支付工程款；向承包人提供现场；协助承包人申请有关许可、执照批准；如果发包人单方面要求终止合同后，没有承包人的同意，在一定时期内，不得重新开始实施该工程。承包人一般应当承担如下义务：完成满足发包人的工程项目以及相关的工作；提供履约保证；负责工程的协调与恰当实施；按发包人的要求终止合同。

④ 合同履行期限。合同应明确交工的时间，同时应对各阶段的工作期限做出明确规定。

⑤ 合同价款。合同应规定价款的计算方式、结算方式、价款的支付期限等。

⑥ 工程质量验收。合同应当明确对工程质量的要求，对工程质量的验收方法、验收时间及确认方式。工程质量的验收重点应当是竣工检验，通过竣工检验后发包人可以接收工程。合同也可以约定竣工后的检验。

⑦ 合同的变更。工程建设的特点决定了合同在履行过程中往往会出现一些事先没有估计到的情况。一般在合同期限内的任何时间，发包人代表可以通过发布指示或者要求承包方通过递交建议书的方式提出变更。如果承包人认为这种变更是有价值的，也可以在任何时候向发包人代表递交变更建议书，批准权在发包人。

⑧ 风险、责任和保险。承包人应当保障和保护发包人、雇员免受由工程导致的一切索赔、损害和开支。应由发包人承担的

风险在合同里也应做出明确的规定。合同对保险的办理、保险事故的处理等都应作明确的规定。

⑨ 工程保修。合同应按国家的规定对工程的保修项目、内容、范围、期限及保修金额的支付办法做出规定。

⑩ 对设计分包的规定。承包人进行并负责对工程的设计，设计应当由合格的设计人员进行。承包人还应当编制足够详细的施工文件，编制和提交竣工图纸、操作和维修手册。承包人应当对所有分包方遵守合同的全部规定负责，任何分包方、分包方的代理人或者雇员的行为违约，承包人均要负全部责任。

⑪ 索赔和争议的处理。合同应当明确索赔的程序和争议的处理方式。对争议的处理，一般以仲裁作为解决的最终方式。

⑫ 违约责任。合同应当明确双方的违约责任。包括发包人不按时支付工程款、超越合同规定干预承包人的工作职责等；也包括承包人不能按约定的期限和质量完成工作任务等。

3）建设工程总承包合同的订立和履行。

① 订立。建设工程总承包合同通过招投标和直接发包两种方式订立。通过招投标订立的合同在发包时对项目的内容、要求已经比较明确和具体。承包人一般根据发包人对项目的要求编制建议书及资料表，并且报一个总价。建议书及资料表都将成为合同文件。即使是通过招标订立的合同，也需要有一个谈判的过程。双方在合同上签字盖章后即告生效。如果需要公证，则在办完公证、签证和审批手续后生效。

② 履行。合同订立后，双方都应按合同的规定严格履行。发包人应当任命发包人代表，行使合同中明文规定的或隐含的权利，但无权修改合同。发包人代表应当是具备一定经验和能力的工程师或其他适宜的专业人员。总承包单位可以按合同规定对工程项目进行分包，但不得倒手转包。所谓转包，是指将建设项目转手给其他单位承包，收取管理费，不派项目班子进行管理、不承担技术经济责任的行为。总承包单位应当做好分包项目的管理工作，并就分包工作的内容对建设单位承担技术经济责任。

搞好项目分包是总承包合同履行的关键。分包应尽量采取招标投标方式选择分包单位。分包单位应当具备从事相应工作的资质条件，自行完成分包工作，不得擅自再分包。同时，分包单位应当按合同规定对其分包的工程向总承包单位负责。

(3) 建设工程勘察、设计合同管理

建设工程勘察、设计合同是委托与承包人完成一定的勘察、设计任务，明确双方权利义务的协议。建设工程勘察、设计合同的委托人一般是项目业主(建设单位)或者建设工程承包单位。承包人应是持有国家认可的勘察、设计资质证书的勘察、设计单位。合同的委托人和承包人应具有法人地位。

1) 建设工程勘察、设计合同的主要条款

① 委托人提交有关基础资料的期限。这是对委托人有关基础资料在时间上的要求。勘察、设计的基础资料是指勘察、设计单位进行勘察、设计工作所依据的基础性文件的情况。勘察、设计资料包括项目的可行性研究报告，工程需要勘察的地点、内容，勘察技术要求及附图等。

② 勘察、设计单位提交勘察、设计文件的期限。这是指勘察、设计单位交付勘察、设计成果的时间界限。其成果主要包括勘察、设计图纸及说明书，材料设备清单及工程的概、预算等。勘察、设计文件是工程建设的依据，工程必须依照勘察、设计进行施工。勘察、设计文件直接影响工程建设的期限。

③ 勘察、设计的质量要求。委托人通常要对勘察、设计工作提出标准和要求。勘察、设计单位应当按委托人所要求的勘察、设计质量进行勘察、设计。勘察、设计成果的质量，是确定勘察、设计单位工作责任的重要依据。

④ 勘察、设计费用。双方应明确勘察、设计费用的数额和计算方法，以及支付的方式、地点、期限等。

⑤ 双方的其他协作条件。其他协作条件是指双方当事人为了保证勘察、设计工作顺利完成所履行的相互协作的义务。委托人的主要协作义务是在勘察、设计人员进入现场工作时，为勘

察、设计人员提供必要的工作条件和生活条件，以保证其正常工作的开展。勘察、设计单位的主要协作义务是配合工程建设的施工，进行技术交底，解决施工中的有关设计问题，负责设计变更和修改预算，参加试车考核和竣工验收等。

⑥ 违约责任。双方应当根据国家的有关规定约定双方的违约责任。

2）勘察、设计合同的订立

对于大型的勘察、设计合同，一般采用招标方式确定勘察、设计单位。勘察合同，由建设单位、设计单位或有关单位委托，经双方同意即可签订。设计合同，必须有上级机关批准的设计任务书方能签订。如单独委托施工图设计任务，应同时具有有关部门批准的初步设计文件。勘察、设计合同由当事人双方负责人签字盖章后生效。

3）勘察、设计合同的履行

① 勘察、设计合同定金。合同生效后，委托人应向勘察、设计单位支付约20％勘察、设计费定金。勘察、设计合同履行后，该定金抵作勘察、设计费。委托人不履行合同，定金不予返还；承包人不履行合同，双倍返还定金。

② 委托人责任

A. 向承包人提供开展勘察、设计工作的有关基础资料，并对提供的时间、进度与资料的可靠性负责；

B. 勘察、设计人员进入现场作业或配合施工时，负责提供必要的工作和生活条件；

C. 委托配合引进项目的设计任务，从询价、对外谈判、国内外技术考察直到建成投产的各阶段，应吸收承担有关设计任务的单位参加；

D. 按照有关规定支付设计费；

E. 维护承包人的勘察、设计成果和文件，不得擅自修改，不得转让给第三方重复使用。

③ 勘察、设计单位责任

A. 勘察单位应按照现行的标准、规范、规程和技术条例，进行工程测量、工程地质、水文地质等勘察工作，并按合同规定的进度、质量提交勘察成果；

B. 设计单位要根据批准的设计任务书以及有关技术经济文件、设计标准、技术规范、规程、定额等提出勘察技术要求并进行设计，按合同规定的进度和质量提交设计文件；

C. 初步设计经上级有关部门审查批准后，在原定任务书范围内的必要修改由设计单位负责。原定设计任务书有重大变更需重新设计或修改设计时，须具有设计审批机关或设计任务书批准机关的意见书，经双方协商，另订合同；

D. 设计单位对所承担设计任务的建设项目应配合施工，进行设计技术交底，解决施工过程中有关设计的问题，负责设计变更和修改预算，参加试车考核及工程竣工验收。对于大中型工业项目和复杂的民用工程应派现场设计代表，并参加隐蔽验收。

4）勘察、设计合同的变更与解除

设计文件批准后，具有一定的严肃性，不得任意修改和变更。如果必须修改，也需经有关部门批准，其批准权限根据修改内容及涉及的范围确定。如果修改部分属于初步设计的内容，必须经设计的原批准单位批准；如果修改的部分属于可行性研究报告的内容，则必须经原可行性研究报告批准单位的批准；施工图设计的修改，必须经设计单位批准。

委托人因故需要修改工程设计，经承包人同意后，除设计单位的提交时间另定外，委托人还应按承包人实际返工的工作量增付设计费。

原定可行性研究报告或初步设计如有重大变更而需要重做或修改设计时，必须经原批准机关同意，并经双方当事人协商后另订合同。委托人负责支付已经进行了的设计费用。

委托人因故要求中途停止设计时，应及时书面通知承包人，已付的设计费不予返还，并按实际所耗工时，增付和结清设计费，同时终止合同关系。

5）勘察、设计合同的违约责任

① 因勘察、设计质量低劣引起工程返工或未按期提交勘察、设计文件拖延工期造成损失，由勘察、设计单位继续完善勘察、设计任务，并应视造成损失浪费的大小减收或免收勘察、设计费。对因勘察、设计错误造成重大质量事故者，勘察、设计单位应当承担赔偿责任。

② 由于变更计划、提供的资料不准确，未按期提供勘察、设计必要的资料或工作条件造成勘察、设计返工、停工、窝工或者修改设计的，委托人应按承包人实际工作量增付费用。因委托人责任造成重大返工或重新设计的，应另行增付费用。

③ 委托人超过合同规定的日期付费时，应偿付逾期违约金。偿付办法与金额，由双方按照国家的有关规定协商，在合同中订明。

(4) 建设工程施工合同的管理

施工合同即建筑安装工程承包合同，是发包人和承包人为完成商定的建筑安装工程，明确相互权利、义务关系的合同。依照合同，承包人应当完成一定的建筑、安装工程任务，发包人应提供必要的施工条件并支付工程价款。施工合同是建设工程合同的一种，它与其他建设工程合同一样是一种双边合同，必须遵循自愿、公平、诚实守信的原则。

施工合同是工程建设的主要合同，是工程建设质量控制、进度控制、费用控制的主要依据。在市场经济条件下，建设市场主体之间相互的权利、义务关系主要通过合同确立。因此，在建设领域加强对施工合同的管理具有十分重要的意义。

施工合同的当事人是发包人和承包人，双方是平等的民事主体。承发包双方签订施工合同时，必须具备相应的资质条件和履行合同的能力。对合同范围内的工程实施建设时，发包人必须具备组织协调能力；承包人必须具备有关部门核定的资质等级并持有营业执照等证明文件。发包人既可以是建设单位，也可以是取得建设项目总承包资格的项目总承包单位。

在施工合同中，实行的是以工程师为核心的管理体系。施工合同中的工程师是指监理单位委派的总监理工程师或发包人指定的履行合同的负责人，其具体身份和职责由双方在合同中约定。

1)《建设工程施工合同文本》简介

根据工程施工的法律、法规、结合我国的工程建设实际情况，并借鉴了国际上广泛使用的土木工程施工合同，1999 年 12 月，国家建设部、国家工商管理局发布了《建设工程施工合同(示范文本)》(以下简称《施工合同文本》)。《施工合同文本》是国家建设部、国家工商行政管理局对 1991 年《建设工程施工合同示范文本》的改进，是各类公用建筑、民用建筑、工业厂房、交通设施及线路管道施工和设备安装合同的样本。

《施工合同文本》由“协议书”、“通用条款”、“专用条款”三部分组成，并附有三个附件：“承包人承揽工程一览表”、“发包人供应材料一览表”、“工程质量保修书”。“协议书”是《施工合同文本》中总纲性的文件。虽然文字数量并不大，但规定了合同当事人的主要权利与义务，规定了组成合同的文件及合同当事人对履行合同的承诺，并且合同当事人要在这份文件上签字盖章，因此具有很高的法律效力。

“通用条款”是根据《合同法》、《建筑法》、《建设工程施工合同管理办法》等法律、法规对承发包双方的权利、义务做出的规定。这些规定，除双方协商一致对其中的某些条款作修改、补充外，双方都必须履行；是从建设工程施工合同中一些共性的内容综合地抽取其精华而编写出来的一份完整的合同文件。“通用条款”具有很强的通用性，基本适用于各种建设工程。

考虑到建设工程的内容、工期、造价的不同，以及承发包方各自的能力、施工现场和环境条件的不同，“通用条款”不能完全适用各个具体工程，因此配以“专用条款”进行补充，使“通用条款”和“专用条款”相一致，但主要是空格，由当事人根据工程的具体情况予以明确或者对“通用条款”进行补充、修改。

《施工合同文本》的附件则是对施工合同当事人的权利、义务的进一步明确，并且使得施工合同当事人的有关工作一目了然，便于执行和管理。

2）施工合同文件的组成

① 施工合同协议书；

② 中标通知书；

③ 投标书及其附件；

④ 施工合同专用条款；

⑤ 施工合同通用条款；

⑥ 标准、规范及有关技术文件；

⑦ 图纸；

⑧ 工程量清单；

⑨ 工程报价单或预算书。

双方有关工程的洽商、变更等书面协议或文件视为协议书的组成部分。上述文件应该能够相互解释，互为说明。当合同中的文件出现不一致时，上面的顺序就是合同的优先解释顺序。当合同文件出现含糊不清或者当事人有些不理解时，按合同争议的解决方式处理。

3）施工合同的类型、条件选择

施工合同一般分为三类：总价合同、单价合同和成本加酬金合同。总价合同是指在合同中确定一个完成项目的总价，承包单位据此完成全部内容的合同；单价合同是指承包人在投标时，按照招标文件就分部分项工程所列的工程量表确定各分部分项工程费用的合同类型；成本加酬金合同，是由业主向支付工程项目的实际成本，并按事先约定的某一种方式支付酬金的合同类型。

选择合同类型时，一般情况下是业主具有主动权。业主可根据项目规模和工期长短、项目的竞争情况、项目的复杂程度、项目单项工程的明确程度、项目准备时间的长短、项目外部环境的因素等情况选择以上三种类型的任何一种类型。但同时，业主不能单纯考虑自己的利益，应当综合考虑项目各方面的因素、考虑到承包商的能力，确定双方都能认可的合同类型。

我国的工程建设可选择的合同条件主要有两个：国家工商行政管理局和建设部颁发的《建设工程施工合同文本》和FIDIC合同条件。FIDIC合同条件在国际工程中影响较大，世界银行和亚洲银行对我国的一些贷款项目一般都要求采用FIDIC合同条件。除此之外，国内的工程项目一般采用《建设工程施工合同文本》。

4）施工合同的主要条款

① 双方的权利和义务

A. 发包人的工作：

a. 办理土地征用、拆迁补偿、平整场地等工作，使施工场地具备施工条件，并且在开工后继续负责解决以上事项的遗留问题；

b. 将施工所需要的水、电、电讯线路从施工场地外接至专用条款约定的地点，保证施工期间的需要；

c. 开通施工场地与城乡公共道路的通道，以及专用条款约定的施工场地内的主要道路，满足施工场地运输的需要，保证施工期间的畅通；

d. 向承包人提供施工场地的工程地质和地下管线资料，对资料的真实性和准确性负责；

e. 办理施工许可证及其他施工所需的证件、批件，并根据法律、法规规定办理临时用地、停水、停电、中断道路交通、爆破作业，以及可能损坏的道路、管线、电力、通讯等公共设施办理申请批准的手续；

f. 确定水准点与坐标控制点，以书面形式交给承包人，进行现场交验；

g. 组织承包人和设计单位进行图纸会审和设计交底；

h. 协调处理施工现场周围地下管线和邻近建筑物、构筑物、文物保护建筑、古树名木的保护工作，承担有关费用；

i. 发包人应做的其他工作，双方在专用条款中约定。

发包人可将上述部分工作委托承包人办理，具体内容由双方在专用条款中约定，其费用由发包人承担。发包人不按以上约定履行义务，导致工期延误或给承包人造成损失的，赔偿承包人的有关损失，延误的工期顺延。

B. 承包人工作：

a. 根据发包人的委托，在其设计资质等级和业务允许的范围内，完成施工图设计或与工程配套的设计，经发包人或其代理（监理）确认后使用，发生的费用由发包人承担；

b. 向工程师提供年、季、月工程进度计划及相应进度统计表；

c. 根据工程需要，提供和维修非夜间施工的照明、围栏设施，并负责安全保卫；

d. 按专用条款约定的数量和要求，向发包人提供在施工现场办公和生活的房屋及设施，发生费用由发包人承担；

e. 遵守有关部门对施工场地交通、施工噪音以及环境保护和安全生产等的管理规定，按管理规定办理有关手续，并以书面形式通知发包人。发包人承担由此发生的费用，但由承包人责任造成的损失除外；

f. 已竣工工程在未交给发包人之前，承包人按专用条款负责对已完工工程的保护工作，保护期间发生损坏，承包人自费予以修复。要求承包人采取特殊措施保护的工程部位及相应增加的合同价款，在条款约定中予以约定；

g. 按专用条款的约定做好施工现场的地下管线和邻近建筑物、构筑物、文物保护建筑、古树名木的保护工作；

h. 保证施工现场的清洁及环境卫生。交工前清理现场达到合同约定的要求，承担因自身原因违反有关规定造成的损失和罚款；

i. 承包人应做的其他工作，双方在专用条款中约定。

承包人不履行上述各项义务，造成发包人损失的，应对发包人的损失给予赔偿。

C. 工程师的产生与职权：

工程师可以是监理单位委派的总监理工程师，可以是发包人指定的派驻代表，他们在履行施工合同的过程中，应当承担以下职责：

a. 工程师可委派工程师代表。在施工过程中，不可能所有的监督和管理工作都由工程师自己完成。工程师可委派工程师代表等具体管理人员，行使自己的部分权利和职责，并可在必要的时候撤出委派。工程师代表在工程师授权的范围内向承包人发出的任何书面形式函件，与工程师发出的效力相同。

b. 工程师发布的指令、通知。工程师的指令、通知由本人签字后，以书面形式交给项目经理，项目经理在回执上签署姓名和收到时间后生效。确有必要时，工程师可发出口头指令，并在48小时内给予书面确认，承包人对于工程师的指令，应予以执行。工程师不能及时予以书面确认，承包人应于工程师发出口头指令后7天内提出书面确认要求，工程师在承包人提出确认后48小时内不予答复，则视为口头指令已被确认。承包人认为工程师的口头指令不合理，应在收到指令后24小时之内提出书面申告，工程师收到申告后24小时之内做出修改指令或者继续执行指令的决定，以书面形式通知承包人。在紧急情况下，工程师要求承包人立即执行的，承包人应予以执行。因指令错误发生的费用和给承包人造成的经济损失，由发包人承担，延误的工期顺延。工程师代表发出的指令如有错误，工程师可以纠正。除工程师和工程师代表外，其他人无权向承包人发出任何指令。

c. 工程师应当及时完成自己的职责。工程师应按合同规定，及时向承包人提出所需指令，批准并履行其他约定的义务，否则发包人应承担延期造成的追加合同价款，并赔偿承包人有关损失，顺延延误的工期。

d. 工程师做出的处理决定。在合同履行中，发生影响承发包双方权利或义务的事件时，负责监理的工程师应依据合同在其职权范围内客观、公正地进行处理。为保证施工的正常进行，承发包双方应尊重工程师的决定。承包方对工程师的决定有异议

时，按照合同约定争议处理办法解决。

D. 项目经理的产生与职权：

项目经理是由承包单位法人代表授权的，派驻施工场地的总负责人。他代表承包人负责施工的组织与实施。承包人施工质量、进度的好坏与项目经理的水平、能力、工作热情有很大关系，一般都应在投标书中明确，并作为评标的一项内容。项目经理的姓名、职务在专用设备条款内应约定。项目经理一旦确定后，承包人不能随意改变。项目经理的更换，承包人应当在7日内以书面形式通知发包人，在征得同意后可更换项目经理。发包人有建议调换其认为不称职的项目经理的权利。项目经理的职责有：

a. 项目经理向发包人提出要求和通知。项目经理有权代表承包方向发包人提出要求和通知。承包人的要求和通知，由项目经理签字后以书面形式交给工程师，工程师收到要求和通知并在回执单上签名后生效。

b. 组织施工。项目经理按工程师认可的施工组织设计和依据合同发出的指令、要求组织施工。在紧急情况下且无法与工程师联系时，应当采取保证人员和工程财产安全的紧急措施，并在采取措施后48小时内向工程师送交报告。如责任在发包人和第三方，由发包人承担由此发生的追加合同价款，相应顺延工期；若责任在承包方，由承包方承担费用，不顺延工期。

② 施工组织设计和工期

A. 进度计划。承包人应当在专用条款约定的日期，将施工组织设计和工程进度计划提交工程师。群体工程中采取分阶段进行施工的单项工程，承包人则应按照发包人提供图纸及有关资料的时间，按单项工程编制工程进度计划，分别向工程师提交。工程师接到承包人提交的进度计划后，应当予以确认或提出修改意见。如果工程师逾期不确认或不提出修改意见，则视为已经同意。但是，工程师对进度计划予以确认或未提出修改意见，并不免除承包人施工组织设计和工程进度计划本身的缺陷所应当承担

的责任。

B. 开工及延期开工。承包人应按协议书约定的开工日期开始施工。承包人不能按时开工，应在不迟于协议书约定时间的开工日期前 7 天，以书面形式向工程师提出延期开工的理由和要求。工程师接到延期申请后的 48 小时内应予以答复，如不答复，则视为同意承包人的要求，工期相应顺延。因发包人原因不能按照协议书约定的开工日期按时开工的，工程师以书面形式通知承包人后，可推迟开工日期，承包人对延期开工的通知没有否决权，但发包人应当赔偿承包人造成的损失，相应顺延工期。

C. 工期延误。承包人应当按合同约定的工期完成工程施工。如果由于自身的原因造成工期延误，应当承担责任，但是，在有些情况下延误工期，竣工日期可以顺延：发包人不能按专用条款的约定提供开工条件；发包人不能按专用条款的约定支付工程款、进度款，致使工程不能正常进行；工程师未按合同约定提供所需指令、批准等，致使工程不能正常进行；设计变更增加工程量；一周内非承包人原因停水、停电造成停工累计超过 8 小时；不可抗力；专用条款中约定或工程师同意工期顺延的其他情况。这些情况可以顺延工期的原因在于，是属于发包人违约或者应当由发包人承担的风险。承包人在工期可以顺延的情况发生后 14 天内，就延误工期向工程师提出书面报告。工程师在收到报告 14 天内予以确认，逾期不确认也不提出修改意见，视为同意延误工期。

③ 质量和检验

工程中的质量控制是履行合同的重要环节。施工合同的质量控制涉及到许多方面的因素，任何一个方面的缺陷和疏漏，都会使工程质量无法达到预期的目标。

A. 工程质量标准。工程质量应该达到协议书中约定的质量标准，质量标准应根据国家或者专业的验收标准进行评定。发包人要求部分或全部工程质量达到优良标准，应支付由此而追加的合同价，对工期有影响的应给予顺延，这是优质优价原则的体

现。达不到合同约定工程质量标准的部分，工程师一经发现，应要求承包人拆除或者重新施工。承包人应当按照工程师的要求拆除或重新施工，直至符合标准。因承包人原因达不到约定标准，由承包人承担拆除和重新施工的费用，工期不予顺延。因工程师指令失误或其他非承包人的原因发生的应追加合同价，由发包人承担。因双方原因达不到约定标准的，责任由双方承担。

B. 施工过程中的检查与返工。在施工过程中，工程师及其委派人员对工程的检查检验，是他们日常工作的重要职能。承包人应认真按照标准、规范和设计要求以及工程师依据合同发出的指令施工，随时接受工程师及其委派代表的检验，为检验提供便利条件，并按工程师及其委派人员的要求返工、修改，承担自由身原因导致返工、修改的费用。

检查检验不应影响施工的正常进行，如影响施工的正常进行，检查检验不合格时，影响施工的费用由承包人承担。除此之外影响正常施工的追加合同款由发包人承担，并相应顺延工期。

C. 隐蔽工程和中间验收。由于隐蔽工程在施工中一旦完全隐蔽，很难再对其进行质量检查，或者检查的成本很大，因此必须在隐蔽前进行检查验收。由于中间验收，合同双方应在专用条款中约定需要进行中间验收的单项工程和名称、验收时间和要求，以及发包人所需提供的便利条件。工程具备隐蔽条件和达到专用条款中约定的中间验收部位，承包人进行自检并在隐蔽和中间验收 48 小时之前以书面形式通知工程师验收。通知包括隐蔽工程的内容、验收时间和地点，承包人准备验收记录。验收合格，工程师在验收记录上签字后，承包人可自行进行隐蔽和继续施工。验收不合格，承包人在工程师限定的时间内修改后重新验收。

工程质量符合标准、规范和设计图纸的要求，验收 24 小时后工程师不在验收记录上签字，视为工程师已经批准，承包人可继续施工。

工程师不能按时参加验收，须在 24 小时前向承包人提出书面延期要求，延期不能超过 2 天。工程师未能按以上时间提出延期要求，又不参加验收，承包人可自行组织验收，发包人应承认验收记录。

D. 重新检验。无论工程师是否参加验收，当其对已经隐蔽的工程提出检验要求时，承包人应按要求进行剥露或者开孔，并在检验后重新覆盖或者修复。检验合格，发包人承担由此而发生的全部追加合同价款，赔偿承包人损失，并相应延长工期。检验不合格，承包人承担由此而发生的全部费用，工期不予顺延。

E. 试车。对于设备安装工程，应予以试车。试车内容应与承包人承包的安装范围相一致。单机无负荷试车：设备安装工程具备单机无负荷试车条件，由承包人负责组织试车。只有单机无负荷试车达到要求，才能进行联试。承包人应在试车前48 小时书面通知工程师。通知包括试车内容、时间、地点。承包人准备试车记录，发包人根据承包人要求提供必要的试车条件，试车通过，工程师在试车记录上签字。联动无负荷试车：设备安装工程具备无负荷联动试车条件，由发包人组织试车，并在试车前48 小时书面通知承包人。通知也包括试车内容、时间、地点和对承包人的要求，承包人按要求做好准备工作和试车记录。试车通过，双方在试车记录上签字。

F. 材料设备供应

工程建设的材料设备供应的质量控制，是整个工程质量控制的基础。建筑材料、构配件生产及设备供应单位对其生产或者供应的产品质量负责。而材料设备的需方则应根据买卖合同的规定进行质量验收。

a. 发包人供应材料设备的验收。发包人应当向承包人提供其供应材料设备的产品合格证。发包人应在其所供材料设备到货前 24 小时，以书面形式通知承包人，由承包人派人与发包人共同清点。发包人供应的材料设备经承包人派人清点后由承包人妥善保管，发包人支付相应的保管费用。如发生丢失损坏，由承包人负责赔偿。发包人不按规定请承包人一起清点，发生的损坏由发包人负责。发包人供应的材料设备在使用前，由承包人负责检

验或者试验，费用由发包人负责，不合格不得使用。发包人供应的材料设备与约定不符时，应当由发包人承担有关责任。

b. 承包人采购材料设备的验收。承包人根据专用条款的约定及设计和有关要求采购工程所需材料设备，并提供产品合格证明。承包人在材料设备到货 24 小时前通知工程师清点。工程师应当严格按照合同的约定和有关标准进行验收。承包人采购的材料与设计或者标准不符时，工程师可以拒绝验收，由承包人按照工程师要求的时间运出施工场地，重新采购符合要求的产品，并承担由此而发生的费用，延误的工期不予顺延。工程师不能按时到场验收，事后发现材料设备不符合设计或者标准要求时，仍由承包人负责修复、拆除或者重新采购，并承担发生的费用，由此造成的工期延误不予顺延。

④ 合同价款与支付

A. 施工合同价款及调整。施工合同价款，是按有关规定和协议条款约定的各种取费标准计算，用于支付承包人按照合同要求完成工程内容的价款总额。这是合同双方最为关心的核心内容之一，招投标等工作主要是围绕合同价款而展开的。合同价款应当依据中标通知书中的中标价格和非招标工程的预算书确定。合同价款在合同书上约定后，任何一方不得擅自改变。合同价款可以按照固定价格合同、可调价格合同、成本加酬金合同三种方式约定。可调价格合同中价款的可调范围包括：国家的法律、法规和政策变化影响合同价款；工程造价部门公布的价格调整；一周内非承包人原因停水、停电、停气累计超过 8 小时；双方约定的其他调整或者增减。

承包人应将价款可以调整的情况发生后 14 天之内，将调整原因、金额以书面形式通知工程师，工程师确认后追加合同价款，与工程款同期支付。工程师收到承包人通知后 14 天之内不作答复也不提出修改意见，视为该调整已经同意。

B. 工程预付款。工程预付款主要用于采购建筑材料。其预付额度，建筑工程一般不得超过当年建筑工程工作量的 30%，

大量采购预制构件以及工期在 6 个月以内的工程，可以适当增加；安装工程一般不得超过当年安装工程量的 10%，安装材料用量大的工程，可以适当增加。双方应当在专用条款内约定发包人向承包人预付工程款的时间和数额，开工后按约定的时间比例逐次扣回。预付时间应不迟于约定开工日期前 7 天。发包人不按约定预付，承包人在约定预付时间 7 天后向发包人发出要求预付的通知，发包人收到通知后仍不能按要求预付，承包人可在发出通知 7 天后停止施工，发包人应从约定应付之日起向承包人支付应付款的贷款利息。

C. 工程量的确认。对承包人已完成工程量的核实确认，是发包人支付工程款的前提，其具体的确认程序如下：首先承包人向工程师提交已完成工程量的报告。然后，工程师进行计量。工程师接到报告后 7 日内按设计图纸核实已完成的工程量(以下称计量)，并在计量前 24 小时通知承包人，承包人为计量提供便利条件并派人参加。承包人不参加计量，发包人自行进行，计量结果有效，作为工程价款支付的依据。工程师接到承包人报告后 7 天内未进行计量，从第 8 天起，承包人报告中所列的工程量即视为被确认，作为工程价款支付的依据。工程师不按约定时间通知承包人，使承包人不能参加计量，计量结果无效。对承包人超出图纸设计范围和因承包人原因造成返工的工程量，工程师不予计量。

D. 进度款的支付。发包人应在双方计量确认后 14 天内，向承包人支付工程款。同期用于工程上的发包人供应材料的价款，以及按约定时间发包人应按比例扣回的预付款，与工程进度同期结算。合同价款的调整、设计变更增加的合同价款及追加的合同价款，应与进度款同时调整支付。

E. 竣工验收与结算

a. 竣工验收中承、发包双方的具体工作与职责。工程具备竣工验收条件，承包人应按国家工程竣工验收有关规定，向发包人提供完整竣工资料及竣工验收报告。双方约定由承包人提供的

竣工图，应当在专用条款内约定提供的日期和份数。

发包人收到竣工验收报告后 28 天内组织有关部门进行验收，并在验收后 14 天内给予确认或提出修改意见，承包人按要求修改。由于承包人的原因，工程质量达不到约定的质量标准，承包人承担违约责任。因特殊原因，发包人要求部分单位工程或者工程部位需甩项竣工时，双方另行签订甩项竣工协议，明确各方职责和工程价款的支付办法。建设工程未经验收或者验收不合格，不得交付使用。发包人强行使用的，由此发生的质量问题和其他问题，由发包方承担责任。

b. 竣工结算。工程竣工验收报告经发包人认可后 28 天内进行核实，承包人向发包人递交竣工决算报告和完整的结算资料。工程竣工验收报告经发包人认可后 28 天内，承包人未向发包人递交竣工决算报告及完整的结算资料，造成工程竣工结算不能正常进行或工程竣工结算价款不能及时支付，发包人要求交付工程的，承包人应当交付；发包人不要求交付工程的，承包人承担保管责任。发包人自收到竣工结算报告及结算资料后 28 天内进行核实，确认后支付工程竣工结算款。承包人收到竣工结算价款后 14 天内将竣工工程交付发包人。发包人自收到竣工结算报告及结算资料后 28 天内无正当理由不支付工程结算款，从第 29 天起，按承包人同期向银行贷款利率支付拖欠工程款的利息，并承担违约责任。

c. 工程保修。建设工程办理完交工验收手续后，在规定期限内，因勘察、设计、施工、材料等原因造成的质量缺陷，由施工单位负责维修。所谓质量缺陷是指工程不符合国家或行业现行的有关技术标准、设计文件以及合同中对质量的要求。为保证保修任务的完成，承包人应当向发包人支付保修金，也可以由发包人从应付工程款内预留。质量保修金的比例及金额由双方按有关部门规定的比例约定。工程质量保证期满后，发包人应及时结算或返还质量保修金，同时将保修金的约定利率返还承包人。

F. 索赔和争议

a. 索赔。当合同当事人一方向另一方提出索赔时，要有正当的索赔理由，且有索赔事件的有效证据。发包人未能按合同约定履行自己的各项义务或发生错误以及应当由发包人承担责任的其他原因，造成工期延误或者向承包人延期支付合同价款及承包人的其他经济损失的，承包人可向发包人提出索赔。

承包人以书面形式按下列程序索赔：索赔事件发生 28 天内，向工程师发出索赔意向通知；发出索赔意向通知 28 天内，向工程师提出补偿经济损失和延长工期的索赔报告及有关资料；工程师收到承包人送交的索赔报告和有关资料后，于 28 天内给予答复，或要求承包人进一步补充索赔理由和证据；工程师在收到承包人送交的索赔报告和有关资料后 28 天内未予答复或未对承包人作进一步的要求，视为该项索赔已经认可；当索赔事件持续进行时承包人应阶段性地向工程师发出索赔意向，在索赔事件终了后 28 天内，向工程师提供索赔有关资料和最终索赔报告。

工程师的索赔答复程序如下：工程师收到承包人送交的索赔报告和有关资料后，于 28 天内予以答复，或要求承包人进一步补充索赔理由和证据；工程师收到承包人送交的索赔报告和有关资料后 28 天内未予答复或对承包人作进一步要求，视为该索赔已得到认可。

承包人未按合同履行自己的各项义务和发生错误给发包人造成损失的，发包人也可按上述时限向承包人提出索赔。

b. 争议的解决。合同当事人在合同履行过程中发生争议，可以和解或者要求合同管理及其他有关部门调解。和解或调解不成的，双方可以在专用条款约定以下一种方式解决争议：第一种方式：双方达成仲裁协议，向约定的仲裁委员会申请仲裁；第二种方式：向有管辖权的人民法院起诉。

如果当事人选择仲裁的，应当在专用条款中明确以下内容：第一，请求仲裁的意思表示；第二，仲裁事项；第三，选定的仲裁委员会。在施工合同中直接约定仲裁，关键是要指明仲裁委员会，因为仲裁没有法定管辖，而是依据当事人的约定由哪一个仲裁委员会仲裁。而请求仲裁的意思表示和仲裁事项则可在专用条款中用隐含的方式实现。当事人选择仲裁的，仲裁机构做出的裁决具有法律效力，当事人必须执行。如果一方不执行，另一方有权向有管辖权的人民法院申请强制执行。

发生争议后，一般情况下，双方都应继续履行合同，保持施工连续，保护好工程。只有出现以下情况时，当事人双方可停止履行合同：单方违约导致合同已无法履行，双方协议停止施工；调解要求停止施工，且为双方接受；仲裁机关要求停止施工；法院要求停止施工。

⑤ 合同的订立履行

A. 施工合同的订立。订立施工合同应具备以下条件：

a. 初步设计已批准；

b. 工程项目已经列入年度建设计划；

c. 有能够满足施工需要的设计文件和有关技术资料；

d. 建设资金和主要建筑材料设备来源已落实；

e. 招投标工程，中标通知书已下达。

B. 订立施工合同的程序。施工合同作为合同的一种，其订立也应经过要约和承诺两个阶段。最后，将双方协商一致的内容以书面形式确立下来。其订立方式有两种：直接发包和招标发包。如果没有特殊情况，工程建设的施工都应通过招标投标来确定施工企业。

中标通知书发出后，中标的施工企业应当与建设单位及时签订合同。依据《工程建设施工招标投标管理办法》的规定，中标通知书发出30天内，中标单位应与建设单位依据招标文件、投标书等签订工程承发包合同(施工合同)。签订合同的必须是中标的施工企业，投标书中已确定的合同条款在签订时不得更改，合同价应与中标价一致。如果中标企业拒绝与建设单位签订合同，则建设单位将不再返还其投标保证金，建设行政主管部门或其授权的机构还可给予一定的经济处罚。

C. 合同的履行

施工合同一经依法订立，即具有法律效力。双方当事人应当按合同的约定严格执行。

a. 安全施工。承包人按工程质量、安全及消防管理有关规定组织施工，并随时接受行业安全检查人员的监督检查，采取严格的安全防护措施，承担由于自身的安全措施不力造成事故的责任和发生的费用。非承包人责任造成的安全事故，由责任方承担责任和发生的费用。

发生重大伤亡及其他安全事故，承包人应立即上报有关部门并通知工程师，同时按政府有关部门的要求处理，发生的费用由事故方承担。

承包人在动力设备、输电线路、地下管道、密封防震车间、易燃易爆地段以及临街交通要道进行施工时，施工开始前应向工程师提出安全保护措施，经工程师认可后实施。安全保护措施费用由发包人承担。

b. 不可抗力。不可抗力事件发生后，对施工合同的履行会造成较大的影响。在合同订立时，应明确不可抗力的范围。在施工合同的履行中，应加强管理，在可能的范围内减少或者避免不可抗力事件的发生。不可抗力事件发生后，应尽量减少损失。建设工程不可抗力包括战争、动乱、空中飞行物坠落，或其他非发包人责任造成的爆炸、火灾，以及条款中所约定的风、雨、雪、洪水、地震等自然灾害。不可抗力事件发生后，承包人应在力所能及的条件下迅速采取措施，尽量减少损失，并在不可抗力事件发生后 48 小时内向工程师通报受灾情况和损失情况及预计修复和修理的费用。不可抗力事件连续发生，承包人应每隔 7 日向工程师报告一次受灾情况，并于不可抗力事件结束 14 天内，向工程师提交清理和修复费用的正式报告及有关资料。因不可抗力事件导致的费用及延误的工期双方按以下方法分别承担：

a）工程本身的伤害、第三方人员的伤亡和财产损失以及运至施工现场用于施工的材料和待安装的设备的损害，由发包人承担；

b）承发包双方人员的伤亡由其所在单位负责并承担相应费用；

c）承包人机械设备损坏及停工损失，由承包人承担；

d）停工期间，承包人应工程师要求留在施工现场的必要的管理人员和保卫人员的费用由发包人承担；

e）工程所需清理、修复费用，由发包人承担；

f）延误的工期顺延。

c. 保险。虽然我国对工程保险没有强制性的规定，但随着业主负责制的推行，以前存在着事实上由国家承担不可抗力风险的情况将会有很大改变，工程项目参加保险的情况将会越来越多。双方的保险义务如下：

a）开工前，发包人应当为建设工程和施工现场内发包人员及第三方人员的生命财产办理保险，支付保险费用。发包人可以将上述保险事项委托承包人办理，但费用由发包人承担。

b）承包人必须为从事危险作业的职工办理意外伤害保险，并为施工场地内自有人员的生命财产安全和施工机械保险，支付保险费用。

c）运至施工场地内用于工程的材料和待安装设备，不论由承、发包方任何一方保管，都应由发包人办理保险，并支付保险费用。

保险合同订立后，保险合同当事人双方必须严格、全面地按保险合同订立的条款履行各自的义务。在订立保险合同前，当事人双方均应履行告之义务，即保险公司应当将办理保险的有关事项告之投保人；投保人应当按照保险公司的要求，将主要危害情况告诉保险公司。在保险合同订立后，投保人应当按照约定期限，交纳保险费，并自觉遵守有关消防、安全、生产操作和劳动保护方面的法规及规定。保险公司可以对保险财产的安全情况进行检查，如发现不安全因素，应及时向投保人提出清除不安全因素的建议。在保险事故发生后，投保人有责任采取一切措施，避免扩大损失，并将保险事故发生的情况及时通知保险公司。保险公司对保险事故所造成的保险标的损失或者引起的责任，应当按照合同的规定履行赔偿或给付责任。保险事故发生后，保险公司已支付了保险金额，并且保险金额相等于保险价值的，受损保险标的的全部权利归保险公司；保险金额低于保险价值的，保险公司按照保险金额与保险时此保险标的的价值取得保险标的的部分权利。

d. 担保。承发包双方为了全面履行合同，应互相提供以下担保：发包人向承包人提供履约担保，按合同约定支付工程价款及履行合同约定的其他义务；承包人向发包人提供履约担保，按合同约定履行自己的各项义务。

e. 关于工程分包。工程分包，是指经合同约定和发包单位认可，从工程承包人承包的工程中承包部分工程的行为。承包人按照有关规定对承包的工程进行分包是允许的。

a）分包合同的签订。承包人必须自行完成建设项目（或单项工程、单位工程）的主要部分。其非主要部分或专业性较强的工程可分包给营业条件符合该工程要求的建筑安装企业。机构和技术要求相同的群体工程，承包人应完成半数以上的单位工程。承包人按照专用条款的约定分包所承包的部分工程，并与之签订分包合同。非经发包人同意，承包人不得将承包工程的任何部分分包。分包合同签订以后，发包人与分包单位之间不存在直接的合同关系。分包单位应对承包人负责，承包人对发包人负责。

b）分包合同的履行。工程分包不能解除承包人任何责任与义务。承包人应在分包现场派驻相应监督管理人员，保证合同的履行。分包单位的任何违约行为、安全事故或疏忽导致工程损害或给承包人造成的其他损失，承包人承担连带责任。分包工程款由承包人与分包单位结算，发包人不得以任何名义向分包单位支付各种工程款项。

f. 关于工程转包。工程转包，是指承包人不行使管理职能，不承担技术经济责任，将所承包的工程倒手转给他人承包的行为。承包人不得将其承包的工程全部转包给他人，也不得将其承包的全部工程肢解后以分包的名义分别转包给他人。工程转包，

不仅违反合同，也违反我国有关法律和法规的规定。下列行为均属于转包：承包人将承包的工程全部包给其他施工单位，从中提取回扣；承包人将其工程的主要部分或群体工程中半数以上的单位工程包给其他施工单位者；分包单位将承包的工程再次包给其他施工单位者。

⑥ 施工合同的违约责任

A. 发包人的违约责任

a. 发包人不按时支付工程款(进度款)的违约责任。发包人超过约定的支付时间不支付工程款(进度款)，承包人可向发包人提出要求付款的通知，发包人在收到承包人通知后仍不能按要求支付，可与承包人协商签订延期付款协议，经与承包人同意后可延期支付。协议需明确延期支付的时间和从发包人代表计量签字后第 15 天起计算应付款的贷款利息。发包人不按合同约定支付工程款(进度款)，双方又未达成延期付款协议，导致施工无法进行，承包人可停止施工，由发包人承担违约责任。

b. 发包人不按时支付结算款的违约责任。发包人收到竣工结算报告及结算资料后 28 天内无正当理由不支付工程结算款，从第 29 天起，按承包人同期向银行贷款的利率支付拖欠工程价款利息并承担违约责任。发包人在收到工程结算报告及结算工程资料后第 56 天内仍不支付的，承包人可与发包人协议将该工程折价，也可以由承包人申请人民法院将该工程依法拍卖，承包人就该工程折价或拍卖的价款优先受偿。

c. 发包人其他不履行合同义务责任。如果发包人有其他违约情况，应当赔偿违约行为给承包人造成的经济损失，延期的工期应相应顺延。

B. 承包人的违约责任。承包人不按合同工期竣工，工程质量达不到约定的质量标准，或由于承包人原因致使合同无法履行，承包人承担违约责任，赔偿其因违约责任给发包人造成的损失。双方应该在专用条款内约定承包人赔偿发包人损失的计算方法或者承包人应当支付违约金的数额和计算方法。

⑦ 施工合同的变更与解除

A. 设计变更

在施工过程中如果发生设计变更，将对施工进度产生很大的影响。因此，应尽量减少设计变更。如果必须对设计进行变更必须按照国家的规定和合同约定的程序进行。

a. 发包人对原设计的变更。施工中发包人如果需要对原工程设计进行变更，应不迟于 14 天前以书面形式向承包人发出变更通知。变更超过原设计标准或者批准的建设规模时，须经原规划管理部门和其他部门审查批准，并由原设计单位提出变更的建设规模和说明。发包人办妥上述事项后，承包人根据发包人的变更通知并按工程师的要求进行变更。

b. 承包人对原工程设计进行变更。承包人应当严格按工程设计进行施工，不得随意变更图纸设计。施工中承包人提出的合理化建议涉及到对设计图纸或者施工组织设计的变更及对原材料、设备的选用，须经工程师同意，工程师同意变更后，须经原规划管理部门和其他有关部门审查批准，并由原设计单位提供变更的相应图纸和说明。承包人未经工程师同意擅自变更设计的，因擅自变更设计发生的费用和由此导致发包人的直接损失，由承包人承担，延误的工期不予顺延。工程师同意采用承包人的合理化建议，所发生的费用和获得的收益，由承、发包双方另行约定分担或者分享。

c. 设计变更事项。能够构成设计变更事项包括以下的变更：更改有关部分的标高、基线、位置和尺寸；增减合同中约定的工程量；改变有关工程的施工时间和顺序；其他有关工程变更需要的附加工作。

B. 变更价款的确定

a. 变更价款的确定程序。设计变更发生后，承包人在设计变更 14 天内，提出变更工程价款的报告，经工程师确认后调整合同价款。承包人在确定变更后 14 天内不向工程师提出变更工程价款报告的，视为该项设计变更不涉及合同价款的变更。工程

师收到变更工程价款之日起 14 天内，予以确认。工程师无正当理由不确认时，自变更价款报告之日起 14 天后变更工程价款报告自行生效。

b. 变更价款的确定方法。变更合同价款按下列方法进行：合同中已有适用于变更工程的价格，按合同中已有的价格计算、变更合同价款；合同中有类似于变更工程的价格，可参照此价格确定变更价格、变更合同价款；合同中没有适用或类似于变更工程的价格时，由承包人提出适当的变更价格，经工程师确认后执行。

C. 合同解除

施工合同订立后，当事人均应当按照合同的约定履行。但是，在一定条件下，合同没有履行或者没有完全履行，当事人也可以解除合同。

a. 合同解除的情形。合同解除有三种情况：一是协商解除。经施工合同当事人协商一致，可以解除。这是在合同成立后，履行完毕以前，双方当事人通过协商而同意终止合同关系；二是不可抗力时合同的解除。因不可抗力或非合同当事人的原因，造成工程停工或缓建，致使合同无法履行，合同双方可以解除合同；三是当事人违约解除合同。发包方不按合同规定支付工程(进度)款，双方又未达成延期付款协议，导致工程无法进行，承包方有权解除合同。承包人将工程的全部转包给他人，或者肢解后以分包名义分别转包给他人，发包人有权解除合同。当事人一方的其他违约行为致使合同无法履行，合同双方可以解除合同。

b. 一方主张解除合同的程序。一方主张解除合同的，应向对方发出解除合同的通知，并在发出通知前 7 天告知对方。通知到达对方时合同解除。对解除合同有异议的，按照解除合同争议处理。

c. 合同解除后的善后处理。合同解除后，当事人双方约定的结算和清理条款仍然有效。承包人应当妥善做好已完工程和已购材料、设备的保护和移交工作，按照发包人要求将自有机械设

备和人员撤出施工场地，发包人应该为承包人撤出提供必要的条件，支付以上所发生的费用并按照合同约定支付工程价款。已经订货的材料、设备由订货方负责退货，不能退货的货款和货物，由发包人承担。但未及时退货而造成的损失，则由责任方承担。

2 工程造价管理综述

2.1 工程造价管理基本概念

2.1.1 工程造价的含义和特点

(1) 工程造价的含义

这里的工程泛指一切建设工程。工程造价就是工程的建造价格。工程造价有两种含义，都离不开市场经济的大前提。

第一，是指建设一项工程预期开支或实际开支的全部固定资产的投资费用。这一含义是从投资者——业主的角度来考虑的。投资者选定一个投资项目，为了获取预期的效益，就要通过项目评估进行决策，然后进行设计招标、工程招标，直至竣工验收等一系列投资管理活动。在投资中所支付的全部费用形成了固定资产和无形资产。所有这些开支就构成了工程造价。从这个意义上来说，工程造价就是工程投资费用，建设项目工程造价就是建设项目固定资产投资。

第二，是指工程价格。即建成一项工程，预计或实际在土地市场、设备市场、技术劳务市场，以及承包市场等交易活动中所形成的建筑安装价格和建设工程总价格。在我国，这种含义是以社会主义商品经济和市场经济为前提的。它以工程这种特有的商品作为交易对象，通过招标、承发包或其他交易方式，在进行多次性预估的基础上，最终由市场形成的价格。在这里，工程的范围和内涵既可以是涵盖范围很广的一个建设项目，也可以是一项单项工程，甚至可以是整个建设工程的某一阶段，如土地开发工程、建筑安装工程、装饰工程等。随着经济发展和技术的进步、分工的细化和市场的完善，工程建设中的中间产品会越来越多，商品交换会越来越频繁，工程价格的形式和种类也会更为丰富。

通常把工程造价的第二种含义只认定为工程的承发包价格。应当肯定，承发包价格是工程造价中一种重要的、也是最典型的价格形式。它是在建筑市场通过招标，需求主体投资者和供给主体建筑商共同认可的价格。鉴于建筑安装工程价格在项目固定资产中有50%～60%的份额，又是工程建设过程中最活跃的部分，加之建筑企业是工程建设的实施者并占有重要的市场主体地位，工程承发包价被界定为第二种含义，很有现实意义。但是，如上所述，这样界定对工程造价的含义理解较狭窄。

区别工程造价的理论含义在于，为投资者和以承包商为代表的供应商在工程建设领域的市场行为提供理论依据。当政府提出降低工程造价时，是站在投资者的角度充当着市场需求主体的角色；当承包商提出要提高工程造价、提高利润率，并获取更多的利润时，他是要实现一个市场供给主体的管理目标。这是市场运行机制的必然。不同的利益主体绝不能混为一谈。同时，两种含义也是对单一计划理论的一种否定和反思。区别两种含义的现实意义在于，为实现不同的管理目标，不断充实工程造价的管理内容，完善管理方法，更好地实现为各自的目标服务，从而有利于推动全面的经济增长。

(2) 工程造价的特点

根据工程建设的特点，工程造价有以下特性：

1) 工程造价的大额性。凡能发挥投资效益的任何一项工程，不仅实物形体庞大，而且造价高昂，动辄数百万、数千万、数亿，数十亿元人民币；特大的工程造价可达百亿、千亿元人民币。工程造价的大额性使它关系到各方面的经济利益，同时也会给宏观经济产生重大的影响。这就决定了工程造价的特殊地位，也说明了对工程造价管理的重要意义。

2) 工程造价的个别性、差异性。任何一项工程都有特定的用途、功能和规模，因此对每一项工程的结构、造型、空间分割、设备配置和内外装饰都有具体的要求。所以工程内容和实物形态都具有个别性、差异性。产品的差异决定了工程造价的个别性差异。同时，每一项工程所处的地区、地段都不同，使这一特点得到强化。

3）工程造价的动态性。任何一项工程从决策到竣工交付使用，都有一个较长的建设期间。而且由于不可控制因素的影响，在预期工期内，许多影响工程造价的动态因素，如工程变更、设备材料价格、工资标准以及费率、利率、汇率等，都会发生变化。这种变化必然会影响到工程造价的变动。所以，工程造价在整个建设期中处于不确定的状态，直至竣工决算后才能最终确定工程的实际造价。

4）工程造价的层次性。工程的层次性决定造价的层次性。一个建设项目往往含有多个能够独立发挥设计效能的单项工程。一个单项工程又是能够各自发挥专业效能的多个单位工程组成。与此相适应，工程造价有三个层次：建设项目总造价、单项工程造价和单位工程造价。如果专业分工更细，单位工程（如土建工程）的组成部分——分部分项工程也可以成为交换对象，如大型土方工程、基础工程、装饰工程等，这样工程造价的层次就增加分部分项工程而成为5个层次。即使从造价的计算和工程管理的角度来看，工程造价的层次也是非常突出。

5）工程造价的兼容性。造价的兼容性首先表现在它具有两种含义，其次表现在造价构成因素的广泛性和复杂性。在工程造价中，首先，成本因素非常复杂。其中为获得建设工程用地的支出费用、项目可行性研究和规划设计的费用，与政府一定时期政策（特别是产业政策和税收政策）相关的费用占有相当的份额。再其次，它的利润构成也较为复杂，资金成本较大。

(3) 工程造价的职能

工程造价的职能既是价格职能的反映，也是价格职能在这一领域的特殊表现。工程价格的职能除一般商品价格职能外，还有自己的特殊职能。

1）预测职能。工程价格的大额性和多变性，无论是投资者还是建筑商都要对拟建工程进行预先测算。投资者对价格进行预先测算不仅作为项目决策依据，同时也是筹集资金、控制造价的依据。承包商对工程造价的测算，既为投资决策提供依据，也为投标报价和成本管理提供依据。

2）控制职能。工程造价的控制职能表现在两个方面：一方面是对投资的控制，即在投资的各个阶段，根据对造价的多次预估，对工程造价形成过程进行多层次的控制；另一方面，是对以承包商为代表的商品和劳务供应企业的成本控制。在价格一定的情况下，企业成本开支决定企业的盈利水平。成本越高，盈利越低，成本高于价格就危及到企业的生存。所以，企业要以工程造价来控制成本，利用工程造价提供的信息资料作为控制成本的依据。

3）评价职能。工程造价是评价总投资、分项投资合理性和投资效益的主要依据之一。为评价土地价格、建筑安装产品和设备价格的合理性，就必须利用工程造价资料；在评价建设项目的偿还能力、获利能力和宏观效益时，可以工程造价为依据。工种造价也是评价建筑安装企业管理水平和经营成果的重要依据。

4）调控职能。工程建设直接关系到经济增长，也关系到国家重要资源的分配和资金的流向，对国民经济都产生重大影响。所以，国家对建设规模和结构进行宏观调控在任何条件下都是不可缺的，对政府投资项目进行直接调控和管理也是必要的。凡此种种都要用工程造价作为经济杠杆，对各种建设中物资消耗水平、建设规模、投资方向进行调控和管理。

工程造价的上述特殊功能，是由建设工程自身特点决定的，但在不同的经济体制下，这些职能的实现情况很不相同。在单一计划经济的体制下，工程造价的职能很难实现。只有社会主义市场经济体制，才为工程造价职能的发挥提供了可能。这是因为，单一计划体制和产品经济的模式下，工程造价的职能受到削弱；

它的表现是价格大大低于价值，价值在交换中得不到完全实现。在这种情况下，工程造价的其他职能也得不到正常发挥。

工程造价职能实现的条件，最重要的是市场竞争机制的形成。在现代市场经济中，市场主体要有自身独立的经济利益，并能根据市场信息（特别是价格信息）和利益取向来决定其经济行为。无论是购买者还是出售者，在市场上都处于平等竞争的地位，他们都不可能单独地影响市场价格，更没有能力单方面决定价格。价格是由市场供求变化和价值规律决定的：需求大于供应，价格上扬；供应大于需求，价格下跌。作为买方的投资者和作为卖方的建筑安装企业，以及其他商品和劳务的提供者，是在市场经济中根据价格变动和各自对市场的走向判断来调节自己的经济活动。这种不断调节使价格总是趋向于以价值为基础，形成价格围绕价值上下波动的基本运动形态。工程造价也只有在这种条件下才能实现它的基本职能和其他各项职能。所以，建立和完善市场机制，创造平等竞争的环境是十分重要的。具体地说，投资者和建筑安装企业等商品和劳务的提供者，首先要从固有的体制束缚中解脱出来，使自己真正成为具有独立经济利益的市场主体，才能了解并适应市场信息的变化，做出正确的判断和决策。其次，要给建筑安装企业创造出平等竞争的条件，使不同类型、不同所有制、不同规模、不同地区的企业，在同一项工程的竞争中处于同样平等的地位。为此，就要规范建筑市场和规范市场主体的经济行为；再其次，要建立完善、灵敏的价格管理系统。

(4) 工程造价的作用

建设工程价格职能的充分实现，在国民经济中会起到多方面的良好作用。工程造价涉及到国民经济各部门、各行业，涉及到社会再生产的各个环节，直接关系到人民群众的生活和城镇居民的居住条件。它的作用和影响，主要有以下几点：

1）建设工程造价是项目决策的依据。建设工程投资大、生产和使用周期长等特点决定了项目决策的重要性。工程造价决定着项目的投资费用。投资者是否有足够的财务能力支付这笔费用，是否认为值得支付这笔费用，是项目决策中考虑的主要问题。财务能力是一个独立投资主体必须首先要解决的问题。如果建设工程的价格超过投资者的支付能力，就会迫使他放弃拟建的项目；如果项目投资的效果达不到预期目标，他也会放弃拟投资新建的工程。因此，在项目决策阶段，建设工程造价就成为项目财务分析和经济评价的重要依据。

2）建设工程造价是制定投资计划和控制投资的依据。投资计划是按照建设工期、工程进度和建设工程价格等逐年分月拟定的。正确的投资计划有助于合理和有效的使用资金。

工程造价在控制投资方面的作用非常明显。工程造价是通过多次性的预估，最终通过竣工决算确定下来的；每一次预估的过程就是对造价的控制过程；而每一次估算对下一次估算又都是对价格的严格控制。具体地说，后一次估算不能超过前一次估算的一定幅度。这种控制是在投资财务能力的限度内为取得既定的投资效益所必须的。建设工程造价对投资的控制也表现在利用制定各种定额、标准和参数，对建设工程造价的计算依据进行控制。在市场利益风险机制的作用下，价格对投资控制作用成为投资的内部约束机制。

3）建设工程造价是筹集建设资金的依据。投资体制的改革和市场经济的建立，要求项目投资者必须具有筹集资金能力，以保证工程建设有充足的资金供应。工程造价基本决定了建设资金的需要量，从而为筹集资金提供了比较准确的依据。当建设资金来源于金融机构的贷款时，金融机构在对项目的偿还能力进行评估的基础上，需要依据工程造价来确定给予投资者的贷款数额。

4）建设工程造价是合理利益分配和调节产业结构的手段。工程造价的高低，涉及到国民经济各部门和企业间的利益分配。在计划经济体制下，政府为了用有限的财政资金建成更多的工程项目，总是趋向压低工程造价，使建设中的劳动消耗得不到补偿，价值得不到完全实现。而被动实现的部分价值则被重新分配到各个部门，为项目投资者所占有。这种利益的再分配有利于各部门按照政府的投资导向加速发展，有利于按宏观经济的要求调整产业结构。但也会严重损害建筑企业的利益，造成建筑业萎缩和建筑企业长期亏损，从而使建筑企业的发展长期处于落后状态，和整个国民经济的发展不相适应。在市场经济中，工程造价也无一例外地受到供求状况的影响，并在围绕价值的波动中实现对建设规模、产业结构和利益分配的调节，加上政府正确的宏观经济调控和价格政策导向，工程造价在这个方面的作用一定能发挥出来。

5）工程造价是评价投资效果的重要指标。建设工程造价是一个包含着多层次工程造价的体系。就一个工程来讲，它既是建设工程的总造价，也包含着单项工程和单位工程的造价，同时也包含着单位生产能力的造价，或一个平方米建筑面积的造价等等。所有这些，使工程造价自身形成了一个指标体系。所以它能够评价投资效果，并能提出多种评价指标，形成新的价格信息，为今后类似项目的投资提供参照系。

(5) 影响建设工程价格的因素

影响建设工程造价的主要因素有以下几个方面：

1）在理论上认识受传统观念的束缚，不承认建设领域商品交换关系的普遍存在，导致对价格作用的严重忽视和采用过多的行政干预手段。

2）长期单一计划经济体制和单一财政投资渠道，使工程造价管理的范围局限在占全社会固定资产投资不到10％的政府投资项目上，价格的价值基础受到严重忽略。

3）工程造价虽属生产领域价格的范畴，但不能割断它和流通领域的关系，如何建立合理的生产领域和流通领域价格的差价关系是充分发挥价格作用的必要条件。割断建设工程造价与流通领域的价格关系，势必影响它的调节作用和分配作用的发挥。

4）建设工程造价信息自身具有封闭性，但缺乏信息加工和传递更加大了这一缺陷，使价格在这方面的作用受到削弱。

5）投资主体责任尚未完全形成，工程造价项目决策和控制投资方面的作用也受到削弱。

总之，传统的观念和旧的体制仍然是充分发挥工程造价作用的主要障碍。克服上述障碍的根本途径就是完善我国社会主义市场经济。

2.1.2 工程造价的相关概念

(1) 静态投资与动态投资

静态投资是以某一基准年、月建设要素的价格为依据计算出来的建设项目投资时的瞬时值。但它会因工程量的误差引起工程造价的增减。静态投资包括：建筑安装工程费、设备和工器具购置费、工程建设的其他费用，以及基本预备费。

动态投资是指完成一个工程项目的建设预计投资需要的总和。它除了包括静态投资所含内容之外，还包括建设期间贷款利息、投资方向调节税、涨价预备费等。动态投资适应了市场经济价格运行机制的要求，使投资的计划、估算、控制更加符合实际，符合经济运行规律。静态投资和动态投资虽然在内容上有所区别，但二者有着密切的联系。动态投资包括静态投资；静态投资是动态投资最重要的组成部分，也是动态投资的计算基础。这两个概念的产生都和工程造价的确定直接相关。

(2) 建设项目总投资

建设项目总投资是投资主体为获得预期收益，在选定项目上投入所需全部资金的经济行为。所谓建设项目，一般指在一个总体规划和设计范围之内，实行统一施工、统一管理、统一核算的工程。它往往由一个或多个单项工程组成。建设项目按用途可分为生产性项目和非生产性项目。生产性建设项目总投资包括固定资产投资和流动资金投资两部分。而非生产性建设投资只有固定资产投资，不含流动资产投资。建设项目总造价是项目总投资中的固定资产投资的总额。

(3) 固定资产投资

固定资产投资是投资主体为了特定的目的，以达到预期收益

(效益)的资金垫付行为。在我国，固定资产投资包括基本建设投资、更新改造投资、房地产开发投资和其他固定资产投资四个部分。其中，基本建设投资是用于新建、改建、扩建和重建项目的资金投入行为，是形成固定资产的主要手段。它在固定资产投资中的比重最大，约占全社会资产投资的 50%～60%。更新改造投资是在保证固定资产简单再生产的基础上，通过先进的科学技术改造原有技术得以实现以内涵为主的、固定资产扩大化再生产的资金投入行为，是固定资产再生产的主要方式之一。它在全社会固定资产总投资额中约占 20%～30%。房地产开发投资是房地产企业开发厂房、宾馆、写字楼、仓库和住宅等房屋设施和开发土地的资金投入行为。它在目前固定资产的投资中所占的比例达到 20%以上。其他固定资产投资，是按规定不纳入投资计划和专项资金进行基本建设和更新改造的资金投资行为，在固定资产投资的比例中所占的比重较小。基本建设投资是形成的固定资产、扩大再生产能力和工种效益的主要手段。在投资构成中，建筑安装费用约占 50%～60%。但在生产性基本建设投资中，设备费则占有较大的份额。在非生产性基本建设投资中，由于经济发展、科技进步和消费水平的提高，设备费也有增大的趋势。建设项目的固定资产投资也就是建设项目的工程造价，二者在量上是等同的。这也可以看出工程造价两种含义的同一性。

(4) 建筑安装工程造价

建筑安装工程造价，也称建筑安装产品价格。它是建筑安装产品价值的货币表现。在建筑市场，建筑安装所生产的产品作为商品既有使用价值也有价值。和一般商品一样，它的价值是由 $C+V+M$ 构成即：不变资本＋可变资本＋剩余价值。所不同的只是由于这种商品所具有的技术经济特点，使它的交易方式、计价方法、价格的构成，以及付款方式都有许多特点。

建筑安装工程造价是比较典型的生产领域价格。从投资的角度看，它是建设项目投资中的建筑安装工程投资，也是项目造价的组成部分。但这一点并不妨碍建筑业在国民经济中作为支柱产业的地位，也不影响建筑安装企业作为独立商品生产者所承担的市场主体角色。在这里，投资者和承包商之间完全是平等的、买与卖之间的商品关系。建筑安装工程实际造价是他们双方共同认可的、由市场形成的价格。

2.1.3 工程造价的计价特征

工程造价的特点，决定了工程造价的计价特征。了解这些特征，对工程造价的确定与控制是非常必要的。

(1) 单件性计价特征。产品的个体差别决定每一项工程都必须单独计算造价。

(2) 多次性计价特征。建设工程周期长、规模大、造价高，因此，要按建设程序分阶段进行，相应地要在不同阶段进行多次性计价，以保证工程造价的确定与控制的科学性。多次性计价是逐步深化、逐步细化和逐步接近实际造价的过程。其过程如图2.1.1所示：

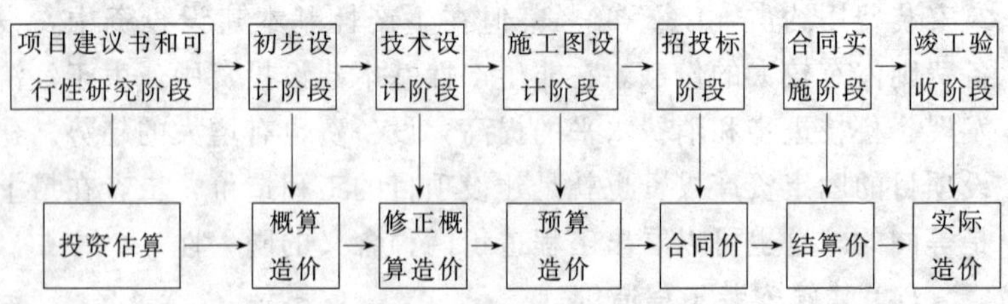

图 2.1.1 建设工程多次性计价示意图

注：连线表示对应关系，箭头表示多次计价流程及逐步深化过程。

1）投资估算。在编制项目建议书和可行性研究阶段，对投资需要量进行投资估算是一项不可缺少的内容。投资估算是指在项目建议书和可行性研究阶段对拟建项目所需投资，通过编制估算文件预先测算和确定可能需要的工程造价的过程；也可表示为估算出建设项目投资额，或称估算造价。就一个工程项目来说，如果将项目建议书和可行性研究分为不同的阶段，例如分为规划阶段、项目建议书阶段、可行性研究阶段、评审阶段，则相应的投资估算也将分为四个阶段。投资估算是决策、筹资和控制造价的主要依据。

2）概算造价。在初步设计阶段，根据设计意图，通过编制工程概算文件预先测算和确定的工程造价。概算造价较投资估算准确性有所提高，但它受估算造价的控制。概算造价的层次十分明显，它分为建设项目投资总造价、各个单项工程概算综合造价、单位工程概算造价。

3）修正概算造价。是指在采用三阶段设计中的技术设计阶段，根据技术设计的要求，通过编制修正概算预先测算和确定的工程造价。它对工程初步设计概算进行修正调整，比概算造价准确，但受概算造价控制。

4）预算造价。指在施工图设计阶段，根据施工图纸通过编制预算文件，预先测算和确定的工程造价。它比概算造价或修正概算造价更为详细和准确。但同样受到前一阶段所确定的工程造价的控制。

5）合同价。指在工程招标阶段通过签订总承包合同、建筑安装承包合同、设备材料采购合同，以及技术和咨询服务合同确定的价格。合同价属于市场价格的性质，它是由承发包双方共同议定和认可的承包价格，但它并不等同于实际工程造价。按计价方法不同，建筑工程合同有许多类型。不同类型的合同价其内涵也有所不同。按现行有关规定的三种合同价形式是：固定合同价、可调合同价和工程成本加酬金确定合同价。

6）结算价。是指在合同实施阶段，工程结算时，按合同调价范围和调价方法，对实际发生的工程量增减、设备和材料价差等进行调整后计算和确定的价格。结算价是该结算工程的实际价格。

7）实际造价。是指竣工决算阶段，通过建设项目编制竣工决算，最终确定的工程实际造价。

以上说明，多次性计价是一个由粗到细、由浅入深、由概略到精确的计算过程，也是一个复杂而细致的管理系统。

(3) 组合性特征。工程造价的计算是分部组合而成的。这一特征和建设项目的组合性有关。一个建设项目是一个综合体。这个综合体可分解为许多有内在联系的独立和不能独立的工程。如图 2.1.2 所示：从计价和工程管理的角度，分部分项工程还可以分解。由上可以看出，建设项目的这种组合性决定了计价的过程是一个逐步组合的过程。这一特征在计算概算造价时非常明显。所以它也反映到合同价和结算价的计算中。造价的计算过程和计算程序是：分部分项工程单价→单位工程造价→单项工程造价→建设项目总造价。

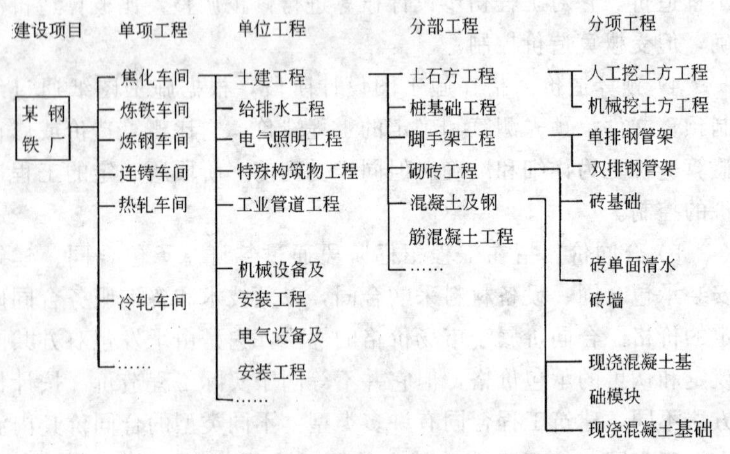

图 2.1.2　建设项目分解示意图

(4) 方法的多样性特征。为适应多次性计价，即有各不相同的计价依据，以及对造价的不同精确度要求，所以计价方法有多样性特征。计价和确定概、预算造价有两种基本方法，即单价法和实物法。计算和确定投资估算的方法有设备系数法、生产能力指标估算法等。不同的方法利弊不同，适用性不同，计价时应加以选择。

(5) 依据的复杂性特征。由于影响造价的因素多、计价依据复杂，种类繁多，计价依据主要可分为7类：

1）计算依据和工程量依据。包括项目建议书、可行性研究报告、设计文件等。

2）计算人工、材料、机械等采用的实物消耗量依据。包括投资估算指标、概算定额、预算定额等。

3）计算工程单价的价格依据。包括人工单价、材料价格、材料运杂费、机械台班费等。

4）计算设备单价依据。包括设备原价、设备运杂费、进口设备关税等。

5）计算措施费、间接费和工程建设其他费用的依据。主要是相关的费用定额和指标。

6）政府规定的税。

7）物价指数和工程造价指数。

依据的复杂性不仅使计算过程复杂，而且要求计算人员熟悉各类依据，并加以正确利用。

2.2 工程造价构成

2.2.1 我国现行投资构成和工程造价的构成

建设项目总投资包含固定资产投资和流动资产投资两部分。工程造价由设备及工器具购置费用、建筑安装工程费用、工程建设其他费用、预备费、建设期贷款利息，以及固定资产投资方向调节税构成。具体构成如图2.2.1所示。

2.2.2 设备及工器具购置费的构成

设备及工器具构置费用是由设备构置费用和工器具及生产家具购置费组成的，它是固定资产投资中的主要部分。在生产性工程建设中，设备及工器具购置费占工程造价比重的增大，意味着生产技术的进步和资本有机构成的提高。

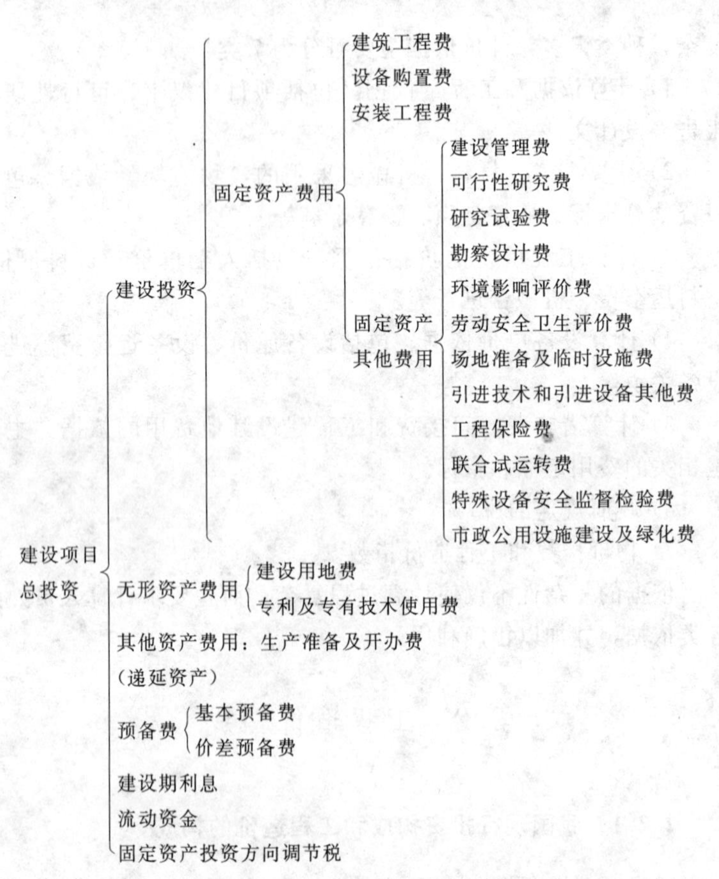

图 2.2.1　我国现行项目总投资及工程造价的构成

(1) 设备购置费的构成及计算

设备购置费是指为建设项目购置或自制的达到固定资产标准后的各种国产或进口设备、工具的购置费用。它由设备原价和设备运杂费构成。

设备购置费＝设备原价＋设备运杂费　　(2.2.1)

上式中，设备原价指国产设备或进口设备的原价；设备运杂费是除设备原价之外的与设备采购、运输、途中包装及仓储等方面有关费用支出的总和。

1）国产设备原价的构成

国产设备原价一般是指设备制造厂的交货价，即出厂价，或合同订购价；它一般根据生产厂或供应商的询价、报价、合同价确定，或采用一定的计算方法确定。国产设备原价分为国产标准设备原价和国产非标准设备原价。

2）进口设备原价的构成

进口设备的原价是指进口设备的抵岸价，即抵达买方边境港口或边境车站，且交完关税后形成的价格。进口设备的交货类别可分为内陆交货类、目的地交货类、装运港口交货类三种。内陆交货类，即卖方在出口国内陆某个地点交货。目的地交货类，即卖方在进口国的港口或内地交货。装运港交货类，即卖方在出口国装运港交货。装运港交货是我国进口设备使用最多的一种交货方法。

3）设备运杂费的构成

设备运杂费通常由运输费和装卸费、包装费、设备供销部门的手续费，以及采购中仓库保管费四部分构成。

(2) 工器具及生产家具购置费的构成及计算

工具、器具及生产家具购置费，是指新建或扩建项目初步设计规定的，保证初期正常生产必须购置的没有达到固定资产标准的设备、仪器、工具、模具、器具、生产家具和设备备件等的购置费用。一般以设备购置费为计算基数，按照部门或行业规定的工具、器具及生产家具的费率计算。其公式为：

工具、器具及生产家具购置费＝设备购置费×定额费率　　(2.2.2)

2.2.3　建筑安装工程费用的构成

(1) 建筑安装费用内容及构成

1）建筑安装工程费用内容

① 建筑工程费用内容

A. 各类房屋建筑工程和列入房屋建筑工程预算的供水、供暖、卫生、通风、煤气等设备费用，及其装饰、工程的费用，列入建筑工程的各种管道、电力、电信和电缆敷设的费用。

B. 设备基础、支柱、工作台、烟囱、水塔、水池等建筑工程及各种炉窑的砌筑工程和金属结构工程的费用。

C. 为施工而进行的场地平整和水文地质勘察、原有建筑物和障碍物的拆除，施工临时用水、电、气、道路工程以及完工后的场地清理、环境绿化美化等工作的费用。

D. 矿井开凿，井巷延伸，露天矿剥离，石油及天然气钻井，铁路、公路、桥梁、水库、堤坝、灌渠及防洪等工程的费用。

② 安装工程费用内容

A. 生产、动力、起重、运输、传动、医疗、实验等各种需要安装的机械设备的安装费用，与设备相联的工作台、梯子、栏杆等安装设施工程费用，附属于被安装设备的管线敷设费用，以及安装设备的绝缘、防腐、保温、油漆等工作的材料费和安装费。

B. 为测定安装工程质量，对单台设备进行单机试运转、对系统设备进行联动无负荷试运转工作的调试费。

2）我国现行建筑安装费用项目构成

我国现行安装工程费用构成如图 2.2.2 所示

(2) 直接费

建筑安装工程直接费由直接工程费和措施费构成。

1）直接工程费

直接工程费是指在工程施工过程中直接耗费的构成工程实体或有助于工程形成的各种费用。包括人工费、材料费和施工机械使用费。

① 人工费。它是指直接从事于建筑安装工程施工的生产工人开支的各项费用。计算公式为：

$$人工费=\Sigma(工日消耗量\times日工资单价)$$

$$日工资单价(G)=\Sigma_1^5 G \qquad (2.2.3)$$

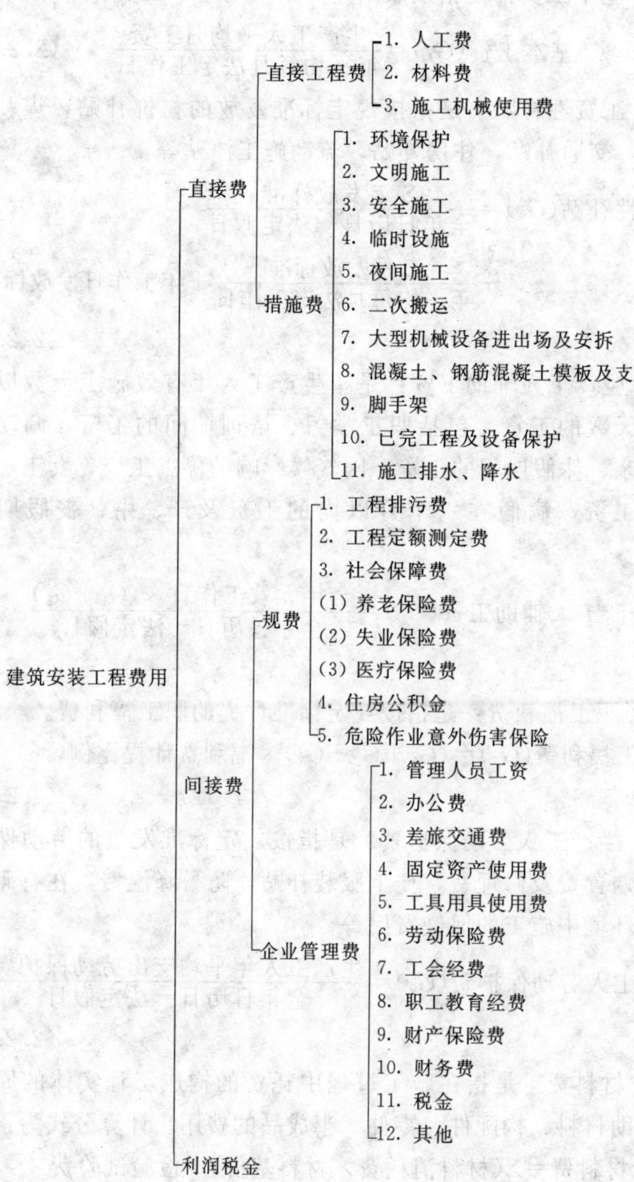

图 2.2.2　我国现行建筑安装工程费用构成

A. 基本工资：是指发放给生产工人的基本工资。

$$基本工资(G_1)=\frac{生产工人平均月工资}{年平均每月法定工作日} \quad (2.2.4)$$

B. 工资性补贴：是指按规定标准发放的物价补贴，煤、燃气补贴，交通补贴，住房补贴，流动施工津贴等。

$$工资性补贴(G_2)=\frac{\Sigma 年发放标准}{全年日历日-法定假日}+\frac{\Sigma 月发放标准}{年平均每月法定工作日}+年工作日发放标准 \quad (2.2.5)$$

C. 生产工人辅助工资：是指生产工人年有效施工天数以外非作业天数的工资，包括职工学习、培训期间的工资，调动工作、探亲、休假期间的工资，因气候影响的停工工资，女工哺乳时间的工资，病假在六个月以内的工资及产、婚、丧假期的工资。

$$生产工人辅助工资(G_3)=\frac{全年无效工作日\times(G_1+G_2)}{全年日历日-法定假日} \quad (2.2.6)$$

D. 职工福利费：是指按规定标准计提的职工福利费。

$$职工福利费(G_4)=(G_1+G_2+G_3)\times 福利费计提比例(\%) \quad (2.2.7)$$

E. 生产工人劳动保护费：是指按规定标准发放的劳动保护用品的购置费及修理费，徒工服装补贴，防暑降温费，在有碍身体健康环境中施工的保健费用等。

$$生产工人劳动保护费(G_5)=\frac{生产工人年平均支出劳动保护费}{全年日历日-法定假日} \quad (2.2.8)$$

② 材料费。是指在施工过程中耗费的构成工程实体的原材料、辅助材料、构配件、零件、半成品的费用。计算公式为：

$$材料费=\Sigma(材料消耗费\times 材料基价)+检验试验费 \quad (2.2.9)$$

材料费的内容包括：

A. 材料原价：即供应价格。

B. 材料运杂费：是指材料自来源地运至工地仓库或指定堆放地点所发生的全部费用。

C. 运输损耗费：是指材料在运输装卸过程中不可避免的损耗。

D. 采购及保管费：是指为组织采购、供应和保管材料过程中所需要的各项费用。

包括：采购费、仓储费、工地保管费、仓储损耗。

材料基价是上述四项的总和，其计算公式为：

材料基价＝[(供应价格＋运杂费)×(1＋运输损耗率(%))]×(1＋采购保管费率(%))　　(2.2.10)

E. 检验试验费：是指对建筑材料、构件和建筑安装物进行一般鉴定、检查所发生的费用，包括自设试验室进行试验所耗用的材料和化学药品等费用。不包括新结构、新材料的试验费和建设单位对具有出厂合格证明的材料进行检验，对构件做破坏性试验及其他特殊要求检验试验的费用。计算公式为：

检验试验费＝Σ(单位材料量检验试验费×材料消耗量)　　(2.2.11)

③ 施工机械使用费：是指施工机械作业所发生的机械使用费以及机械安拆费和场外运费。计算公式为：

施工机械使用费＝Σ(施工机械台班消耗量×机械台班单价)　　(2.2.12)

施工机械台班单价应由下列七项费用组成：

A. 折旧费：指施工机械在规定的使用年限内，陆续收回其原值及购置资金的时间价值。

B. 大修理费：指施工机械按规定的大修理间隔台班进行必要的大修理，以恢复其正常功能所需的费用。

C. 经常修理费：指施工机械除大修理以外的各级保养和临时故障排除所需的费用。包括为保障机械正常运转所需替换设备与随机配备工具附具的摊销和维护费用，机械运转中日常保养所

需润滑与擦拭的材料费用及机械停滞期间的维护和保养费用等。

D. 安拆费及场外运费：安拆费指施工机械在现场进行安装与拆卸所需的人工、材料、机械和试运转费用以及机械辅助设施的折旧、搭设、拆除等费用；场外运费指施工机械整体或分体自停放地点运至施工现场或由一施工地点运至另一施工地点的运输、装卸、辅助材料及架线等费用。

E. 人工费：指机上司机(司炉)和其他操作人员的工作日人工费及上述人员在施工机械规定的年工作台班以外的人工费。

F. 燃料动力费：指施工机械在运转作业中所消耗的固体燃料(煤、木柴)、液体燃料(汽油、柴油)及水、电等费用。

G. 养路费及车船使用税：指施工机械按照国家规定和有关部门规定应缴纳的养路费、车船使用税、保险费及年检费等。

台班单价＝台班折旧费＋台班大修理＋台班经常修理费＋台班安拆费及场外运费＋台班人工费＋台班燃料动力费＋台班养路费及车船使用税　(2.2.13)

2）措施费

措施费是指为完成工程项目施工，发生于该工程施工前和施工过程中非工程实体项目的费用。

本书中只列通用措施费项目的计算方法。各专业工程专用措施费项目的计算方法应根据各地区或国务院有关专业主管部门工程造价管理机构制定的方法计算。

① 环境保护费：是指施工现场为达到环保部门要求所需要的各项费用。

环境保护费＝直接工程费×环境保护费费率(%)

(2.2.14)

$$环境保护费费率(\%)=\frac{本项费用年度平均支出}{全年建安产值\times 直接工程费占总造价比例(\%)}$$

(2.2.15)

② 文明施工费：是指施工现场文明施工所需要的各项费用。

文明施工费＝直接工程费×文明施工费费率(%)

(2.2.16)

$$文明施工费费率(\%)=\frac{本项费用年度平均支出}{全年建安产值\times直接工程费占总造价比例(\%)}$$

(2.2.17)

③ 安全施工费：是指施工现场安全施工所需要的各项费用。

$$安全施工费=直接工程费\times安全施工费费率(\%)$$

(2.2.18)

$$安全施工费费率(\%)=\frac{本项费用年度平均支出}{全年建安产值\times直接工程费占总造价比例(\%)}$$

(2.2.19)

④ 临时设施费：是指施工企业为进行建筑工程施工所必须搭设的生活和生产用的临时建筑物、构筑物和其他临时设施费用等。

临时设施包括：临时宿舍、文化福利及公用事业房屋与构筑物、仓库、办公室、加工厂以及规定范围内道路、水、电、管线等临时设施和小型临时设施。

临时设施费用包括：临时设施的搭设、维修、拆除费或摊销费。

临时设施费有以下三部分组成：

A. 周转使用临建(如，活动房屋)；

B. 一次性使用临建(如，简易建筑)；

C. 其他临时设施(如，临时管线)。

$$临时设施费=(周转使用临建费+一次性使用临建费)\times(1+其他临时设施所占比例(\%)) \quad (2.2.20)$$

其中：

a. 周转使用临建费

$$周转使用临时费=\Sigma\left[\frac{临时面积\times每平方米造价}{使用年限\times365\times利用率(\%)}\times工期(天)\right]+一次性拆除费 \quad (2.2.21)$$

b. 一次性使用临建费

$$一次性使用临建费=\Sigma临建面积\times每平方米造价\times[1-残值率(\%)]+一次性拆除费 \quad (2.2.22)$$

c. 其他临时设施在临时设施费中所占比例，可由各地区造价管理部门依据典型施工企业的成本资料经分析后综合测定。

⑤ 夜间施工费：是指因夜间施工所发生的夜班补助费、夜间施工降效、夜间施工照明设备摊销及照明用电等费用。

$$夜间施工增加费=\left(1-\frac{合同工期}{定额工期}\right)\times\frac{直接工程费中的人工费合计}{平均日工资单价}\times每工日夜间施工费开支 \quad (2.2.23)$$

⑥ 二次搬运费：是指因施工场地狭小等特殊情况而发生的二次搬运费用。

$$二次搬运费=直接工程费\times二次搬运费费率(\%) \quad (2.2.24)$$

$$二次搬运费费率(\%)=\frac{年平均二次搬运费开支额}{全年建安产值\times直接工程费占总造价的比例(\%)} \quad (2.2.25)$$

⑦ 大型机械设备进出场及安拆费：是指机械整体或分体自停放场地运至施工现场或由一个施工地点运至另一个施工地点，所发生的机械进出场运输转移费用及机械在施工现场进行安装、拆卸所需的人工费、材料费、机械费、试运转费和安装所需的辅助设施的费用。

$$大型机械进出场及安拆费=\frac{一次进出场及安拆费\times年平均安拆次数}{年工作台数} \quad (2.2.26)$$

⑧ 混凝土、钢筋混凝土模板及支架费：是指混凝土施工过程中需要的各种钢模板、木模板、支架等的支、拆、运输费用及模板、支架的摊销(或租赁)费用。

A. 模板及支架=模板摊销量×模板价格+支、拆、运输费 (2.2.27)

摊销量=一次使用量×(1+施工损耗)×[1+(周转次数-1)×补损率/周转次数-(1-补损率)50%/周转次数] (2.2.28)

B. 租赁费=模板使用量×使用日期×租赁价格+支、拆、运输费 (2.2.29)

⑨ 脚手架费：是指施工需要的各种脚手架搭、拆、运输费用及脚手架的摊销(或租赁)费用。

A. 脚手架搭拆费＝脚手架摊销量×脚手架价格＋搭、拆、运输费 (2.2.30)

$$脚手架摊销量=\frac{单位一次使用量\times(1-残值率)}{耐用期\div一次使用期} \quad (2.2.31)$$

B. 租赁费＝脚手架每日租金×搭设周期＋搭、拆、运输费 (2.2.32)

⑩ 已完工程及设备保护费：是指竣工验收前，对已完工程及设备进行保护所需费用。

已完工程及设备保护费＝成品保护所需机械费＋材料费＋人工费 (2.2.33)

⑪ 施工排水、降水费：是指为确保工程在正常条件下施工，采取各种排水、降水措施所发生的各种费用。

排水降水费＝Σ排水降水机械台班费×排水降水周期＋排水降水使用材料费、人工费 (2.2.34)

(3) 间接费

由规费、企业管理费组成。

1) 规费：是指政府和有关权力部门规定必须缴纳的费用(简称规费)。包括：

① 工程排污费：是指施工现场按规定缴纳的工程排污费。

② 工程定额测定费：是指按规定支付工程造价(定额)管理部门的定额测定费。

③ 社会保障费

A. 养老保险费：是指企业按规定标准为职工缴纳的基本养老保险费。

B. 失业保险费：是指企业按照国家规定标准为职工缴纳的失业保险费。

C. 医疗保险费：是指企业按照规定标准为职工缴纳的基本医疗保险费。

④ 住房公积金：是指企业按规定标准为职工缴纳的住房公积金。

⑤ 危险作业意外伤害保险：是指按照建筑法规定，企业为从事危险作业的建筑安装施工人员支付的意外伤害保险费。

规费费率应根据本地区典型工程发承包价的分析资料综合取定规费计算中所需数据：

A. 每万元发承包价中人工费含量和机械费含量。

B. 人工费占直接费的比例。

C. 每万元发承包价中所含规费缴纳标准的各项基数。

规费费率的计算公式有三种

（Ⅰ）以直接费为计算基础

$$\text{规费费率}(\%)=\frac{\Sigma\text{规费缴纳标准}\times\text{每万元发承包价计算基数}}{\text{每万元发承包价中的人工费含量}}\times\% \tag{2.2.35}$$

（Ⅱ）以人工费和机械费合计为计算基础

$$\text{规费费率}(\%)=\frac{\Sigma\text{规费缴纳标准}\times\text{每万元发承包价计算基数}}{\text{每万元发承包价中的人工费含量和机械费含量}}\times 100\% \tag{2.2.36}$$

（Ⅲ）以人工费为计算基础

$$\text{规费费率}(\%)=\frac{\Sigma\text{规费缴纳标准}\times\text{每万元发承包价计算基数}}{\text{每万元发承包价中的人工费含量}}\times 100\% \tag{2.2.37}$$

2）企业管理费：是指建筑安装企业组织施工生产和经营管理所需费用。

内容包括：

① 管理人员工资：是指管理人员的基本工资、工资性补贴、职工福利费、劳动保护费等。

② 办公费：是指企业管理办公用的文具、纸张、账表、印刷、邮电、书报、会议、水电、烧水和集体取暖(包括现场临时宿舍取暖)用煤等费用。

③ 差旅交通费：是指职工因公出差、调动工作的差旅费、住勤

补助费，市内交通费和误餐补助费，职工探亲路费，劳动力招募费，职工离退休、退职一次性路费，工伤人员就医路费，工地转移费以及管理部门使用的交通工具的油料、燃料、养路费及牌照费。

④ 固定资产使用费：是指管理和试验部门及附属生产单位使用的属于固定资产的房屋、设备仪器等的折旧、大修、维修或租赁等。

⑤ 工具用具使用费：是指管理使用的不属于固定资产的生产工具、器具、家具、交通工具和检验、试验、测绘、消防用具等的购置、维修和摊销费。

⑥ 劳动保险费：是指由企业支付离退休职工的易地安家补助费、职工退职金、六个月以上的病假人员工资、职工死亡丧葬补助费、抚恤费、按规定支付给离休干部的各项经费。

⑦ 工会经费：是指企业按职工工资总额计提的工会经费。

⑧ 职工教育经费：是指企业为职工学习先进技术和提高文化水平，按职工工资总额计提的费用。

⑨ 财产保险费：是指施工管理用财产、车辆保险。

⑩ 财务费：是指企业为筹集资金而发生的各种费用。

⑪ 税金：是指企业按规定缴纳的房产税、车船使用税、土地使用税、印花税等。

⑫ 其他：包括技术转让费、技术开发费、业务招待费、绿化费、广告费、公证费、法律顾问费、审计费、咨询费等。

企业管理费费率计算方法有三种：

（Ⅰ）以直接费为计算基础

$$\text{企业管理费费率}(\%)=\frac{\text{生产工人年平均管理费}}{\text{年有效施工天数}\times\text{人工单价}}\times\text{人工费占直接费比例}(\%) \qquad (2.2.38)$$

（Ⅱ）以人工费和机械费合计为计算基础

$$\text{企业管理费费率}(\%)=\frac{\text{生产工人年平均管理费}}{\text{年有效施工天数}\times(\text{人工单价}+\text{每一日机械使用费})}\times100\% \qquad (2.2.39)$$

(Ⅲ) 以人工费为计算基础

$$企业管理费费率(\%)=\frac{生产工人年平均管理费}{年有效施工天数\times 人工单价}\times 100\% \quad (2.2.40)$$

3) 间接费的计算方法

间接费的计算方法按取费基数的不同分为以下三种：

① 以直接费为计算基础

$$间接费=直接费合计\times 间接费费率(\%) \quad (2.2.41)$$

② 以人工费和机械费合计为计算基础

$$间接费=人工费和机械费合计\times 间接费费率(\%) \quad (2.2.42)$$

$$间接费费率(\%)=规费费率(\%)+企业管理费费率(\%) \quad (2.2.43)$$

③ 以人工费为计算基础

$$间接费=人工费合计\times 间接费费率(\%) \quad (2.2.44)$$

(4) 利润

利润是指施工企业完成所承包工程获得的盈利。其计算方法有两种：

1) 以直接费为计算基础

利润=(直接工程费+措施费+间接费)×相应利润率

2) 以人工费和机械费为计算基础

利润=(直接工程费中的人工费和机械费+措施费中的人工费和机械费)×相应利润率

(5) 税金

税金是指国家税法规定的应计入建筑安装工程造价内的营业税、城市维护建设税及教育费附加等。

税金计算公式

$$税金=(税前造价+利润)\times 税率(\%) \quad (2.2.45)$$

税率根据纳税企业纳税地的不同而不同：

1) 纳税地点在市区的企业

$$税率(\%)=\frac{1}{1-3\%-(3\%\times7\%)-(3\%\times3\%)}-1 \tag{2.2.46}$$

2）纳税地点在县城、镇的企业

$$税率(\%)=\frac{1}{1-3\%-(3\%\times5\%)-(3\%\times3\%)}-1 \tag{2.2.47}$$

3）纳税地点不在市区、县城、镇的企业

$$税率(\%)=\frac{1}{1-3\%-(3\%\times1\%)-(3\%\times3\%)}-1 \tag{2.2.48}$$

(6) 国外建筑安装费用的构成

在国际建筑市场上，建筑工程安装费用是通过招标投标方式确定的。工程费用的高低受建筑产品供求关系的影响较大，但其构成与我国建筑安装工程费用的构成基本相似，如图 2.2.3 所示。

建筑安装工程费用
- 工资（工资、加班费、津贴、招雇工和解雇费、预涨工资）
- 材料费（原价、运杂费、税金、运输损耗及采购保管费、预涨费）
- 施工机械费（自有机械费用、租赁机械费用）
- 管理费（工程现场管理费、公司管理费）
- 利润
- 开办费（施工用水电费、土地清理费、周转材料摊销费、临时设施费、其他开办费）

图 2.2.3　国外建筑安装工程费用的构成

1）工资

国外一般把建筑安装工人按技术要求分为高级技工、熟练工、半熟练工和壮工。当工程造价采用平均工资计算时，按各类工人占工人总数的比例加权计算。工资应包括人工工资、加班费、津贴以及招雇工费用等。经济发达国家和地区建筑安装工人工资一般比我国建筑安装工人工资高。在第三世界许多国家，当地建筑安装工人的工资则低于我国。

2）材料费

① 材料原价。在当地市场采购的材料则为采购价，包括材料出厂价和采购供销手续费等；进口材料一般是指到达当地港口的交货价。

② 运杂费。在当地采购的材料是指从采购地点至工程施工现场的短途运输费、装卸费；进口材料则为从当地港口至工程施工现场的运输费、装卸费。

③ 税金。在当地采购的材料，采购中一般包括有税金；进口材料则为工程所在国的进口关税和手续费等。

④ 运输损耗及采购保管费。

⑤ 预涨费。根据当地材料价格平均上涨率和施工年数，按材料原价、运杂费和税金的一定百分率计算。

3）施工机械费

大型自有机械台时单价，一般由每台时应摊折旧费和应摊维修费、台时消耗的能源和动力费、台时应摊的驾驶工人工资及工程机械设备险投保费、第三者责任险投保费组成。如使用租赁施工机械时，其费用则包括租赁费、租赁机械的进出场费等。

4）管理费

管理费包括工程现场管理费(约占整个管理费的25%～30%)，公司管理费(约占整个管理费的70%～75%)。管理费除包括我国管理费构成相似的工作人员工资、劳动保护费、办公费、差旅交通费、固定资产使用费、工具用具使用费以外，还含有业务经营费。其内容包括：广告宣传费、交际费、业务资料费、业务所需手续费、代理人费和佣金、保险费、税金、银行贷款利息等。在许多国家，施工企业的经营费往往是管理费中所占比例最大的一项，大约占整个管理费的30%～38%左右。

5）开办费。在许多国家，开办费一般是在各分部分项工程造价的前面按单项工程单独列出。单项工程建筑安装工作量越大，开办费在工程造价中的比例就越小；单项工程建筑安装工作量越小，开办费在工程造价中所占的比例就越大。一般开办费约占建筑安装总造价的10％～20％。开办费内容因国家和工程不同而异，大致包括以下内容：施工用水电费、工地清理费及完工后清理费，临时围墙、安全信号、防护用品、建筑物烘干、工程防护及噪声费、污染费等法定费用，周转材料费、临时设施费、驻工地工程师现场办公室及所需设备的费用现场材料实验室及所需设备的费用，其他费用（包括工人现场福利费、职工交通费等）。

6）利润

国际建筑承包市场上，施工企业的利润一般占成本的10％～15％，也有的管理费与利润合取直接费30％左右的。具体工程的利润，则要根据具体情况，如工程难易、现场的有利条件或不利条件、工期的长短、竞争对手的情况等随行就市确定。

2.2.4 工程建设其他费用组成

工程建设其他费用，是指从工程筹建到工程竣工验收、交付使用的整个建设期间，除建筑安装工程费，以及设备和工器具购置费以外，为保证工程建设顺利完成和交付使用后能正常发挥效用而发生的各项费用。

工程建设其他费用，按其内容大致可分为三部分：第一部分是固定资产其他费用；第二部分是无形资产的其他费用；第三部分是其他资产（递延资产）费用。这三部分工程建设其他费用项目，是项目建设投资中经常发生的费用项目，并非每一个项目都会发生这些费用项目。项目不发生的其他费用项目不计取。

(1) 固定资产其他费用包括：

1）建设管理费；

2）可行性研究费；

3）研究试验费；

4）勘察设计费；

5）环境影响评价费；

6）劳动安全卫生评价费；

7）场地准备及临时设施费；

8）引进技术和引进设备其他费；

9）工程保险费；

10）联合试运转费；

11）特殊设备安全监督检验费；

12）市政公用设施建设及绿化费。

1）建设管理费

建设管理费是指从建设项目立项、筹建、建设、联合试运转、竣工验收、交付使用，及后评估等全过程管理所需费用，是管理性质的开支。内容包括：

工作人员工资、工资性补贴、施工现场津贴、职工福利费、住房基金、基本养老保险费、基本医疗保险费、失业保险费、工伤保险费、办公费、差旅交通费、劳动保护费、工具用具使用费、固定资产使用费、必要的办公及生活用品购置费、必要的通讯设备及交通工具购置费、零星固定资产购置费、招募生产工人费、技术图书资料费、业务招待费、设计审查费、工程招标费、合同契约公证费、法律顾问费、咨询费、工程质量监督检测费、审计费、完工清理费、竣工验收费、印花税和其他管理性质开支。建设管理费的计算方法是以建设投资中的工程费用为基数乘以建设管理费率计算：

$$建设管理费=工程费用\times建设管理费费率 \quad (2.2.49)$$

2）勘察设计费

勘察设计费是指委托勘察设计单位进行工程水文地质勘察、工程设计所发生的各项费用。主要包括工程勘察费、初步设计费（基础设计费）、施工图设计费（详细设计费）及设计模型制作费。具体内容有：

① 编制项目建议书、可行性研究报告、投资估算、工程咨询及评价，以及编制上述文件所进行的勘察、设计、试验等所需费用；

② 委托勘察、设计单位进行初步设计、施工图设计及概预算编制等所需费用；

③ 在规定范围内由建设单位自行完成的勘察、设计工作所需费用。

在勘察设计费中，项目建议书、可行性研究报告按国家颁布的收费标准计算；设计费按国家颁布的工程设计费标准计算；勘察费一般民用建筑 6 层以下按每平方米 3～5 元计算，高层按每平方米 8～10 元计算。

3）可行性研究费

可行性研究费是指在建设项目前期工作中，编制和评估项目建设书(或预可行性研究报告)，可行性研究报告所需的费用。其计算方法是按前期研究委托合同计算，或是按照《国家计委关于印发〈建设项目前期工作咨询收费暂行规定〉的通知》(计投资[1999] 1283 号)的规定计算。也可参照编制项目建设书收费标准，并可适当调整。

4）研究试验费

研究试验费是指为建设项目提供或验证设计数据、资料等所进行的必要的试验、验证所需的费用，以及设计规定的在施工中必须进行的试验、验证所需费用。这项费用按照设计单位根据本工程项目提出的需要研究试验内容和要求计算。

5）场地准备及临时设施费

是指建设期间建设单位所需场地准备及有碍于施工建设的设施进行拆除清理。场地平整、临时设施的搭设、维修、摊销费用或租赁费用，以及施工期间专用公路养护费、维修费。临时设施包括临时宿舍、文化福利及公用事业房屋与构筑物、仓库、办公室、加工厂，以及规定范围内的道路、水、电管线等临时设施和小型临时设施。

场地准备及临时设施费的计算，所建项目按实际工程费估算。改扩建项目一般只计算拆除清理费。

场地准备和临时设施费＝工程费用×费率＋拆除清理费

(2.2.50)

发生拆除清理费时，可按所建同类工程造价或主材费、设备费的比例计算。凡可回收材料的拆除采用以料抵工方式，不再计算拆除清理费。

6）工程监理费

工程监理费是指建设期间建设单位委托工程监理单位对工程实施监理所需的费用。由于工程监理是受建设单位委托的工程建设技术服务，属建设管理范畴。如采用监理、建设单位管理工作量转移至监理单位，监理费应根据委托的监理工作范围和监理深度在监理合同中商定。因此工程监理费应用建设管理费中开支，在工程建设其他费中不单独列项。根据国家物价局、建设部《关于发布工程建设监理费用有关问题的通知》等文件规定，选择下列方法计算：

① 一般情况应按工程建设监理收费标准计算，即按所监理工程概算或预算的百分比计算；

② 对于单项工程或临时性项目可根据参与监理的年平均人数按每人每年 3～5 万元计算。

7）工程保险费

工程保险费是指建设项目在建设期间根据需要对建筑工程、安装工程及机械设备进行投保所需的费用。包括各种建筑工程在施工过程中的物料、机器设备为保险标的的建筑工程一切险，以及安装工程中的各种机器、机械设备为保险标的的安装工程一切险，以及机器损坏保险、人身意外伤害险、引进设备国内安装保险等。根据不同的工程类别，分别以建筑安装工程费乘以建筑、安装工程保险费率计算。民用工程占建筑工程费的 0.001～0.006。不投保的工程不计此项费用。不同的建设项目可根据工程特点选择投保险种，根据投保合同计列保险费用。编制投资估算和概算时可按工程费用的比例估算。

8）引进技术和引进设备其他费

费用内容包括：

① 引进项目图纸资料翻译复制费、备品备件测绘费。

② 出国人员费用：包括买方人员出国设计联络、出国考察、联合设计、监造、培训等所发生的旅费、生活费、制装费等。

③ 来华人员费：包括卖方来华工程技术人员的现场办公费用、往返现场交通费用、工资、食宿费用、接待费用等。

④ 银行担保及承诺费：指引进项目由国内外金融机构出面承担风险和责任担保所发生的费用，以及支付贷款机构的承诺费用。

计算方法：

① 引进项目图纸资料翻译复制费：根据引进项目的具体情况计列或按引进货价(F. O. B)的比例估列；引进项目发生备品备件测绘费时按具体情况估列。

② 出国人员费用：依据合同规定的出国人次、期限和费用标准计算。生活费及制装费按照财政部、外交部规定的现行标准计算，旅费按中国民航公布的国际航线票价计算。

③ 来华人员费用：应依据引进合同有关条款规定计算。引进合同价款中已包括的费用内容不得重复计算。来华人员接待费用可按每人次费用指标计算。

④ 银行担保及承诺费：应按担保或承诺协议计取。投资估算和概算编制时可以担保金额或承诺金额为基数乘以费率计算。

引进设备材料的国外运输费、国外运输保险费、关税、增值税、外贸手续费、银行财务费、国内运杂费、引进设备材料国内检验费、海关监管手续费等按引进货价（F. O. B 或 C. I. F）计算后进入相应的设备材料费中。单独引进软件不计关税只计增值税。

9）联合试运转费

系指新建项目或新增加生产能力的工程，在交付生产前按照批准的设计文件所规定的工程质量标准和技术要求，进行整个生产线或装置的负荷联合试运转或局部联动试车所发生的费用净支出(试运转支出大于收入的差额部分费用，以及必要的工业炉烘炉费)。试运转支出包括试运转所需原材料、燃料及动力消耗、低值易耗品、其他物料消耗、工具用具使用费、机械使用费、保险金、施工单位参加试运转人员工资，以及专家指导费等；试运转收入包括试运转期间的产品销售收入和其他收入。

联合试运转费不包括应由设备安装工程费用开支的调试及试车费用，以及在试运转中暴露出来的因施工原因或设备缺陷等发生的处理费用。

其计算方法为：

① 不发生试运转或试运转收入大于(或等于)费用支出的工程，不列此项费用。

② 当联合试运转收入小于试运转支出时：

联合试运转费=联合试运转费用支出-联合试运转收入 (2.2.51)

10）环境影响评价费

系指按照《中华人民共和国环境保护法》、《中华人民共和国环境影响评价法》等规定，为全面、详细评价本建设项目对环境可能产生的污染或造成的重大影响所需的费用，包括编制环境影响报告书(含大纲)、环境影响报告表和评估环境影响报告书(含大纲)、评估环境影响报告表等所需的费用。

其计算方法为：

依据环境影响评价委托合同计列，或按照国家计委、国家环境保护总局《关于规范环境影响咨询收费有关问题的通知》(计价格［2002］125号)规定计算。

11）劳动安全卫生评价费

系指按照劳动部《建设项目(工程)劳动安全卫生监察规定》和《建设项目(工程)劳动安全卫生预评价管理办法》的规定，为预测和分析建设项目存在的职业危险、危害因素的种类和危险危害程度，并提出先进、科学、合理可行的劳动安全卫生技术和管理对策所需的费用。包括编制建设项目劳动安全卫生预评价大纲和劳动安全卫生预评价报告书以及为编制上述文件所进行的工程分析和环境现状调查等所需费用。

其计算方法为：

依据劳动安全卫生预评价委托合同计列，或按照建设项目所在省(市、自治区)劳动行政部门规定的标准计算。

12）特殊设备安全监督检验费

系指在施工现场组装的锅炉及压力容器、消防设备、燃气设备、电梯等特殊设备和设施，由安全监察部门按照有关安全监察条例和实施细则以及设计技术要求进行安全检验，应由建设项目支付的、向安全监察部门缴纳的费用。

其计算方法：

按照建设项目所在省(市、自治区)安全监察部门的规定标准计算。无具体规定的，在编制投资估算和概算时可按受检设备现场安装费的比例估算。

13）市政公用设施建设及绿化费

系指项目建设单位按照项目所在地人民政府有关规定缴纳的市政公用设施建设费，以及绿化补偿费等。

其计算办法为：

① 按工程所在地人民政府规定标准计列；

② 不发生或按规定免征项目不计取。

(2) 无形资产费用及其他资产费用(递延资产)**主要为生产准备及开办费**

无形资产费用包括：

1）建设用地费；2）专利及专有技术使用费。

一般建设项目很少发生或一些具有较明显行业特征的工程建设其他费用项目，如移民安置费、水资源费、水土保持评价费、地震安全性评价费、地质灾害危险性评价费、河道占用补偿费、超限设备运输特殊措施费、航道维护费、植被恢复费、种质检测费、引种测试费等，根据工程的实际情况，如发生时依据有关政策规定计取。

1）建设用地费

系指按照《中华人民共和国土地管理法》等规定，建设项目征用土地或租用土地应支付的费用。任何一个建设项目都是固定于一定地点与地面相连接的，必须占用一定量的土地，也就必然要发生获得建设用地而支付的费用，这就是建设用地费。它是通过划拨方式取得土地使用权而支付的土地征用及迁移补偿费，或者通过土地出让方式取得土地使用权而支付的土地使用权出让金。

① 土地征用及迁移补偿费

经营性建设项目通过出让方式购置的土地使用权(或建设项目通过划拨方式取得的无限期土地使用权)而支付的土地补偿费、安置补偿费、地上附着物和青苗补偿费，余物迁建补偿费、土地登记管理费等。行政事业单位的建设项目通过出让方式取得土地使用权而支付的出让金；建设单位在建设过程中发生的土地复垦费用和土地损失补偿费用；建设期间临时占地补偿费。征用耕地按规定一次性缴纳的耕地占用税；征用城镇土地在建设期间按规定每年缴纳的城镇土地使用税；征用城市郊区菜地按规定缴纳的新菜地开发建设基金。

土地征用及迁移补偿费，是指建设项目通过划拨方式取得无限期的土地使用权，依照《中华人民共和国土地管理法》等规定所支付的费用。其总和一般不得超过被征土地年产值的 20 倍，土地年产值则按该地前三年的平均产量和国家规定的价格计算。其内容包括：

A. 土地补偿费。征用耕地(包括菜地)的补偿标准，为该耕地年产值的 6～10 倍。具体补偿标准由省、自治区、直辖市人民政府在此范围内制定。征用其他土地的补偿标准由省、直辖市和自治区人民政府制定。征用无收益的土地，不予补偿。

B. 青苗补偿费和被征用土地的房屋、水井、树木等附着物补偿费。这些补偿的标准由省、自治区、直辖市人民政府制定。征用城市郊区的菜地时，还应按国家的有关规定缴纳新菜地开发

基金。

C. 安置补助费。征用耕地、菜地的，每个农业人口的安置补助费为该地每亩产值的3～4倍，每亩耕地的安置补助费最高不得超过其年产值的15倍。

D. 缴纳的耕地占用税或城镇土地使用税、土地登记费及征地管理费等。县市土地管理机关从征地费中提取土地管理费的比例，要按征地工作量的大小，视不同情况，在1%～4%幅度内提取。

E. 征地动迁费。包括征用土地上的房屋及附属构筑物、城市公共设施等的拆除和迁建的补偿费、搬迁运输费，企业单位因搬迁造成的减产、停工损失补贴费，拆迁管理费等。

F. 水利水电工程水库淹没处理补偿费。包括：农村移民安置费，城市迁建补偿费，库区工矿企业、交通、电力、通信、广播、管网、水利等的恢复和迁建补偿费、库底清理费，防护工程费，环境影响补偿费等。

② 土地使用权出让金

土地使用权出让金，指建设项目通过土地使用权转让方式，取得有限的土地使用权，依照《中华人民共和国城镇国有土地使用权出让和转让暂行条例》规定所支付的土地使用权出让金。

A. 明确国家是城市土地的惟一拥有者，并分层次、有偿、有限的出让、转让城市土地。第一层次是城市政府将国有土地使用权出让给使用者，该层次由城市政府垄断经营。出让对象可以是有法人资格的企事业单位，也可以是外商。第二层次及以下层次的转让则发生在使用者之间。

B. 城市土地的出让和转让可采取协议、招标、公开拍卖等方式。

C. 在有偿出让和转让土地时，政府对地价不作统一规定，但坚持对地价的投资环境不受大的影响，以当地的社会经济承受能力相适应，地价要考虑已投入的土地开发费用及土地市场供求关系、土地用途和土地使用年限等。

D. 关于政府有偿出让土地使用权的年限，各地可根据时间、区位等各种条件的不同自行规定，一般可在30年至99年之间。按照地面上附着物的折旧情况来看，以50年为宜。

E. 土地有偿出让和转让，土地使用者和拥有者要签约，明确土地使用者对土地享有的权利和土地所有者所承担的义务。

a. 有偿出让和转让使用权，要向土地受让者征收契税；

b. 转让土地如有增值，要向转让者征收土地增值税；

c. 在土地转让期间，国家要区别不同地段、不同用途，向土地使用者收取土地占用费。

③ 建设用地费的计算方法

A. 根据所征建设用地面积、临时用地面积，按建设项目所在省、市、自治区人民政府制定颁发的土地征用补偿费、安置补助费标准和耕地占用税、城镇土地使用税标准计算。

B. 建设用地上的建(构)筑物如需迁建，其迁建补偿费应按迁建补偿协议计列或按新建同类工程造价计算。建设场地平整中的余物拆除清理费在“场地准备及临时设施费”中计算。

C. 建设项目采用“长租短付”方式租用土地使用权，在建设期间支付的租地费用计入建设用地费；在生产经营期间支付的土地使用费应进入营运成本中核算。

2）专利及专有技术使用费

费用内容包括：

① 国外设计及技术资料费、引进有效专利、专有技术使用费和技术保密费；

② 国内有效专利、专有技术使用费用；

③ 商标使用费、特许经营权费等。

计算方法：

① 按专利使用许可协议和专有技术使用合同的规定计列；

② 专有技术的界定应以省、部级鉴定批准为依据；

③ 项目投资中只计需在建设期支付的专利及专有技术使用费。协议或合同规定在生产期支付的使用费应在成本中核算。

其他资产费用（递延资产）现仅列生产准备及开办费。该费系指建设项目为保证正常生产（或营业、使用）而发生的人员培训费、提前进厂费以及投产使用初期必备的生产生活用具、工器具等购置费用。包括：

1）人员培训费及提前进厂费：自行组织培训或委托其他单位培训的人员工资、工资性补贴、职工福利费、差旅交通费、劳动保护费、学习资料费等；

2）为保证初期正常生产、生活（或营业、使用）所必需的生产办公、生活家具用具购置费；

3）为保证初期正常生产（或营业、使用）必需的第一套不够固定资产标准的生产工具、器具、用具购置费（不包括备品备件费）。

其计算方法为：

① 新建项目按设计定员为基数计算，改扩建项目按新增设计定员为基数计算；

$$生产准备费=设计定员\times生产准备费指标（元/人）\tag{2.2.52}$$

② 可采用综合的生产准备费指标进行计算，也可以按上述费用内容的分类指标计算。

(3) 预备费、建设期贷款利息、固定资产投资方向调节税

1）预备费

按我国现行规定，预备费包括基本预备费和价差预备费。

① 基本预备费

基本预备费是指在初步设计及概算内难以预料的工程费用，包括：

A. 在批准的初步设计范围内，技术设计、施工图设计及施工过程中所增加的工程费用；设计变更、局部地基处理等增加的费用。

B. 一般自然灾害造成的损失和预防自然灾害所采取的措施费用。实行工程保险的工程项目费用应适当降低。

C. 竣工验收时为鉴定工程质量对隐蔽工程进行必要的挖掘

和修复的费用。

基本建设预备费是按设备及工器具购置费、建筑安装工程费和工程建设其他费用三者之和为计取基础，乘以基本预备费率进行计算。

基本预备费=(设备及工器具购置费+建筑安装工程费+工程建设其他费用)×基本预备费率　(2.2.53)

基本预备费率的取值应执行国家及部门的有关规定。

② 价差预备费

价差预备费是指建设项目在建设期间由于价格等变化引起工程造价变化的预测预留费用。费用内容包括：人工、设备、材料、施工机械的价差，建筑安装工程费及工程建设其他费用调整，利率和汇率调整等增加的费用。价差预备费的计算方法，一般根据国家规定的投资综合价格指数，按估算年份价格水平的投资额为基数，采用复利方法计算。

2) 建设期贷款利息

建设期贷款利息包括向国内银行和其他非银行金融机构贷款，以及在境内发行的债券等，在建设期间应偿还的贷款利息。

国外贷款利息的计算中，还应包括国外银行根据贷款协议向贷款方以年利率的方式收取的手续费、管理费、承诺费，以及国内代理机构经国家主管部门批准的以年利率的方式向贷款单位收取的转贷费、担保费、管理费等。

3) 固定资产方向调节税(暂停征收)

为贯彻国家产业政策，控制投资规模，引导投资方向，调整投资结构，加强重点建设，促进国民经济持续稳定协调发展，对在我国境内进行固定资产投资的单位和个人(不含中外合资经营企业、中外合作经营企业和外商独资企业)征收固定资产投资方向调节税(简称投资方向调节税)。

① 税率

投资方向调节税，根据国家产业政策和项目经济规模实行差别税率，税率为0%、5%、10%、15%、30%五个档次。差别税率按两大类设计：一是基本建设项目投资，二是更新改造项目投资。对前者设计了四档税率，即0%、5%、15%、30%，对后者设计了两档税率，即0%，10%。

A. 基本建设项目投资适用的税率

a. 国家急需发展的项目投资，如农业、林业、水利、能源、交通、通讯、原材料、科教、地质、勘探、矿山开采等基础产业和薄弱环节项目的投资，适用零税率。

b. 国家鼓励发展但受能源、交通等制约的项目投资。如钢铁、化工、石油、水泥等部分重要原材料项目，以及一些重要机械、电子、轻工业和新型建材项目，实行5%的税率。

c. 为配合住房制度改革，对城乡个人修建、购买一次性住宅投资实行零税率。对单位修建、购买一次性住宅投资，实行5%的低税率；对单位用公款修建、购买高标准独门独院、别墅式住宅投资，实行30%的高税率。

d. 对楼堂馆所以及国家严格限制的项目投资，课以重税，税率为30%。

e. 对不属于上述四类的其他投资，实行中等税政策，税率为15%。

B. 更新改造项目投资适用的税率

a. 为鼓励企事业单位进行设备更新和改造，促进技术进步，对国家急需发展的项目投资，予以支持，适用零税率；对单纯工艺改造和设备更新的项目投资，适用零税率。

b. 对不属于上述提到的其他更新改造项目投资，一律按建筑工程投资适用10%的税率。

② 计税依据

投资方向调节税以固定资产投资项目完成额为计税依据。实际完成投资额包括：设备及工器具购置费、建筑安装工程费、工程建设其他费用及预备费。但更新改造项目是以建筑工程实际完成的投资额为计算依据。

③ 计税方法

首先确定单位工程应纳税的投资完成额；其次根据工程的性质及划分的单位工程情况，确定单位工程的适用税率；最后计算各个单位工程应纳的投资方向调节税税额，并将各个单位应缴纳的税额汇总，即得出整个项目的应纳税额。

④ 缴纳方法

投资方向调节税按固定资产投资项目的单位工程年度计划投资额预缴，年度终了后，按年度实际完成投资额结算，多退少补。项目竣工后，按应征收投资方向调节税的项目及其单位工程的实际完成投资额进行清算，多退少补。

3 工程造价依据

3.1 建筑安装工程定额概述

3.1.1 定额的定义及作用

(1) 定额的定义

定额是一种规定的额度，广义地说，也是处理特定事物的数量界限。在现代社会经济生活中，定额几乎无时无处不在。就生产领域来说，工时定额、原材料消耗定额、原材料和成品半成品储备定额、流动资金定额等，都是企业管理的重要基础。在工程建设领域也存在多种定额。

(2) 定额在现代管理中的地位

定额是管理科学的基础，也是现代管理科学的重要内容和基本环节。

首先，定额是节约社会劳动、提高劳动生产率的重要手段。降低劳动消耗，提高劳动生产率，是人类社会发展的普遍要求和基本条件。节约劳动时间是最大的节约。定额为生产者和经营管理人员树立了评价劳动成果和经营效益的标准尺度，同时也使广大职工明确了自己在工作中应该达到的具体目标。从而增强了责任感和自我完善的意识，自觉地节约社会劳动和消耗，努力提高劳动生产率和经济效益。

其次，定额是组织和协调社会化大生产的手段。随着生产力的发展，分工越来越细，生产社会化程度不断提高。任何一件产品都可以说是许多企业、许多劳动者共同完成的社会产品。因此，必须借助定额实现生产要素的合理配置，以定额作为组织、指挥和协调社会生产的科学依据和有效手段，从而保证社会生产持续、顺利地发展。

第三，定额是宏观调控的依据。我国社会主义经济是以公有制为主体的，它既要充分发展市场经济，又要有计划地进行指导和调节。这就需要利用一系列定额为预测、计划、调节和控制经济发展提供有技术根据的参数和可靠的计量标准。

第四，定额在实现分配，兼顾效率与社会公平方面有巨大的作用。定额作为评价劳动成果和经营效益的尺度，也就成为资源分配上个人消费品分配的依据。

(3) 工程建设定额的作用

1）工程建设中，定额仍然具有节约社会劳动和提高生产效率的作用。一方面企业以定额作为促使工人节约社会劳动（工作时间、原材料等）和提高劳动效率、加快工作进度的手段，以增加市场竞争能力，获取更多的利润；另一方面，作为工程造价计算依据的各类定额，又促使企业加强管理、把社会劳动的消耗控制在合理的限度内；再者，作为项目决策依据的定额指标，又在更高的层次上促使项目投资者合理而有效地利用和分配社会劳动。这都证明了定额在工程建设中节约社会劳动和优化资源配置的作用。

2）定额有利于建筑市场公平竞争。定额所提供的准确信息为市场需求主体和供给主体之间的竞争，以及供给主体和供给主体之间的公平竞争，提供了有利条件。

3）定额是对市场行为的规范。定额既是投资决策的依据，又是价格决策的依据。对于投资者来说，他可以利用定额权衡自己的财务状况和支付能力、预测资金投入和预期回报，还可以充分利用有关定额的大量信息，有效地提高其项目决策的科学性，优化其投资行为。对于建筑企业来说，企业在投标报价时，只有充分考虑定额的要求，作出正确的价格决策，才能占有市场竞争优势，才能获得更多的工程合同。可见，定额在上述两个方面规范了市场主体的经济行为。因而对完善我国固定资产投资市场和建筑市场，都能起到重要作用。

4）工程建设定额有利于完善市场的信息系统。定额管理是对大量市场信息的加工，也是对大量信息进行市场传递，同时也是市场信息的反馈。信息是市场体系中的不可缺少的要素，它的可靠性、完备性和灵敏性是市场成熟和市场效率的标志。在我国，以定额形式建立和完善市场信息系统，也是社会主义市场经济的特色。

3.1.2 工程建设定额的分类

工程建设定额是指在工程建设中单位产品上人工、材料、机械、资金消耗的规定额度。这种规定的额度反映的是，在一定的社会生产力发展水平的条件下，完成工程建设中的某项产品与各种生产消费之间特定的数量关系。

在工程建设定额中，产品的外延是很不确定的。它可以指工程建设的最终产品——工程项目，例如，一个钢铁厂、一所学校；也可以是构成工程项目的某些完整的产品，如一所学校中的图书馆楼；也可以是完整产品中的某些较大组成部分，例如，只是指图书馆楼中的设备安装工程；还可以是较大组成部分中的较小部分，或更为细小的部分，如浇筑的混凝土基础等。

工程建设产品外延的不确定性，是由工程建设产品构造复杂，产品规模宏大，种类繁多，生产周期长等技术经济特点引起的。这些特点使定额在工程建设的管理中占有更加重要的地位，同时也决定了工程建设定额的多种类、多层次。

工程建设定额是根据国家一定时期的管理体制和管理制度，根据不同定额的用途和适用范围，由指定的机构按照一定的程序制定，并按照规定的程序审批和颁发执行的。工程建设定额是主观的产物，但是，它应正确地反映工程建设和各种资源消耗之间的客观规律。

工程建设定额是工程建设中各类定额的总称。它包括许多种类定额，可以按照不同的原则和方法对它进行科学的分类。

(1) 按定额反映的物质消耗内容分类，可以把工程建设定额分成劳动消耗定额、机械消耗定额和材料消耗定额三种。

1) 劳动消耗定额。简称劳动定额。劳动消耗定额是完成一定的合格产品(工程实体或劳务)消耗的劳动数量标准。为了便于综合和核算，劳动定额大多采用工作时间消耗量来计算劳动消耗数量。所以劳动定额主要的表现形式是时间定额，但同时也表现为产量定额。

2) 机械消耗定额。我国机械消耗定额是以一台机械一个工作班为计量单位，所以又称为机械台班定额。机械消耗定额是指为一定合格产品(工程实体或劳务)所规定的施工机械消耗的数量标准。机械消耗定额的主要表现形式是机械时间定额，但同时也以产量定额表现。

3) 材料消耗定额，简称材料定额。是指完成一定合格产品所需消耗材料的数量标准。

材料，是工程建设中使用的原材料、成品、半成品、构配件、燃料以及水、电等动力资源的统称。材料作为劳动对象构成工程的实体，需用数量很大，种类繁多。所以材料消耗量多少，消耗是否合理，不仅关系到资源的有效利用，影响市场供求状况，而且对建设工程的项目投资、建筑产品的成本控制都起着决定性影响。

材料消耗定额，在很大程度上可以影响材料的合理调配和使用。在产品生产数量和材料质量一定的情况下，材料的供应计划和需求都会受材料定额的影响。重视和加强材料定额管理，制定合理的材料消耗定额，是组织材料的正常供应，保证生产顺利地进行，以及合理利用资源，减少积压的必要前提。

(2) 按照定额的编制程序和用途来分类，可以把工程建设定额分为施工定额、预算定额、概算定额、概算指标、投资估算指标等五种。

1) 施工定额。这是施工企业(建筑安装企业)组织生产和加强管理在企业内部使用的一种定额。属于企业生产定额的性质。它由劳动定额、机械定额和材料定额3个相对独立的部分组成。为了适应组织生产和管理的需要，施工定额的项目划分很细，是工程建设定额中分项最细、定额子目最多的一种定额，也是工程建设定额中的基础性定额。在预算定额的编制过程中，施工定额的劳动、机械、材料消耗的数量标准，是计算预算定额中劳动、机械、材料消耗数量标准的重要依据。

2）预算定额。这是在编制施工图预算时，计算工程造价和计算工程中劳动、机械台班、材料需要量使用的一种定额。预算定额是一种计价性的定额，在工程建设定额中占有很重要的地位。从编制程序看，预算定额是概算定额的编制基础。

3）概算定额。这是编制扩大初步设计概算时，计算和确定工程概算造价、计算劳动、机械台班、材料需要量所使用的定额。它与项目划分粗细、扩大初步设计的深度相适应。它一般是预算定额的综合扩大。

4）概算指标。是在初步设计阶段，编制工程概算，计算和确定工程的初步设计概算造价，计算劳动、机械台班、材料需要量时所采用的一种定额。这种定额的设定和初步设计的深度相适应，一般是在概算定额和预算定额的基础上编制的，比概算定额更加综合扩大。概算指标是控制项目投资的有效工具，它所提供的数据也是计划工作的依据和参考。

5）投资估算指标。它是在项目建议书和可行性研究阶段编制投资估算和计算投资需要量时使用的一种定额。它非常概略，往往以独立的单项工程或完整的工程项目为计算对象。它的概略程度与可行性研究阶段相适应。投资估算指标往往根据历史的预、决算资料和价格变动等资料编制，但其编制基础仍然离不开预算定额和概算定额。

(3）按照投资的费用性质分类，可以把工程建设定额分为建筑工程定额、设备安装工程定额、建筑安装工程费用定额、工器具定额，以及工程建设其他费用定额等。

1）建筑工程定额，是建筑工程的施工定额、预算定额、概算定额和概算指标的统称。建筑工程一般理解为房屋和构筑物工程。具体包括一般土建工程、电气工程(动力、照明、弱电)、水卫技术(水、暖、通风)工程、工业管道工程、特殊构筑物工程等。广义上它也被理解为除房屋和构筑物外，还包含其他种类的工程，如道路、铁路、桥梁、隧道、运河、堤坝、港口、电站、机场等工程。在我国统计年鉴中对于固定资产构成的划分，就是根据这种理解设计的。广义的建筑工程概念几乎等同了土木工程的概念。从这一概念出发，建筑工程在整个工程建设中占有非常重要的地位。根据统计资料，在我国的固定资产投资中，建筑工程和安装工程的投资占 60%左右。因此，建筑工程定额在整个工程建设定额中是一种非常重要的定额。在定额管理中占有突出的地位。

2）设备安装工程定额，是安装工程施工定额、预算定额、概算定额和概算指标的统称。设备安装工程是对需要安装的设备进行定位、组合、校正、调试等工作的工程。在工业项目中，机械设备安装和电气设备安装工程占有重要地位。因为生产设备大多要安装后才能运转，不需要安装的设备很少。在非生产性的建设项目中，由于社会生活和城市设施的日益现代化，设备安装工程量也在不断增加。所以设备安装工程定额也是工程建设定额中重要部分。设备安装工程定额和建筑工程定额是两种不同类型的定额。一般都要分别编制，各自独立。但是设备安装工程和建筑工程是单项工程的两个有机组成部分，在施工中有时间连续性，也有作业的搭接和交叉，需要统一安排，互相协调，在这个意义上通常把建筑和安装工程作为一个施工过程来看待，即建筑安装工程。所以在通用定额中有时把建筑工程定额和安装工程定额合二而一，称为建筑安装工程定额。

3）建筑安装工程费用定额一般包括以下三部分内容。

① 措施费定额，是指预算定额分项内容以外，而与建筑安装施工生产直接有关的各项费用开支。措施费定额由于其费用发

生的特点不同，只能独立于预算定额之外。它也是编制施工图预算和概算的依据。

② 间接费定额，是指与建筑安装施工生产的个别产品无关，而为企业生产全部产品所必需，又为维持企业的经营管理活动所必需发生的各项费用开支的标准。由于间接费中许多费用的发生和施工任务的大小没有直接关系，因此，通过间接费定额的管理，有效地控制间接费的发生是十分必要的。

4）工器具定额，是为新建或扩建项目投产运转首次配置的工、器具数量标准。工具和器具，是指按照有关规定不够固定资产标准而起劳动手段作用的工具、器具和生产用家具，如翻砂用模型、工具箱、计量器、容器、仪器等。

5）规费定额，是政府和有关权利部门规定必须缴纳的独立于建筑安装工程、设备和工器具购置之外的其他费用开支的标准。规费的发生和整个项目的建设密切相关。它一般要占项目总投资的10%左右。规费是按各项独立费用分别制定，包括工程排污费、工程定额测定费、社会保障费等。

(4) 按照专业性质分类，工程建设定额可分为通用定额、行业定额和专业专用定额三种。全国通用定额是指在部门间和地区间都可以使用的定额；行业通用定额系指具有专业特点，在行业部门内可以通用的定额；专业专用定额是指特殊专业的定额，只能在指定范围内使用。

(5) 按主编单位和管理权限分类。工程建设定额可分为全国统一定额、行业统一定额、地区统一定额、企业定额和补充定额五种。

1）全国统一定额是由国家建设行政主管部门，综合全国工程建设中技术和施工组织管理的情况编制，并在全国范围内执行的定额，如全国统一安装工程定额。

2）行业统一定额，是考虑到各行业部门专业工程技术特点，以及施工生产和管理水平编制的，一般是只在本行业和相同专业性质的范围内使用的专业定额，如矿井建设工程定额、铁路建设工程定额。

3）地区统一定额包括省、自治区、直辖市定额。地区统一定额主要考虑地区性特点和全国统一定额水平做适当调整补充编制的。

4）企业定额是指由施工企业考虑本企业具体情况，参照国家、部门或地区定额的水平制定的定额。企业定额只在企业内部使用，是企业素质的一个标志。企业定额水平一般应高于国家现行定额，才能满足生产技术发展、企业管理和市场竞争需要。

5）补充定额是指随着设计、施工技术的发展，现行定额不能满足需要的情况下，为了补充缺项所编制的定额。补充定额只能在指定的范围内使用，可以作为以后修订定额的基础。

3.1.3 工程建设定额的特点

(1) 科学性特点

工程建设定额的科学性包括两重含义。一重含义是指工程建设定额和生产力发展水平相适应，反映出工程建设中生产消费的客观规律。另一重含义，是指工程建设定额管理在理论、方法和手段上适应现代化科学技术和信息社会发展的需要。

工程建设定额的科学性，首先表现在用科学的态度制定定额，尊重客观实际，力求定额水平合理；其次表现在制定定额的技术方法上，利用现代科学管理的成就，形成一套系统的、完整的、在实践中行之有效的方法；第三，表现在定额制定和贯彻的一体化。制定是为提供贯彻的依据，贯彻是为了实现管理的目标，也是对定额的信息反馈。

工程建设定额的科学性必须考虑社会主义市场经济规律，使定额超脱资本最大利润的局限，并能受到宏观和微观的两重检验，实现宏观调控，适应市场运行机制的需要。

(2) 系统性特点

工程建设定额是相对独立的系统。它是由多种定额结合而成的有机的整体。它的结构复杂，有鲜明的层次，有明确的目标。

工程建设定额的系统性是由工程建设的特点决定的。按照系统论的观点，工程建设就是庞大的实体系统。工程建设定额是为这个实体系统服务的。因而工程建设本身的多种类、多层次就决定了以它为服务对象的工程建设定额的多种类、多层次。从整个国民经济来看，进行固定资产生产和再生产的工程建设，是由多项工程集合的整体。其中农林水利、轻纺、机械、煤炭、电力、石油、冶金、化工、建材工业、交通运输、邮电工程以及商业物资、科学教育文化、卫生体育、社会福利和住宅工程等等。这些工程的建设都有严格的项目划分，如建设项目、单项工程、单位工程、分部分项工程，在计划和实施过程中有严密的逻辑阶段，如规划、可行性研究、设计、施工、竣工交付使用，以及投入使用后的维修。与此相适应必然形成工程建设定额的多种类、多层次。

(3) 统一性特点

工程建设定额的统一性，主要是根据国家宏观调控职能决定的。为使国民经济按照预定的目标发展，就需要借助某些标准、定额、参数等对工程建设进行规划、组织、调节、控制。而这些标准、定额、参数必须在一定范围内是一种统一的尺度，才能利用它来对项目的决策、设计方案、投标报价、成本控制进行比选和评价。

工程建设定额的统一性按照其影响力和执行范围来看，有全国统一定额、地区统一定额和行业统一定额等等；按照定额的制定、颁布和贯彻使用来看，有统一的程序、统一的原则、统一的要求和统一的用途。

我国工程建设定额的统一性不仅是对工程量计算规则的统一和信息提供，而且是借助统一的工程建设定额进行社会监督。因为它工程建设本身的巨大投入和巨大产出有关，它对国民经济的影响不仅表现在投资的总规模和全部建设项目的投资效益等方面，而且往往表现在具体建设项目的投资数额及其投资效益方面。这一点和工业生产、农业生产中的工时定额、原材料定额也是不同的。

(4) 权威性特点

工程建设定额具有很大权威，这种权威性在一些情况下具有经济法规性质。权威性反映统一的意志和统一的要求，也反映信誉和信赖程度并反映定额的严肃性。

工程建设定额的权威性的客观基础是定额的科学性。只有科学的定额才具有权威。但是在社会主义市场经济条件下，它必然涉及到各有关方面的经济关系和利益关系。赋予工程建设定额以一定的权威性，就意味着在规定的范围内，对于定额的使用者和执行者来说，不论主观上愿意不愿意，都必须按定额的规定执行。在当前市场不规范的情况下，赋予工程建设定额以权威性是十分重要的。但在竞争机制引入工程建设的情况下，定额的水平必然会受市场供求状况的影响，从而在执行中可能产生定额水平的浮动。

应该提出的是，在社会主义市场经济条件下，对定额的权威性不应绝对化。定额毕竟是主观对客观的反映，定额的科学性会受到人们认识的局限。与此相关，定额的权威性也就会受到削弱和新的挑战。更为重要的是，随着投资体制的改革和投资主体多元格局的形成，随着企业经营机制的转移，他们都可以根据市场的变化和自身的情况，自主地调整自己的决策行为。在这里，一些与经营决策有关的工程建设定额的权威性，自然也就弱化了。但直接与施工生产相关的定额，在企业经营机制转换和增长方式的要求下，其权威性还必须进一步强化。

(5) 稳定性和时效性

工程建设定额中的任何一种都是一定时期技术发展和管理水平的反映，因而在一段时间内都有表现出稳定的状态。稳定的时间有长有短，一般在 5 年至 10 年之间。保持定额的稳定性是维护定额的权威性所必须的，更是有效地贯彻定额所必须的。如果某种定额处于经常修改变动之中，那必然造成执行中的困难和混乱，使人们感到没有必要去认真对待它，很容易导致定额权威性的丧失。工程建设定额的不稳定也会给定额的编制工作带来极大的困难。

但是工程建设定额的稳定性是相对的。当生产力向前发展了，定额就会与已经发展了的生产力不相适应。这样，它原有的作用就会逐步减弱以致消失，需要重新编制或修订。

3.2 建筑安装工程定额

3.2.1 确定人工定额消耗量及人工单价的基本方法

(1) 分析基础资料，拟定编制方案

1) 影响工时消耗因素的确定。影响工时消耗的因素共有两类：

① 技术因素。包括完成产品的类别；材料、构配件的种类和型号等级；机械和机具的种类、型号和尺寸；产品质量等。

② 组织因素。包括操作方法和施工的管理与组织；工作地点的组织；人员组成和分工；工资与奖励制度；原材料和构配件的质量及供应的组织；气候条件等。

以上各因素的具体情况可利用因素确定表加以确定和分析（见表 3.2.1）。

因素确定表 **表 3.2.1**

施工过程名称	建筑机构名称	工地名称	工程概况	观察时间	气温
砌三层里外混水墙	×公司×施工队	×厂宿舍楼	三层楼每层两单元，带壁橱、阁楼、浴室。长 27.6m，宽 14m，高 3.0m	1984 年 10 月 23 日	15～17℃
施工队（组）人员组成	瓦工队共 28 人，其中：一级工 10 人，二级工 12 人，五级工 4 人，六级工 2 人；男 24 人，女 4 人；50 岁以上 6 人；高中生 2 人，初中生 18 人，小学以下 8 人				

续表

施工过程名称	建筑机构名称	工地名称	工程概况	观察时间	气温
施工方法和机械装备	手工操作，里脚手，配备 2～5t 塔吊一台，翻斗一辆				

完成	定额项目	单位	完成产品	实际工时消耗（工日）	定额工时消耗（工日）		完成定额（%）
			数量	（日）	单位	总计	
定额情况	瓦工砌 1 $\frac{1}{2}$ 混水外墙	m^3	96	64.20	0.45	43.20	67.29
	瓦工砌 1 砖混水内墙	m^3	48	32.10	0.47	22.56	70.28
	瓦工砌 1/2 砖隔断墙	m^3	16	10.70	0.72	11.52	107.66
	瓦工运输和调制砂浆			105.00		63.04	60.04
	按定额加工					39.55	
	总计		160	212.00		179.87	84.84
影响工时消耗的组织和技术因素	1. 该宿舍楼系三层混水墙到顶，墙体厚度不一，建筑面积小，操作比较复杂。 2. 砖的质量不好，选砖费时。 3. 低级工比例过大，浪费工时现象比较普遍。 4. 高级工比例小，低级工做高级工活也比较普遍，技壮工配合不好。 5. 工作台位置和砖的放置，不便于工人操作。 6. 瓦工损伤操作不符合动作经济原则，取砖和砂浆动作幅度很大，极易疲劳。 7. 劳动纪律不太好，有些青年工人工作时间聊天、打闹。						
填表人				填表日期			
备注							

2）计时观察资料的整理。对每次计时观察的资料进行整理之后，要对整个施工过程的观察资料进行系统的分析研究和整理。

整理观察资料的方法大多是采用平均修正法。平均修正法是一种在对所测数列进行修正的基础上，求出平均值的方法。修正测时数列，就是剔除或修正那些偏高、偏低的可疑数值。目的是保证不受那些偶然性因素的影响。

当测时数列不受或很少受产品数量影响时，采用算术平均值可以保证获得可靠的值。但是，如果测时数列受到产品数量的影响时，采用加权平均则是比较适当的。因为采用加权平均值可以在计算单位产品工时消耗时，考虑到每次观察中产品数量变化的影响。从而使我们也能获得可靠的值。

3）日常积累资料的整理和分析。日常积累的资料主要有四类：一类是现行定额的执行情况及存在问题的资料；第二类是企业和现场补充定额资料，如因现行定额漏项而编制的补充定额资料，因解决采用新技术、新结构、新材料和新机械而产生的定额缺项所编制的补充定额资料；第三类是已采用的新工艺和新的操作方法的资料；第四类是现行的施工技术规范、操作规程、安全规程和质量标准等。

对于上述各类资料在日常积累的基础上要求进一步补充完备，然后加以系统整理和分析，为制定编制方案提供依据。

4）拟定定额的编制方案。编制方案的内容包括：

① 提出对拟编定额的定额水平总的设想；

② 拟定定额分章、分节、分项的目录；

③ 选择产品和人工、材料、机械的计量单位；

④ 设计定额表格的形式和内容。

(2) 确定正常的施工条件

拟定施工的正常条件包括：

1）拟定工作地点的组织。工作地点是工人施工活动场所。拟定工作地点的组织时，要特别注意使工人在操作时不受妨碍，所使用的工具和材料应按使用顺序放置于工人最便于取用的地方，以减少疲劳和提高工作效率，工作地点应保持清洁和秩序井然。

2）拟定工作组成。拟定工作组成就是将工作过程按照劳动分工的可能划分为若干工序，以达到合理使用技术工人。这可以采用两种基本方法：一种是把工作过程中简单的工序，划分给技术熟练程度较低的工人去完成；一种是分出若干个技术程度较低的工人，去帮助技术程度较高的工人工作。采用后一种方法就是把个人完成的工作过程，变成小组完成的工作过程。

3）拟定施工人员编制，拟定施工人员编制即确定小组人数、技术工人的配备，以及劳动的分工和协作。其原则是使每个工人都能充分发挥作用，均衡地担负工作。

(3) 确定人工定额消耗量的方法

时间定额和产量定额是人工定额的两种表现形式。拟定出时间定额，也就可以计算出产量定额。

时间定额是在拟定基本工作时间、辅助工作时间、不可避免中断时间、准备与结束的工作时间，以及休息时间的基础上制定的。

基本工作时间在必需消耗的工作时间中占的比重最大。在确定基本工作时间时，必须细致、精确。基本工作时间消耗一般应根据计时观察资料来确定。其做法是，首先确定工作过程每一组成部分的工时消耗，然后再综合出工作过程的工时消耗。如果组成部分的产品计量单位和工作过程的产品计量单位不符，就需先求出不同计量单位的换算系数，进行产品计量单位的换算，然后再相加，求得工作过程的工时消耗。

辅助工作和准备与结束工作时间的确定方法与基本工作时间相同。但是，如果这两项工作时间在整个工作班工作时间消耗中所占比重不超过5％～6％，则可归纳为一项，以工作过程的计量单位表示，确定出工作过程的工时消耗。如果在计时观察时不能取得足够的资料，也可采用工时规范或经验数据来确定。如具有现行的工时规范，可以直接利用工时规范中规定的辅助和准备与结束工作时间的百分比来计算。例如，根据工时规范规定，各个工程的辅助和准备与结束工作、不可避免中断、休息等项，在工作日或作业时间中各占的百分比，见表3.2.2。

木制作工程工时规范 表 3.2.2

工作项目	疲劳程度	规范时间占工作日						
		准备与结束时间		休息时间		不可避免中断时间		合计
		范围	%	范围	%	范围	%	%
门窗框扇安装、立木楞、吊水楞、铺地楞、钉立墙板条，及各式室内木装修的安钉工程	较轻	准备与收拾工具、领会任务单、研究工作、穿（脱）衣服、转移工作地，以及组长指导检查等	3.89	大小便、吸烟、喝水、擦汗、恢复疲劳的局部休息	6.25			10.14
地板安装、钉天棚板条	中等	同上	3.89	同上	8.33			12.2

附注：计算定额作业时间时，依照下列辅助时间在各工序中相应增加

工作项目	占工序作业时间（%）	工作项目	占工序作业时间（%）
磨刨刀	12.3		
磨槽刨	5.9	磨线刨	8.3
磨凿子	3.4	锉锯	8.2

利用工时规范计算时间定额的公式为：

$$工序作业时间=基本工作时间\times(1+辅助时间\%) \tag{3.2.1}$$

【例 3.2.1】 现假设测定制作门框刮料，木料规格（m）：0.06×0.12×2.5，每根立边的基本时间为 6min，规范规定磨刀时间为 12.3%，工序作业时间为：6×(1+0.123)=6.74min。

$$定额时间=\frac{作业时间}{1-规范时间\%} \tag{3.2.2}$$

【例 3.2.2】 接上例，又假设，工时规范中门框刮料的准备与结束时间、休息时间各占工作 8h 的 2.95％、8.33％，其定额时间为：

$$\frac{6.74}{1-(2.95\%+8.33\%)}=7.57\text{min}$$

在确定不可避免中断时间的定额时，必须注意由工艺特点所引起的不可避免中断才可列入工作过程的时间定额。

不可避免中断时间也需要根据测时资料通过整理分析获得，也可以根据经验数据或工时规范，以占工作日的百分比表示此项工时消耗的时间定额。

休息时间应根据工作班作息制度、经验资料、计时观察资料，以及对工作的疲劳程度作全面分析来确定。同时，应考虑尽可能利用不可避免中断时间作为休息时间。

从事不同工种、不同工作的工人，疲劳程度有很大差别。为了合理确定休息时间，往往要对从事各种工作的工人进行观察、测定，以及进行生理和心理方面的测试，以便确定其疲劳程度。国内外往往按工作轻重和工作条件好坏，将各种工作划分为不同的级别。如我国某地区工时规范将体力劳动分为六类：最沉重、沉重、较重、中等、较轻、轻便。

划分出疲劳程度的等级，就可以合理规定休息需要的时间。在上面引用的规范中，按 6 个等级，其休息时间占工作日比重见表 3.2.3。

休息时间占工作日比重 **表 3.2.3**

疲劳程度	轻 便	较 轻	中 等	较 重	沉 重	最沉重
等 级	1	2	3	4	5	6
占工作日％	4.16	6.25	8.33	11.45	16.7	22.9

确定的基本工作时间、辅助工作时间、准备与结束工作时间、不可避免中断时间和休息时间之和，就是劳动定额的时间定额。根据时间定额可计算出产量定额，时间定额和产量定额互成

倒数。

(4) 确定人工单价

1) 人工单价的组成和确定方法

人工单价是指一个建筑安装工人一个工作日在预算中应计入的全部人工费用。它基本上反映了建筑安装工人的工资水平和一个工人在一个工作日中可以得到的报酬。按照现行规定其内容组成见表 3.2.4。

人工单价组成内容 **表 3.2.4**

<table>
<tr><td rowspan="3">工　资</td><td>岗位工资</td><td rowspan="2">工资性补贴</td><td>地区津贴</td></tr>
<tr><td>技能工资</td><td>物价补贴</td></tr>
<tr><td>年功工资</td><td>辅 助 工 资</td><td></td></tr>
<tr><td rowspan="4">工资性补贴</td><td>交通补贴</td><td rowspan="4">劳保福利费</td><td>劳动保护</td></tr>
<tr><td>流动施工津贴</td><td>书 报 费</td></tr>
<tr><td>房　　补</td><td>洗 理 费</td></tr>
<tr><td>工资附加</td><td>取 暖 费</td></tr>
</table>

人工单价组成内容，在各部门、各地区并不完全相同，或多或少。但是都执行岗位技能工资制度，以便更好地体现按劳取酬和适应市场经济的需要。根据“全民所有制大中型建筑安装企业岗位技能工资制试行方案”，工人岗位工资标准设 8 个岗次(见表 3.2.5)。技能工资分初级工、中级工、高级工、技师和高级技师五类工资标准 26 档(见表 3.2.6)。

全民所有制大中型建筑安装企业工人岗位工资参考标准

(六类地区) **表 3.2.5**

岗　次	1	2	3	4	5	6	7	8
标准一	119	102	86	71	58	48	39	32
标准二	125	107	90	75	62	51	42	34
标准三	131	113	96	80	66	55	45	36
标准四	144	124	105	88	72	59	48	38
适用岗位								

全民所有制大中型建筑安装企业技能工资参考标准

（六类地区）

表 3.2.6

档次	1	2	3	4	5	6	7	8	9	10	11	12	13	14	15	16	17	18	19	20	21	22	23	24	25	26	27	28	29	30	31	32	33
标准一	50	56	62	68	75	82	89	96	103	110	117	124	132	140	148	156	164	172	180	188	196	204	212	220	229	238	247	256	265	275	285	295	305
标准二	52	58	65	72	79	86	93	100	108	116	1247	132	140	148	156	164	172	180	189	198	207	216	225	234	243	252	261	270	280	2901	300	310	320
标准三	54	61	68	75	82	89	97	105	113	121	129	137	145	153	162	171	180	189	198	207	216	225	235	245	255	265	275	280	295	305	315	325	335
标准四	57	64	72	80	88	96	105	114	123	132	141	150	159	168	177	186	195	204	214	224	234	244	254	264	274	284	294	304	314	324	334	344	354
工人	初级技术工人						中级技术工人									高级技术工人																	
工人	非技术工人																	技师															
工人																					高级技师												
专业技术人员	初级专业技术人员																																
专业技术人员	中级专业技术人员																																
专业技术人员	高级专业技术人员																																
专业技术人员	教授级高级专业技术人员																																
管理人员	办事员																																
管理人员	科员																																
管理人员	中型企业正职																																
管理人员																					大型企业正职												

上述文件对建筑安装企业特殊工资(如流动施工津贴)、辅助工资也有原则的或具体的规定。

例如，石油建设工程 1995 年规定：六类地区人工日工资单价为 23.85 元，其中：

① 工资　　　　　　10.93 元

② 工资性津贴　　　5.88 元

③ 辅助工资　　　　2.88 元

④ 职工福利费　　　2.76 元

⑤ 劳动保护费　　　1.40 元

2)人工单价确定的依据和方法

人工单价确定的依据和方法，仍以石油建设工程为例(见表 3.2.7)。

3) 影响人工单价的因素

影响建筑安装工人人工单价的因素很多，归纳起来有以下方面：

① 社会平均工资水平。建筑安装工人人工单价必然和社会平均工资水平趋于相同。社会平均工资水平取决于经济发展水平。由于我国改革开放以来经济迅速增长，社会平均工资也有大幅度增长，从而影响人工单价的大幅提高。

② 生活消费指数。生活消费指数的提高会影响人工单价的提高，以减少生活水平的下降，或维持原来的生活水平。生活消费指数的变动决定于物价的变动，尤其决定于生活消费品物价的变动。

③ 人工单价的组成内容。例如住房消费、养老保险、医疗保险、失业保险费等列入人工单价，会使人工单价提高。

④ 劳动力市场供需变化。在劳动力市场如果需求大于供给，人工单价就会提高；供给大于需求，市场竞争激烈，人工单价就会下降。

⑤ 政府推行的社会保障和福利政策也会影响人工单价的变动。

人工工资单价测算表 **表 3.2.7**

序号	项目名称	计算式	工日单价（元/工日）	说明
	合计	10.93＋5.88＋2.88＋2.76＋1.4＝23.85	23.85	1. 有效施工天数的确定： 365 天－(78＋7＋41)天＝239 天 (1) 星期天：365÷7×1.5＝78 天。 (2) 法定节假日：7 天；(3)非工作日：41 天。 2. 岗位工资根据(93)中油劳字第 393 号文件规定测算为 72 元/(人·月)，考虑 10%待岗等因素取定为 64.8 元/(人·月)。 3. 技能工资 160(元/人)，月为石油企业 16 级正，(93)中油基第 511 号文件确定。 4. 年功工资根据(93)中油劳字第 291 号文件规定，平均工龄测算取定为 15 年。 5. 工资性津贴根据(93)中油基 511 号文规定物贴(8＋15)元/(人·月)，粮煤贴 2 元/(人·月)，交通费 5 元/(人·月)，建人字(93)348 号文规定流贴 3.5 元/工日，房贴根据(93)中油体改字第 397 号文件规定取定工资的 10%。
1.	工资	2.78＋6.86＋1.29＝10.93	10.93	
(1)	岗位工资	64.8÷23.33＝2.78		
(2)	技能工资	160÷23.33＝6.86		
(3)	年功工资	30÷23.33＝1.29		
2.	工资性津贴	(8＋15＋2＋5＋3.5×23.33＋10.93×23.33×10%)÷23.33＝137.16 137.16÷23.33＝5.88	5.88	
3.	辅助工资	(10.93＋5.88)×41÷239＝2.88	2.88	
4.	职工福利费	(10.96＋5.88)×23.33×12×14%÷239＝2.76	2.76	
5.	劳动保护费	(198＋10.3＋63＋62.64)÷239＝1.4	1.40	

续表

序号	项目名称	计　算　式	工日单价（元/工日）	说　明
(1)	劳保用品	198 元/(人·年)		6. 辅助工资根据(90)中油基 13 号文规定非作业工日为 41 天：开会学习 4 天，技术培训 5 天，调动工作 1 天，探亲假 7 天，气候影响 8 天，女工哺乳 1 天，病事假 3 天，婚丧、产假 2 天，国务院职工休假问题的通知，中发电(91)2 号文件精神规定全员职工休假平均取定 10 天。 7. 职工福利费按国家标准 14%计算。 8. 劳动保护费根据(93)中油基 511 号文件确定。 (1) 劳保用品 198 元/(人·年)，未变。 (2) 徒工服装费 62.4 元/(人·年)及物价上涨系数 1.65 根据(93)中油基 511 号文规定取定，徒工占生产工人的比例调整为 10%。 (3) 防暑降温费 0.4 元/(人·天)，每年按 90 天计算是根据(90)中油基 13 号文规定，1.75 为物价上涨系数。 (4) 保健津贴 0.29 元/(人·天)，按 30%的人员享受保健津贴是根据(90) 中油基 13 号文规定，2 为物价上涨系数。
(2)	徒工服装费	62.4 元/(人·年)×1.65×10%=10.3 元/(人·年)		
(3)	防暑降温费	0.4 元/(人·天)×90×1.75=63 元/(人·年)		
(4)	保健津贴	0.29 元/(人·天)×30×12×30%×2=62.64 元/(人·年)		

3.2.2 确定机械台班定额消耗量及台班单价的基本方法

(1) 确定正常的施工条件

拟定机械工作正常条件，主要是拟定工作地点的合理组织和合理的工人编制。

工作地点的合理组织，就是对施工地点机械和材料的放置位置、工人从事操作的场所，作出科学合理的平面布置和空间安排。它要求施工机械和操纵机械的工人在最小范围内移动，但又不阻碍机械运转和工人操作；应使机械的开关和操纵装置尽可能集中地装置在操纵工人的近旁，以节省工作时间和减轻劳动强度；应最大限度发挥机械的效能，减少工人的手工操作。

拟定合理的工人编制，就是根据施工机械的性能和设计能力，工人的专业分工和劳动工效，合理确定操纵机械的工人和直接参加机械化施工过程的工人的编制人数。

拟定合理的工人编制，应要求保持机械的正常生产率和工人正常的劳动工效。

(2) 确定机械一小时纯工作正常生产率

确定机构正常生产率时，必须首先确定出机械纯工作一小时的正常生产效率。

机械纯工作时间，就是指机械的必需消耗时间。机械一小时纯工作正常生产率，就是在正常施工组织条件下，具有必需的知识和技能的技术工人操纵机械一小时的生产率。

根据机械工作特点的不同，机械一小时纯工作正常生产率的确定方法，也有所不同。对于循环动作机械，确定机械纯工作一小时正常生产率的计算公式为：

$$\begin{matrix}\text{机械一次循环的}\\\text{正常延续时间阶段}\end{matrix}=\sum\left(\begin{matrix}\text{循环各组成部分}\\\text{正常延续时间}\end{matrix}\right)-\text{交叠时间} \tag{3.2.3}$$

$$\begin{matrix}\text{机械纯工作一}\\\text{小时循环次数}\end{matrix}=\frac{60\times 60(\text{s})}{\text{一次循环的正常延续时间}} \tag{3.2.4}$$

$$\begin{matrix}\text{机械纯工作一小}\\\text{时正常生产数}\end{matrix}=\begin{matrix}\text{机械纯工作一小}\\\text{时正常循环次数}\end{matrix}\times\begin{matrix}\text{一次循环生产}\\\text{的产品数量}\end{matrix} \tag{3.2.5}$$

从上述公式中可以看到，计算循环机械纯工作一小时正常生产率的步骤是：根据现场观察资料和机械说明书确定各循环组成部分的延续时间，将各循环组成部分的延续时间相加，减去各组成部分之间的交叠时间，求出循环过程的正常延续时间；计算机械纯工作一小时的正常循环次数；计算循环机械纯工作一小时的正常生产率。

对于连续动作机械，确定机械纯工作一小时正常生产率要根据机械的类型和结构特征，以及工作过程的特点来进行。其计算公式为：

$$\begin{matrix}\text{连续动作机械纯工作}\\\text{一小时正常生产率}\end{matrix}=\frac{\text{工作时间内生产的产品数量}}{\text{工作时间(h)}} \tag{3.2.6}$$

工作时间内的产品数量和工作时间的消耗，要通过多次现场观察和机械说明书来取得数据。

对于同一机械进行作业属于不同的工作过程，如挖掘机所挖土壤的类别不同，碎石机所破碎的石块硬度和粒径不同，均需分别确定其纯工作一小时的正常生产率。

(3) 确定施工机械的正常利用系数

确定施工机械的正常利用系数，是指机械在工作班内对工作时间的利用率。机械的利用系数和机械在工作班内的工作状况有着密切的关系。所以，要确定机械的正常利用系数，首先要拟定机械工作班的正常工作状况，保证合理利用工时。

确定机械正常利用系数，要计算工作班正常状况下准备与结束工作，机械启动、机械维护等工作所必须消耗的时间，以及机械有效工作的开始与结束时间。从而进一步计算出机械在工作班内的纯工作时间和机械正常利用系数。

(4) 计算施工机械台班定额

计算施工机械定额是编制机械定额工作的最后一步。在确定了机械工作正常条件、机械一小时纯工作正常生产率和机械正常利用系数之后，采用下列公式计算施工机械的产量定额：

$$\text{施工机械台班产量定额} = \text{机械一小时纯工作正常生产率} \times \text{工作班纯工作时间} \tag{3.2.7}$$

或

$$\text{施工机械台班产量定额} = \text{机械一小时纯工作正常生产率} \times \text{工作班延续时间} \times \text{机械正常利用系数} \tag{3.2.8}$$

$$\text{施工机械时间定额} = \frac{1}{\text{机械台班产量定额指标}} \tag{3.2.9}$$

(5) 机械台班单价组成和确定方法

1）机械台班单价及其组成内容

机械台班单价是指一台施工机械，在正常运转条件下一个工作班中所发生的全部费用。它共包括 7 项：

① 折旧费。系指施工机械在规定使用期限内，每一台班所摊的机械原值及支付贷款利息的费用。

② 大修理费。系指施工机械按规定的大修间隔台班进行必需的大修，以恢复其正常功能所需的全部费用。

③ 经常修理费。系指机械在寿命期内除大修理以外的各级保养(包括一、二、三级保养)以及临时故障排除和机械停置期间的维护等所需各项费用；为保障机械正常运转所需替换设备，随机工具器具的摊销费用及机械日常保养所需润滑擦拭材料费之和，分摊到台班费中，即为台班经常修理费。

④ 安、拆费及场外运输费

A. 安、拆费。指机械在施工现场进行安装、拆卸所需人工、材料、机械和试运转费用，包括机械辅助设施(如：基础、底座、固定锚桩、行走轨道、枕木等)的折旧、搭设、拆除等费用。

B. 场外运费，指机械整体或分体自停置地运至现场或一工地运至另一工地的运输、装卸、辅助材料以及架线等费用。

⑤ 燃料动力费。指机械在运转或施工作业中所耗用的固体燃料(煤炭、木材)、液体燃料(汽油、柴油)、电力、水和风力等费用。

⑥ 人工费。指司机或副司机、司炉工的基本工资和其他工资性津贴(年工作台班以外的机上人员基本工资和工资性津贴以增加系数的形式表示)。

⑦ 养路费及车船使用税。指机械按照国家有关规定应交纳的养路费和车船使用税，按各省、自治区、直辖市规定标准计算后列入定额。

2) 机械台班单价的确定依据

① 折旧费的计算依据:

A. 机械预算价。机械预算价格按机械出厂(或到岸完税)价格，及机械以交货地点或口岸运至使用单位机械管理部门的全部运杂费计算。

国产机械出厂价格(或销售价格)的收集途径:

a. 全国施工机械展销会上各厂家的订货合同价。

b. 全国有关机械生产厂家函询或面询的价格。

c. 组织有关大中型施工企业提供当前购入机械的账面实际价格。

d. 建设部价格信息网络中的本期价格。

根据上述资料列表对比分析，合理取定。对于少量无法取到实际价格的机械，可用同类机械或相近机械的价格采用内插法和比例法取定。

进口机械价格是依据外贸、海关等部门的现行规定及企业购置机械设备发票中外币值乘当期的外币汇率计算。关税及增值税、外贸部门手续费、银行财务费按现行规定的标准计算。

B. 残值率。是指机械报废时回收的残值占机械原值(机械预算价格)的比率。残值率按 1993 年有关文件规定的:“运输机械 2%、特大型机械 3%、中小型机械 4%、掘进机械 5%”执行。

C. 贷款利息系数。为补偿企业贷款购置机械设备所支付的

利息，从而合理反映资金的时间价值，以大于1的贷款利息系数，将贷款利息(单利)分摊在台班折旧费中。其计算公式为：

$$贷款利息系数 = 1+\frac{(n+1)}{2}i \tag{3.2.10}$$

式中 n——国家有关文件规定的此类机械折旧年限；

i——当年银行贷款利率。

D. 耐用总台班。指机械在正常施工作业条件下，从投入使用直到报废止，按规定应达到的使用总台班数。

机械耐用总台班即机械使用寿命，一般可分为机械技术使用寿命、经济使用寿命。

机械技术使用寿命。指机械在不实行总成更换的条件下，经过修理仍无法达到规定性能指标的使用期限。

机械经济使用寿命。指从最佳经济效益的角度出发，机械使用投入费用(包括燃料动力费、润滑擦拭材料费、保养、修理费用等)最低时的使用期限。超过经济使用寿命的机械，虽仍可使用，但由于机械技术性能不良，完好率下降，燃料、润滑料消耗增加，生产率降低，导致生产成本增高(一般说寿命期修理费超过原值的一半的机械就不该使用)。

《全国统一施工机械台班费用定额》中的耐用总台班是以经济使用寿命为基础，并依据国家有关固定资产折旧年限规定，结合施工机械工作对象和环境以及年能达到的工作台班确定。

机械耐用总台班的计算公式为：

$$\begin{aligned}耐用总台班 &= 折旧年限 \times 年工作台班\\ &= 大修间隔台班 \times 大修周期限\end{aligned} \tag{3.2.11}$$

年工作台班是根据有关部门对各类主要机械最近三年的统计资料分析确定。

大修间隔台班是指机械自投入使用起至第一次大修止或自上一次大修后投入使用起至下一次大修止，应达到的使用台班数。

大修周期是指机械正常的施工工作条件下，将其寿命期(即耐用总台班)按规定的大修理次数划分为若干个周期。其计算公式为：

$$\text{大修周期}=\text{寿命期大修理次数}+1 \tag{3.2.12}$$

② 大修理费计算依据：

每台班的大修理费是指机械设备按规定的大修间隔台班进行必要的大修理，以恢复机械的正常功能时每台班所摊的费用，它取决于一次大修理费用、大修理次数和耐用总台班的数量。

A. 各级保养(一次)费用。分别指机械在各个使用周期内为保证机械处于完好状况，必须按规定的各级保养间隔周期、保养范围和内容进行的一、二、三级保养或定期保养所消耗的工时、配件、辅料、油燃料等费用。

B. 寿命期各级保养次数。分别指一、二、三级保养或定期保养在寿命期内各个使用周期中保养次数之和。

C. 机械临时故障排除费用、机械停置期间维护保养费。指机械除规定的大修理及各级保养以外，临时故障所需费用以及机械在工作日以外的保养维护所需润滑擦拭材料费，可按各级保养(不包括例保辅料费)费用之和的3%计算。即：

$$\begin{matrix}\text{机械临时故障排除费及}\\\text{机械停置期间维护保养费}\end{matrix}=\sum\left(\begin{matrix}\text{各级保养}\\\text{一次的费用}\end{matrix}\times\begin{matrix}\text{寿命期各级}\\\text{保养总次数}\end{matrix}\right)\times 3\% \tag{3.2.13}$$

D. 替换设备及工具附具台班摊销费。指轮胎、电缆、蓄电池、运输皮带、钢丝绳、胶皮管、履带板等消耗性设备和按规定随机配备的全套工具附具的台班摊销费用。其计算公式为：

$$\begin{matrix}\text{替换设备及}\\\text{工具附具}\\\text{台班摊销费}\end{matrix}=\sum\left[\left(\begin{matrix}\text{各类替}\\\text{换设备}\\\text{数量}\end{matrix}\times\frac{\text{单价}}{\text{耐用台班}}\right)+\left(\begin{matrix}\text{各类随机}\\\text{工具附}\\\text{具数量}\end{matrix}\times\frac{\text{单价}}{\text{耐用台班}}\right)\right] \tag{3.2.14}$$

E. 例保辅料费。即机械日常保养所需润滑擦拭材料的费用。

③ 安、拆费及场外运费计算依据。台班安(拆)费及场外运费分别按不同机械型号、重量、外形体积以及不同的安(拆)和运输方式测算其一次安拆费和一次场外运输费，及年平均安拆、运

输次数，作为计算依据。

3）机械台班单价的计算

① 折旧费计算：

$$台班折旧费=\frac{机械预算价格\times(1-残值率)\times贷款利息系数}{耐用总台班} \tag{3.2.15}$$

② 大修理费计算：

$$台班大修理费=\frac{一次大修理费\times寿命期内大修理次数}{耐用总台班} \tag{3.2.16}$$

③ 经常修理费计算公式：

$$台班经修费=\frac{\sum\left(\frac{各级保养}{一次的费用}\times\frac{寿命期各级}{保养总次数}\right)+\frac{临时故障}{排除费}+\frac{替换设备}{台班摊销费}+\frac{工具附具台}{班摊销费}+\frac{例保}{辅料费}}{耐用总台班} \tag{3.2.17}$$

为简化计算，编制台班费用定额时也可采用下列公式计算：

$$台班经修费=台班大修费\times K \tag{3.2.18}$$

$$K=\frac{机械台班经常修理费}{机械台班大修理费} \tag{3.2.19}$$

④ 安拆费和场外运输费计算：

$$台班安拆费=\frac{机械一次安拆费\times年平均安拆次数}{年工作台班}+台班辅助设施费 \tag{3.2.20}$$

$$台班辅助设施费=\frac{(一次运输及装卸费+辅助材料一次摊销费+一次架线费)\times年运输次数}{年工作台班} \tag{3.2.21}$$

⑤ 燃料动力费计算：

$$台班燃料动力费=台班燃料动力消耗量\times相应单价 \tag{3.2.22}$$

⑥ 人工费计算：

$$台班人工费=定额机上人工工日\times日工资单价 \tag{3.2.23}$$

$$定额机上人工工日=机上定员工日\times(1+增加工日系数) \tag{3.2.24}$$

$$\begin{matrix}增加\\工日\\系数\end{matrix}=\left(年日历天数-\begin{matrix}规定\\节假、\\公休日\end{matrix}-\begin{matrix}辅助工\\资中年\\非工作日\end{matrix}-\begin{matrix}机械年\\工作台班\end{matrix}\right)\div\begin{matrix}机械年\\工作台班\end{matrix} \tag{3.2.25}$$

⑦ 养路费及车船使用税计算：

$$养路费及车船使用税=载重量(或核定自重吨位)\times\left[养路费标准\left(\frac{元}{吨\cdot月}\right)\times12+车船使用税标准\left(\frac{元}{吨\cdot月}\right)\right]\div年工作台班 \tag{3.2.26}$$

4）影响机械台班单价变动的因素

① 施工机械的价格。这是影响折旧费，从而也影响机械台班单价的重要因素。

② 机械使用年限。它不仅影响折旧费的提取，也影响到大修理费和经常修理费的开支。

③ 机械的使用效率和管理水平。

④ 政府征收税费的规定等。

3.2.3 确定材料定额消耗量及材料预算价格的基本方法

(1) 材料消耗性质

合理确定材料消耗定额，必须研究和区分材料在施工过程中消耗的性质。

施工中材料的消耗，可分为必须的材料消耗和损失的材料两类性质。

必须消耗的材料，是指在合理用料的条件下，生产合格产品所需消耗的材料。它包括直接用于建筑和安装工程的材料、不可避免的施工废料、不可避免的材料损耗。必须消耗的材料属于施工正常消耗，是确定材料消耗定额的基本数据，其中：直接用于建筑和安装工程的材料，为编制材料净用量定额；不可避免的施工废料和材料损耗，是编制材料损耗定额。

(2) 确定材料消耗量的基本方法

确定材料净用量定额和材料损耗定额的计算数据，是通过现场技术测定、实验室试验、现场统计和理论计算等方法获得的。

1) 现场技术测定法，主要是用于编制材料损耗定额，也可以提供编制材料净用量定额的参考数据。其优点是能通过现场观察、测定，取得产品产量和材料消耗的情况，为编制材料定额提供技术根据。

2) 实验室试验法，主要是用于编制材料净用量定额。通过试验，能够对材料的结构、化学成分和物理性能以及按强度等级控制的混凝土、砂浆配比作出科学的结论，给编制材料消耗定额提供有技术根据、比较精确的计算数据，用于施工生产时，须加以必要的调整方可作为定额数据。

3) 采用现场统计法，是通过对现场进料、用料的大量统计资料进行分析计算，获得材料消耗的数据。这种方法由于不能分清材料消耗的性质，因而不能作为确定材料净用量定额和材料损耗定额的依据。

上述 3 种方法的选择必须符合国家有关标准规范，即材料的产品标准，计量要使用标准容器和称量设备，质量符合施工验收规范要求，以保证获得可靠的定额编制依据。

4) 理论计算法，是运用一定的数学公式计算材料消耗定额。例如，砌砖工程中砖和砂浆净用量一般都采用以下公式计算：

计算每立方米 $1\frac{1}{2}$ 砖厚砖墙砖的净用量：

$$①\ 砖数=\frac{1}{(砖宽+灰缝)\times(砖厚+灰缝)}\times\frac{1}{砖长} \quad (3.2.27)$$

$$② 砖数=\left[\frac{1}{(砖长+灰缝)\times(砖厚+灰缝)}+\frac{1}{(砖长+灰缝)\times(砖厚+灰缝}\right]\times\frac{1}{砖长+砖宽+灰缝} \quad (3.2.28)$$

③ 砂浆用量的计算公式为：

$$砂浆(m^3)=(1m^3 砌体-砖数的体积)\times1.07 \quad (3.2.29)$$

其中 1.07 是砂浆实体积折合为虚体积的系数。

砖和砂浆的损耗量是根据现场观察资料计算的，并以损耗率表现出来。

净用量和损耗量相加，即等于材料的消耗总量。

(3) 材料预算价格的组成和确定方法

1）材料预算价格的概念及组成内容

材料的预算价格是指材料(包括构件、成品及半成品等)从其来源地(或交货地点)到达施工工地仓库后的出库价格。材料预算价格一般由材料供应价、包装费、运输费、运输损耗费、采购及保管费组成。

① 供应价。供应价也就是材料的进价。一般包括货价和供销部门经营费(加价)两部分。这是材料预算价格中最重要的构成因素。

② 包装费。包装费是为使材料在搬运、保管中不受损失或便于运输而对材料进行包装发生的净费用。但不包括已计入材料原价的包装费。

③ 运输费。指材料由采购地点运至工地仓库的全程运输费用。在一些量重价低的材料预算价格中，运杂费占的比重很大，有的甚至超过供应价。运输费用包括：车船运费、调车和驳船费、装卸费和附加工作费等项内容。

④ 运输损耗费。指材料在装卸和运输过程中所发生的合理损耗，各类材料的运输损耗率一般如表 3.2.8 所示。

各类材料的运输损耗率　　表 3.2.8

材料类别	损耗率(%)
机红砖、空心砖、砂、水泥、陶粒、耐火土、水泥地面砖、白瓷砖、卫生洁具、玻璃灯罩	1
机制瓦、脊瓦、水泥瓦	3
石棉瓦、石子、黄土、耐火砖、玻璃、色石子、大理石板、水磨石板、混凝土管、缸瓦管	0.5
砌块	1.5

⑤ 采购及保管费。指为组织材料的采购、供应和保管所发生的各项必要费用。采购及保管费一般按材料到库价格的比率取定，如某市费率为 2.4%，其中，采购费占 40%、仓储费占 20%、工地保管费占 20%、仓储损耗占 20%。

2）材料预算价格的确定方法

① 供应价的确定方法

A. 原价的确定。材料原价一般是材料的出厂价、进口材料抵岸价或市场批发价。对同一种材料，因产地、供应渠道不同出现几种原价时，其综合原价可按其供应量的比例加权平均计算。

B. 供销部门手续费的确定。是根据国家现行的物资供应体制，不能直接向生产单位采购订货，需经过当地物资部门(如材料公司、金属公司等)供应时发生的经营管理费用，其计算公式为：

供销部门手续费＝原价×供销部门手续费率　　(3.2.30)

或

供销部门手续费＝材料净重×供销部门单位重量手续费　　(3.2.31)

材料供应价＝原价＋供销部门手续费　　(3.2.32)

② 材料的包装费的确定。包装费用，包括水运和陆运的支撑、篷布、包装袋、包装箱、绑扎等费用。材料运到现场或使用后，要对包装品进行回收，回收价格冲减材料预算价格。

③ 材料运输费用的确定。材料运输费用包括调车和驳船费、装卸费、运输费及附加工作费，材料运输费应按照国家有关部门和地方政府交通运输部门的规定计算。同一品种的材料如有若干个来源地，其运输费用应根据每个来源地的运输里程、运输方法和运价标准，用加权平均的方法计算运输费。

④ 运输损耗费的确定。运输损耗可以计入运输费用，也可以单独列项计算，计算公式为：

$$运输损耗=材料原价\times相应材料损耗率 \tag{3.2.33}$$

⑤ 采购及保管费的确定。采购及保管费按规定费率计算，计算公式为：

$$采购及保管费=材料运到工地仓库价格\times采购及保管费率 \tag{3.2.34}$$

以上五项费用之和即是材料预算价格，计算公式为：

$$材料预算价格=(供应价+包装费+运输费+运输损耗费)\times\left(1+\begin{matrix}采购及\\保管费率\end{matrix}\right)-包装品回收值 \tag{3.2.35}$$

3）影响材料预算价格变动的因素

① 市场供需变化。材料原价是材料预算价格中最基本的组成。市场供大于求价格就会下降；反之，价格就会上升。从而也就会影响材料预算价格的涨落。

② 材料生产成本的变动直接涉及材料预算价格的波动。

③ 流通环节的多少和材料供应体制也会影响材料预算价格。

④ 运输距离和运输方法的改变会影响材料运输费用的增减，从而也会影响材料预算价格。

⑤ 国际市场行情会对进口材料价格产生影响。

3.2.4 预算定额

(1) 预算定额的用途

1）预算定额的概念。预算定额，是规定消耗在单位的工程基本构造要素上的劳动力、材料和机械的数量标准，是计算建筑安装产品价格的基础。

所谓工程基本构造要素，就是通常说的分项工程和结构构件。预算定额按工程基本构造要素规定劳动力、材料和机械的消耗数量，以满足编制施工图预算、确定和控制工程造价的要求。

预算定额是工程建设中一项重要的技术经济文件，它的各项指标，反映了在完成单位分项工程消耗的活劳动和物化劳动中的数量限度。这种限度最终决定着单项工程和单位工程成本和造价。

编制施工图预算时，需要按照施工图纸和工程量计算规则计算工程量，还需要借助于某些可靠的参数计算人工、材料和机械(台班)的消耗量，并在此基础上计算出资金的需要量及建筑安装工程的价格。

在我国，现行的工程建设概、预算制度，规定了通过编制概算和预算确定造价，概算定额、概算指标、预算定额等为计算人工、材料、机械(台班)的耗用量、提供统一的可靠的参数。同时，现行制度还赋予了概、预算定额和费用定额相应的权威性。这些定额和指标成为建设单位和施工企业间建立经济关系的重要基础。

预算定额和其他计价定额的适用范围见图 3.2.1。

2）预算定额的用途和作用。

① 预算定额是编制施工图预算，确定和控制建筑安装工程造价的基础。施工图预算是施工图设计文件之一，是控制和确定建筑安装工程造价的必要手段。编制施工图预算，除设计文件决定的建设工程功能、规模、尺寸和文字说明是诸分部分项工程量和结构构件数量的依据外，预算定额是确定一定计量单位工程分项人工、材料、机械消耗量的依据；也是计算分项工程单价的基础。所以，预算定额对建筑安装工程直接费影响很大。依据预算定额编制施工图预算，对确定建筑安装工程费用会起到很好的作用。

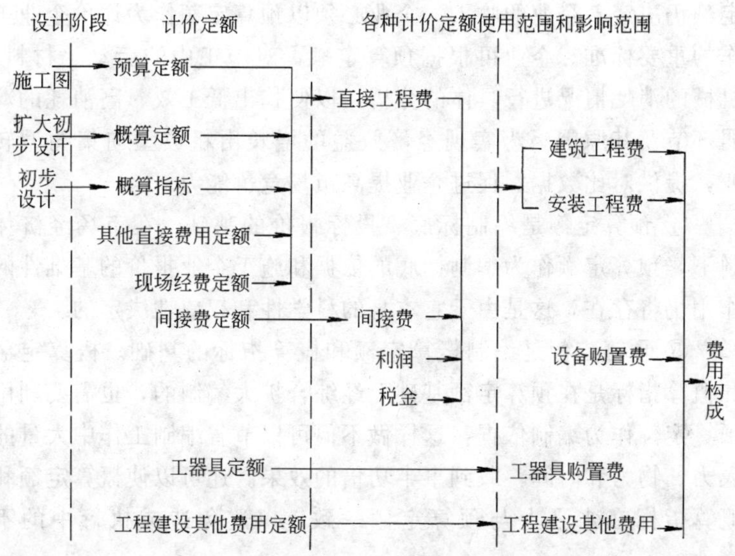

图 3.2.1　各种计价定额适用范围示意图

② 预算定额是对设计方案进行技术经济比较、技术经济分析的依据。设计方案在设计工作中居于中心地位。设计方案的选择要满足功能、符合设计规范。既要技术先进又要经济合理。根据预算定额对方案进行技术经济分析和比较，是选择经济合理设计方案的重要方法。对设计方案进行比较，主要是通过定额对不同方案所需人工、材料和机械台班消耗量、材料重量、材料资源等进行比较。这种比较可以判明不同方案对工程造价的影响，材料重量对荷载及基础工程量和材料运输量的影响，因而也就得知对工程造价的影响。

对于新结构、新材料的应用和推广，也需要借助于预算定额进行技术经济分析和比较，从技术与经济的结合上考虑普遍采用的可能性和效益。

③ 预算定额是施工企业进行经济活动分析的依据。实行经济核算的根本目的，是用经济的方法促使企业在保证质量和工期的条件下，用较少的劳动消耗取得较大的经济效果。目前，预算

定额仍决定着企业的收入，企业必须以预算定额作为评价企业工作的重要标准。企业可根据预算定额，对施工中的劳动、材料、机械的消耗情况进行具体的分析，以便找出低工效、高消耗的薄弱环节及其原因。为实现经济效益的增长由粗放型向集约型转变，提供对比数据，促进企业提高市场竞争能力。

④ 预算定额是编制标底、投标报价的基础。在市场经济体制下，预算定额作为编制标底的依据和施工企业报价的基础性的作用仍将存在，这是由于它本身的科学性和权威性决定的。

⑤ 预算定额是编制概算定额和概算指标的基础。概算定额和概算指标是在预算定额基础上经综合扩大编制的，也需要利用预算定额作为编制依据，这样做不但可以节省编制工作中大量的人力、物力和时间，收到事半功倍的效果。还可以使概算定额和概算指标在水平上与预算定额一致，以避免造成执行中的不一致。

(2) 预算定额的种类

1）按专业性质分，预算定额有建筑工程定额和安装工程定额两大类。

建筑工程预算定额按专业对象又分建筑工程预算定额、市政工程预算定额、铁路工程预算定额、公路工程预算定额、房屋修缮工程预算定额、矿山井巷预算定额等。

安装工程预算定额按专业对象又分为电气设备安装工程预算定额、机械设备安装工程预算定额、通信设备安装工程定额、化学工业设备安装工程预算定额、工业管道安装工程预算定额、工艺金属结构安装工程预算定额、热力设备安装工程预算定额等。

2）从管理权限和执行范围分，预算定额可分为全国统一定额、行业统一定额和地区统一定额等。

全国统一定额由国务院建设行政主管部门组织制定发布，行业统一定额由国务院行业主管部门制定发布，地区统一定额由省、自治区、直辖市建设行政主管部门制定发布。

3）预算定额按物资要素区分有劳动定额、机械定额和材料消耗定额，但它们相互依存形成一个整体，作为编制预算定额依据，各自不具有独立性。

(3) 预算定额的编制原则

为保证预算定额的质量，充分发挥预算定额的作用，使之在实际使用中简便、合理、有效，在编制工作中应遵循以下原则：

1）按社会平均水平确定预算定额的原则。预算定额是确定和控制建筑安装工程造价的主要依据。因此它必须按照价值规律的客观要求，即按生产过程中所消耗的社会必要劳动时间确定定额水平。即按照“在现有的社会正常的生产条件下，在社会平均的劳动熟练程度和劳动强度下制造某种使用价值所需要的劳动时间”来确定定额水平。所以预算定额的平均水平，是在正常的施工条件、合理的施工组织和工艺条件、平均劳动熟练程度和劳动强度下，完成单位分项工程基本构成要素所需的劳动时间。

预算定额的水平以施工定额水平为基础。二者有着密切的联系。但是，预算定额绝不是简单地套用施工定额的水平。首先，这里要考虑预算定额中包含了更多的可变因素，需要保留合理的幅度差。如人工幅度差、机械幅度差、材料的超运距、辅助用工及材料堆放、运输、操作损耗和由细到粗综合后的量差等。其次，预算定额是平均水平，施工定额是平均先进水平。两者相比，预算定额水平比施工定额水平要相对低一些。

2）简明适用原则。编制预算定额贯彻简明适用原则是对执行定额的可操作性便于掌握而言的。为此，编制预算定额时，对于那些主要的、常用的、价值量大的项目，分项工程划分宜细。次要的、不常用的、价值量相对较小的项目则可以粗一些。

要注意补充那些因采用新技术、新结构、新材料和先进经验而出现的新的定额项目。项目不全，缺漏项多，就使建筑安装工程价格缺少充足和可靠的依据。需现场测定补充的定额，一般因受资料限制，且费时费力。可靠性较差，容易引起争执。同时要注意合理确定预算定额的计量单位，简化工程量的计算，尽可能避免同一种材料用不同的计量单位，以及尽量少留“活口”以减少换算工作量。

3）坚持统一性和差别性相结合原则。所谓统一性，就是从培育全国统一市场规范计价行为出发，计价定额的制定规划和组织实施由国务院建设行政主管部门归口，并负责全国统一定额的制定或修订，颁发有关工程造价管理的规章、制度、办法等。这样就有利于通过定额和工程造价的管理实现建筑安装工程价格的宏观调控。通过编制全国统一定额，使建筑安装工程具有一个统一的计价依据，也使考核设计和施工的经济效果具有一个统一尺度。

所谓差别性，就是在统一性基础上，各部门和省、自治区、直辖市主管部门可以在自己的管辖范围内，根据本部门和地区的具体情况，制定部门和地区性定额、补充性制度和管理办法，以适应我国幅员辽阔、地区间和部门间发展不平衡和差异大的实际情况。

(4) 预算定额的编制步骤

预算定额的编制，大致可分为三个阶段。

第一阶段：准备工作阶段。这个阶段的主要任务是：

1）拟定编制方案。

① 编制目的和任务。

② 编制范围及编制内容。

③ 编制原则、编制水平要求、项目划分和表现形式。

④ 编制依据。

⑤ 编制定额的单位及人员。

⑥ 编制地点及经费来源。

⑦ 工作的规划及时间安排。

2）抽调人员，根据专业需要划分编制小组和综合组。一般可划分为：

土建定额组、设备定额组、混凝土及木构件组、混凝土及砌筑砂浆配合比测算组和综合组等。

3）普遍收集基础资料。在已确定的编制范围内，采取用表格化收集定额编制基础资料，以统计资料为主，注明所需要的资料内容、填表要求和时间范围。其优点是统一口径，便于资料整理，并具有广泛性。

4）专题座谈。邀请建设单位、设计单位、施工单位及管理单位有经验的专业人员开座谈会，请他们从不同角度就以往定额存在的问题谈各自意见和建议，以便在编制新定额时改进。

5）收集现行规定、规范和政策法规。

① 现行的定额及有关资料。

② 现行的建筑安装工程施工及验收规范。

③ 安全技术操作规程和现行有关劳动保护的政策法令。

④ 国家设计标准规范。

⑤ 编制定额必须依据的其他有关资料。

6）收集定额管理部门积累的资料。

① 日常定额解释资料。

② 补充定额资料。

③ 新结构、新工艺、新材料、新技术用于工程实践的资料。

7）专项查定及试验。主要指混凝土配合比和砌筑砂浆试验资料。除收集实验试配资料外，还应收集一定数量的现场实际配合比资料。

第二阶段：定额编制阶段。

1）确定编制细则。

① 统一编制表格及编制方法。

② 统一计算口径、计量单位和小数点位数的要求。

③ 统一名称、用字、专业用语、符号代码，文字简练明确。

2）确定定额的项目划分和工程量计算规则。

3）定额人工、材料、机械台班耗用量的计算、复核和测算。

第三阶段：定额审核报批阶段。

1）审核定稿。定额初稿的审核工作是定额编制过程中必要的程序，是保证定额编制质量的措施之一。审稿工作的人选应由经验丰富、责任心强、多年从事定额工作的专业技术人员承担。

审稿主要内容如下：

① 文字表达确切通顺，简明易懂。

② 定额的数字准确无误。

③ 章节、项目之间有无矛盾。

2）预算定额水平测算。在新定额编制成稿向上级机关报告前，必须与原定额进行对比测算，分析水平升降原因。

测算方法如下：

① 按工程类别比重测算。首先在定额执行范围内，选择有代表性的各类工程，分别以新旧定额对比测算并按测算的年限，以工程所占比例加权来考察定额的宏观影响。

② 单项工程比较测算法。利用典型工程分别用新旧定额对比来测算，以考察定额水平的升降及其升降原因。

3）征求意见。定额编制初稿完成后，需要征求各有关方面的意见，通过反馈意见分析研究。在统一意见基础上整理分类，制定修改方案。

4）修改整理报批。按修改方案将初稿按照定额的顺序进行修改后，整理一套完整、清楚，并经审核无误的报批稿，经批准后再交付印刷。

5）撰写编制说明。定额批准后，为顺利的贯彻执行，需要撰写出新定额的编制说明。其主要内容包括：

① 项目、子目数量。

② 人工、材料、机械的内容范围。

③ 资料的依据和综合取定情况。

④ 定额中允许换算和不允许换算的规定计算资料。

⑤ 人工、材料、机械单价的计算和资料。

⑥ 施工方法、工艺的选择及材料运距的考虑。

⑦ 各种材料损耗率的取定资料。

⑧ 调整系数的使用。

⑨ 其他应说明的事项与计算数据、资料。

6）立档、成卷。

① 定额编制资料是执行定额时可能要查对的资料的唯一依据，也是修编定额时需提供的历史资料(数据)。作为技术档案，这些数据、资料都应予永久保存。

② 立档成卷目录：

A. 编制文件资料档；

B. 编制依据资料档；

C. 编制计算资料档；

D. 编制方案资料档；

E. 编制一、二稿原始资料档；

F. 讨论意见资料档；

G. 修改方案资料档(包括定额全套的印刷底稿)；

H. 新定额水平测算资料档；

I. 工作总结和汇报材料档；

J. 简报资料；

K. 工作会议记录及会议有关资料。

(5) 预算定额的编制方法

在定额基础资料完整可靠的条件下，编制人员应反复阅读和熟悉并掌握各项资料，在此基础上计算各个分部分项工程的人工、机械和材料的消耗量。其内容包括以下几个部分：

1）确定预算定额的计量单位。预算定额和施工定额计量单位往往不同。施工定额的计量单位一般按工序或工作过程确定；而预算定额的计量单位，主要是根据分部分项工程的形体、结构构件特征及其变化确定。预算定额的计量单位具有综合的性质，所选择的计量单位要根据工程量计算规则规定并确切反映定额项目所包含的工作内容。

预算定额的计量单位按公制或自然计量单位确定。一般说来，结构的三个度量都经常发生变化时，选用(m^3)作为计量单位，如砖石工程和混凝土工程。如果结构的三个度量中有两个度量经常发生变化，选用(m^2)为计量单位，如地面、屋面工程等。当物体截面形状基本固定或无规律性变化，采用(m)、(km)作为计量单位，如管道、线路安装工程等。如果工程量主要取决于设备或材料的重量时，还可以按(t)、(kg)作为计量单位。

预算定额中各项人工、机械和材料的计量单位选择，相对比较固定。人工和机械按“工日”、“台班”计量(国外多按“小时”、“台时”计量)。各种材料的计量单位应与产品计量单位一致。

预算定额中小数的位数的取定，主要决定于定额的计量单位和精确度的要求。

2）按典型设计图纸和资料计算工程数量。计算工程量的目的，是为了通过分别计算典型设计图纸所包括的施工过程的工程量，以便在编制预算定额时，有可能利用施工定额或劳动定额的劳动、机械和材料消耗指标确定预算定额所含工序的消耗量。

3）人工工日消耗量的计算方法。人工的工日数可以有两种方法选择。一种是以施工定额的劳动定额为基础确定；一种是采用计时观察法测定。

① 以劳动定额为基础计算人工工日数的方法。

基本工。指完成单位合格产品所必须消耗的技术工种用工。按技术工种相应劳动定额工时定额计算，以不同工种列出定额工日。

其他工。包括辅助工、超运距用工、人工幅度差。

辅助工。指技术工种劳动定额内不包括而在预算定额内又必须考虑的工时。如机械土方工程配合用工，电焊着火用工等。

超运距用工。指预算定额的平均水平运距超过劳动定额规定水平运距部分。

超运距＝预算定额取定运距－劳动定额已包括的运距

(3.2.36)

人工幅度差。指在劳动定额作业时间之外在预算定额应考虑的在正常施工条件下所发生的各种工时损失。其内容如下：

A. 各工种间的工序搭接及交叉作业互相配合所发生的停歇用工；

B. 施工机械在单位工程之间转移及临时水电线路移动所造成的停工；

C. 质量检查和隐蔽工程验收工作的影响；

D. 班组操作地点转移用工；

E. 工序交接时对前一工序不可避免的修整用工；

F. 施工中不可避免的其他零星用工。

人工幅度差计算公式如下：

人工幅度差＝(基本用工＋辅助用工＋超运距用工)
×人工幅度差系数

(3.2.37)

② 以现场测定资料为基础计算人工工日数的方法。遇劳动定额缺项需要进行测定的项目，可采用现场工作日写实等测时方法测定和计算定额的人工耗用量。

4) 材料消耗指标的计算方法。完成单位合格产品所必须消耗的材料数，按用途划分为以下4种：

① 主要材料。指直接构成工程实体的材料，其中也包括成品、半成品的材料。

② 辅助材料。也是构成工程实体除主要材料外的其他材料，如垫木、钉子、铅丝等。

③ 周转性材料。指脚手架、模板等多次周转使用、不构成工程实体的摊销性材料。

④ 其他材料。指用量较少，难以计量的零星用料，如：棉纱、编号用的油漆等。

材料消耗量计算方法主要有：

① 凡有标准规格的材料，按规范要求计算定额计量单位耗用量，如砖、防水卷材、块料面层等。

② 凡设计图纸标注尺寸及下料要求的，按设计图纸尺寸计算材料净用量，如门窗制作用材料、板料等。

③ 换算法。各种胶结、涂料等材料的配合比用料，可以根据要求条件换算，得出材料用量。

④ 测定法，包括试验室试验法和现场观察法。指各种强度等级的混凝土及砌筑砂浆配合比耗用原材料数量的计算，须按规范要求试配，经试压合格并经必要的调整后得出的水泥、砂、石子、水的用量；对新材料、新结构又不能用其他方法计算定额耗用量时，须用现场测定方法来确定；根据不同条件可以采用写实记录法和观察法，得出定额的消耗量。材料损耗量，指在正常施工条件下不可避免的材料损耗，如现场内材料运输损耗及施工操作过程中的损耗等。损耗率的关系式如下

$$材料损耗率=\frac{损耗量}{净用量}\times 100\% \tag{3.2.38}$$

$$材料损耗量=材料净用量\times损耗率 \tag{3.2.39}$$

$$材料消耗量=材料净用量+损耗量$$

或

$$材料消耗量=材料净用量\times(1+损耗率) \tag{3.2.40}$$

其他材料的确定。一般按工艺测算并在定额项目材料计算表内列出名称、数量，并依编制价格以占主要材料的比率计算，列在定额材料栏之下，定额内可不列材料名称及消耗量。

5）机械台班消耗指标的确定方法。

① 根据施工定额确定机械台班消耗量的计算。这种方法是指以施工定额或劳动定额中机械台班产量加机械幅度差，来计算预算定额的机械台班消耗量。其计算式为：

$$\begin{matrix}预算定额\\机械耗用台班\end{matrix}=\begin{matrix}施工定额\\机械耗用台班\end{matrix}\times\left[1+\begin{matrix}机械幅度\\差率\end{matrix}\right] \tag{3.2.41}$$

② 以现场测定资料为基础确定机械台班消耗量。如遇施工

定额(劳动定额)缺项，则需依单位时间完成的产量测定。

(6) 预算定额(册)组成内容

不同时期、不同专业和不同地区的预算定额(册)，在内容上虽不完全相同，但其基本内容变化不大，主要包括：

1) 总说明；

2) 分章(分部工程)说明；

3) 分项工程表头说明；

4) 定额项目表；

5) 分章附录和总附录。

有些预算定额(册)为方便使用，把工程量计算规则编入。但工程量计算规则并不是预算定额(册)必备的内容。

3.2.5 概算定额

(1) 概算定额的内容和形式

按专业特点和地区特点编制的概算定额(册)，内容基本是由文字说明、定额项目表格和附录三个部分组成。

概算定额的文字说明中有总说明、分章说明，有的还有分册说明。在总说明中，要说明编制的目的和依据所包括的内容和用途，使用的范围和应遵守的规定，建筑面积的计算规则，分章说明，规定了分部分项工程的工程量计算规则等。下面以建筑工程概算定额为例说明。

预制钢筋混凝土矩形梁的概算定额项目综合了预制钢筋混凝土矩形梁制作、钢筋调整、安装、接头、梁粉刷等主要工作内容和相关工作内容，以及人工、材料用量(见表 3.2.9)。

(2) 概算定额应用规则

1) 符合概算定额规定的应用范围。

2) 工程内容、计量单位及综合程度应与概算定额一致。

3) 必要的调整和换算应严格按定额的文字说明和附录进行。

4) 避免重复计算和漏项。

5) 参考预算定额的应用规则。

预制钢筋混凝土矩形梁概算定额表

表 3.2.9

单位：$10m^3$

概算定额编号		5-46	5-47	5-48	5-49	5-50	5-51
项目		预制钢筋混凝土矩形梁					
		单梁		连系梁		框架梁	
		刷白	粉白灰	刷白	粉白灰	刷白	粉白灰
基价（元）		2432	2571	2579	2718	2901	3040
其中	人工费（元）	177	215	185	223	226	264
	材料费（元）	2119	2214	2159	2255	2442	2537
	机械费（元）	136	142	235	240	233	239

定额编号	综合项目	单位	单价（元）	数量	合价（元）	数量	合价（元）	数量	合价（元）	数量	合价（元）	数量	合价（元）	数量	合价（元）
5-102	预制钢筋混凝土矩形梁（$0.5m^3$）	$10m^3$	2170.38	0.504	1093.87	0.504	1093.87	0.504	1093.87	0.504	1093.87	0.504	1093.87	0.504	1093.87
5-103	预制钢筋混凝土矩形梁（$0.5m^3$）	$10m^3$	2128.77	0.504	1072.90	0.504	1072.90	0.504	1072.90	0.504	1072.90	0.504	1072.90	0.504	1072.90
	钢筋增量	t	770.05	0.231	177.88	0.231	177.88	0.231	177.88	0.231	177.88	0.231	177.88	0.231	177.88
6-85	单梁安装	$10m^3$	55.32	1.005	55.30	1.005	55.60								

续表

定额编号	综合项目	单位	单价（元）	数量	合价（元）	数量	合价（元）	数量	合价（元）	数量	合价（元）	数量	合价（元）	数量	合价（元）
6-65	连系梁安装	10m³					1.005	202.65	1.005	202.65					
6-79	柜架梁安装	10m³									1.005	387.18	1.005	384.18	
5-83	框架梁接头	10m³									1.000	140.11	1.000	140.11	
11-392	梁面刷大白浆	100m²	27.23	1.040	28.32			1.040	28.32			1.040	28.32		
11-24	梁面粉白灰	100m²	149.61			1.040	155.59			1.040	155.59			1.040	155.59
11-389	抹灰面刷大白浆	100m²	11.24			1.040	11.69			1.040	11.69			1.040	11.69
	养路费增加费	元			3.15		3.15		3.15		3.15		3.29		3.29
人工及主要材料															
	合计工	工日	—	70.91		86.75		74.02		90.01		90.95		106.94	
	钢筋	t	—	1.823		1.823		1.823		1.823		1.846		1.846	
	摊销原条	m³	—	0.208		0.208		0.209		0.209		0.430		0.430	
	水泥	t	—	3.062		3.519		3.062		3.519		3.224		3.681	
	砂	m³	—	7.83		9.79		7.53		9.79		7.82		10.08	
	砾石	m³	—	8.34		8.34		8.34		8.34		8.71		8.71	
	石灰	t	—			0.493				0.493				0.490	
	铁件	kg	—	18		18		35		35		60		60	
	钢模	t	—	0.042		0.042		0.042		0.042		0.042		0.042	

3.2.6 分部分项工程单价的编制

(1) 分部分项工程单价的用途

1）分部分项工程单价的含义

分部分项工程单价，一般是指单位假定建筑安装产品的不完全价格，通常是指建筑安装工程的预算单价和概算单价。

工程单价是在采用单位估价法编制工程预算时形成的特有概念，也是计算程序中的一个重要环节。我国建设工程概预算制度中长期采用单位估价法编制概预算，因为在价格比较稳定，或价格指数比较完整、准确的情况下，有可能编制出地区的统一工程单价，以简化概预算编制工作。但是，作为定建筑安装产品的价格，并不是具有独立使用价值的建筑物或构筑物的价格，也不是定建筑安装产品的完全价格。在我国，长期以来，它只是按预算定额、概算定额、人工工资、材料预算、机械台班费用计算的直接费。在确立社会主义市场经济体制之后，为了适应改革开放发展的需要，以及与国际接轨，在一些部门和地区出现了定建筑安装产品的综合单价，也可称为全费用单价。这种单价与传统的工程单价有所不同。它不仅含有人工、材料、机械台班三项直接费，而且包括其他直接费、现场经费和间接费等工程的全部费用。这也是全费用单价名称的由来。但由于这种单价尚未制度化，综合程度并不一致，所包括的费用项目或多或少。尽管如此，这种分部分项工程单价仍然是建筑安装产品的不完全价格。

2）分部分项工程单价的种类

① 按工程单价的适用对象划分：

A. 建筑工程单价；

B. 安装工程单价。

② 按用途划分：

A. 预算单价，如单位估价表、单位估价汇总表和安装价目表中所计算的工程单价。在预算定额和概算定额中列出的“预算价值”或“基价”，都应视作该定额编制时的工程单价。如前所

述，在基础定额中没有列出预算单价的内容。

B. 概算单价。如在单位价值计算表中所计算的工程单价。

③ 按适用范围划分：

A. 地区单价。根据地区性定额和价格等资料编制，在地区范围内使用的工程单价属地区单价。如地区单位估价表和汇总表所计算和列出的预算单价。

B. 个别单价。这是为了适应个别工程编制概算或预算的需要而计算出工程单价。

④ 按编制依据划分：

A. 定额单价；

B. 补充单价。

⑤ 按单价的综合程度划分：

A. 基本直接费单价。如预算定额中的“基价”。只包括人工费、材料费和机械台班使用费。

B. 全费用单价。除基本直接费外，还包括现场经费、其他直接费和间接费等全部成本费用。

C. 完全单价。即在单价中既包括全部成本，也含利润和税金。

3）工程单价的用途

① 确定和控制工程造价。工程单价是确定和控制概算造价的基本依据。由于它的编制依据和编制方法规范，在确定和控制工程造价方面有不可忽视的作用。

② 利用编制统一性地区工程单价，简化编制预算和概算的工作量和缩短工作周期。同时也为投标报价提供依据。

③ 利用工程单价可以对结构方案进行经济比较，优选设计方案。

④ 利用工程单价进行工程款的期中结算。

(2) 分部分项工程单价的编制方法

1）工程单价的编制依据

① 预算定额和概算定额。编制预算单价或概算单价，主要

依据之一是预算定额或概算定额。首先，工程单价的分项是根据定额的分项划分的，所以工程单价的编号、名称、计量单位的确定均以相应的定额为依据。其次，分部分项工程的人工、材料和机械台班消耗的种类和数量，也是以相应定额为依据。

② 人工单价、材料预算价格和机械台班单价。工程单价除了要依据概、预算定额确定分部分项工程的工、料、机的消耗数量外，还必需依据上述三项“价”的因素，才能计算出分部分项工程的人工费、材料费和机械费，进而计算出工程单价。

③ 措施费、规费、企业管理费的取费标准。这是计算综合单价的必要依据。

2）工程单价的确定方法

工程单价的确定方法，简单说就是工、料、机的消耗量和工、料、机单价的结合过程。计算公式：

① 分部分项工程基本直接费单价(基价)：

$$\begin{matrix}\text{分部分项工程基本}\\\text{直接费单价(基价)}\end{matrix}=\begin{matrix}\text{单位分部分项}\\\text{工程人工费}\end{matrix}+\text{材料费}+\text{机械使用费} \tag{3.2.42}$$

其中

$$\text{人工费}=\text{人工工日数}\times\text{人工单价} \tag{3.2.43}$$

$$\text{材料费}=\sum(\text{材料耗用量}\times\text{材料预算价格}) \tag{3.2.44}$$

$$\text{机械使用费}=\sum(\text{机械台班用量}\times\text{机械台班单价}) \tag{3.2.45}$$

② 分部分项工程全费用单价：

分部分项工程全费用单价＝单位分部分项工程直接工程费＋措施费＋规费＋企业管理费 (3.2.46)

其中，措施费、规费、企业管理费，一般按规定的费率及其计算基础计算，或按综合出的费用率计算。

3）工程单价的计算表格及内容

① 单位估价表和单位估价汇总表。单位估价表和单位估价汇总表是计算和反映分部分项建筑工程预算单价的表格，其内容

和表格见表 3.2.10、表 3.2.11。

单位估价表

计量单位：10m³ **表 3.2.10**

序号	项目	单位	单价	数量	合计
1	综合人工	工日	×××	12.45	××××
2	水泥混合砂浆 M5	m³	×××	1.39	××××
3	普通黏土砖	千块	×××	4.34	××××
4	水	m³	×××	0.87	××××
5	灰浆搅拌机 200L	台班	×××	0.23	××××
	合计				×××××

单位估价汇总表

单位：元 **表 3.2.11**

定额编号	工程名称	计算单位	单位价值	其中			附注
				工资	材料费	机械费	
4-23	空斗墙一眠一斗	10m³	××××				
4-24	空斗墙一眠二斗	10m³	××××				
4-25	空斗墙一眠三斗	10m³	××××				

注：表格内容摘自《全国统一建筑工程基础定额》土建上册

② 安装价目表。安装价目表是计算和反映设备安装工程单价的表格，其内容和表格见表 3.2.12。

安装价目表(变配电装置) **表 3.2.12**

序号	定额编号	项目	单位	单位价值				备注
				总计	其中			
					人工	材料	机械	
1. 变压器安装△								
1	1	0.5t 以下	台	8.66	4.30	3.83	0.53	
2	2	1t 以下	台	16.18	7.52	8.13	0.53	

③ 单位价值计算书。单位价值计算书是计算概算单价的表

格，也可用来计算综合单价。单位价值计算书见表 3.2.13。

单位价值计算书 **表 3.2.13**

工程名称(标明工程名称及特征)根据____年概算定额(指标)编制

概算定额(指标)编号 单位：元

顺序号	项　　目	单　位	数　量	单　价	合　计
1	2	3	4	5	6
	人　　工 材　　料 施工机械 合　　计 其他直接费 现场经费 直接费合计 间 接 费 总　　计				

(3) 地区工程单价(基价)的编制

1）编制地区工程单价的意义

地区预算的工程单价是以统一地区单位估价表形式出现的。在 1995 年《全国统一建筑工程基础定额》发布以前，各类预算定额中列有“预算价值”或“基价”。在现行的大量预算定额中也还存在着这一内容。这就是量价合一。在新发布的基础定额中，这部分内容不再列人，从而完成了量价分离，以适应采用实物法编制预算的要求。

在现行的概算定额中也同样列有“概算价值”，它的内涵和预算定额的情况一样，这就形成 了地区概算单价。

编制地区单价的意义，主要是简化工程造价的计算，同时也有利于工程造价的正确计算和控制。因为一个建设工程，所包括的分部、分项工程多达数千项，为确定预算单价所编制的单位估价表就要数千张。要套用不同的定额和预算价格，要经过多次运算。不仅需要大量的人力、物力，也不能保证预算编制的及时和准确。所以，编制地区单价不仅十分必要，而且也很有意义。

2）地区单价的编制方法

简化工程单价主要途径是变个别单价为地区单价。这就是预先按预算定额的次序，将所有分部、分项工程单价都计算出来，在一定范围内供所有工程使用。

编制地区单价的方法主要是加权平均法。要使编制出的工程单价能适应该地区的所有工程，就必须全面考虑各个影响工程单价的因素对所有工程的影响。一般说来，在一个地区范围内影响工程单价的因素有些是统一的也比较稳定，如预算定额、概算定额、工资单价、台班单价等。不统一、不稳定的因素主要是材料预算价格。因为同一种材料由于原价不同、交货地点不同、运输方式和运输地点不同，以及工程所在地点和区属不同，所形成的材料预算价格也不同。所以要编地区单价，就要综合考虑上述因素，采用加权平均法计算出地区统一材料预算价格。

材料预算价格的组成因素，按有关部门规定，供销部门手续费、包装费、采购及保管费的费率，在地区范围内是相同的。材料原价一般也是基本相同的。因此，编制地区性统一材料预算价格的主要问题，是材料运输费。

就一个地区看，每种材料运输费都可以分为两部分。一部分是自发货地点至当地一个中心点运输费；另一部分是自这一中心点至各用料地点的运输费。与此相适应，材料运输费也可以分为长途(外地)运输费和短途(当地)运输费。对于这两部分运输费，要分别采用加权平均法计算出平均运输费。

计算长途运输的平均运输费，主要应考虑：由于供应者不同而引起的同一材料的运距和运输方式不同；每个供应者供应的材料数量为同。采用加权平均法计算其平均运输费公式如下：

$$T_A = \frac{Q_1 T_1 + Q_2 T_2 + \cdots\cdots + Q_n T_n}{Q_1 + Q_2 + \cdots\cdots + Q_n} = R_1 T_1 + R_2 T_2 + \cdots\cdots R_n T_n \quad (3.2.47)$$

式中　T_A——平均长途运输费；

Q_1、Q_2、……、Q_n——自各不同交货地点启运的同一材料数量；

T_1、T_2、……、T_n——自各交货地点至当地中心点的同一材料运输费；

R_1、R_2、……、R_n——自各交货地点启运的材料占该种材料总量的比重。

计算当地运输的平均运输费，主要应考虑从中心仓库到各用料地点的运距不同对运输费的影响和用料数量。计算方法和长途运输基本相同，计算公式如下：

$$T_B = M_1T_1 + M_2T_2 + \cdots\cdots + M_nT_n \quad (3.2.48)$$

式中 T_B——平均当地运输费；

M_1，M_2，……，M_n——各用料地点对某种材料需要量占该种材料总量比重；

T_1，T_2，……，T_n——自当地中心仓库至各用料地点的运输费。

$$材料平均运输费 = T_A + T_B \quad (3.2.49)$$

如果原价不同，也可以采用加权平均法计算。

把经过计算的各项因素相加，就是地区材料预算价格。

地区单价是建立在定额和统一地区材料预算价格的基础上。当这个基础发生变化，地区单价也就相应地变化。在一定时期内地区单价应具有相对稳定性。不断研究和改善地区单价和地区材料预算价格的编制和管理工作，并使之具有相对稳定的基础，是加强概、预算管理，提高基本建设管理水平和投资效果的客观要求。

3.3 建筑安装工程费用定额

3.3.1 建筑安装工程费用定额组成

建筑安装工程费用定额一般以某个或多个自变量为计算基础，

反映专项费用(应变量)社会必要劳动量的百分率或标准。它包括措施费定额和间接费定额。

(1) 措施费定额

措施费定额是指预算定额分项内容以外，与建筑安装施工生产直接有关的各项费用开支标准。其措施费具有较大的弹性，对于某一个具体工程来说，可能发生，也可能不发生，需要根据具体的情况加以确定。通常以直接费或人工费的一定比例即费率的形式计取。措施费的一般计算方法见本书 2.2.3 中“2)”所述。特殊工程措施费的计算方法按国务院有关专业部门和各地区工程造价管理机构制定的计算法执行。

(2) 间接费定额

间接费定额与建筑安装生产的个别产品无关，而为企业生产全部所必需、为维持企业经营管理活动所必需的各项费用开支的标准。间接费定额由规费和企业管理费定额组成，每部分又包含若干项具体的费用项目。

3.3.2 建筑安装工程费用定额的编制原则

建筑安装工程费用定额是工程造价的重要计价依据，它的合理和准确与否，直接关系到工程造价确定的精确。为了提高建筑安装工程费用定额的编制，应贯彻下述原则：

(1) 确定定额水平的原则

建筑安装工程费用定额的水平应按照社会必要劳动量确定。建筑安装工程费用定额的编制工作是一项政策性很强的技术经济工作。合理地确定定额水平，关系到定额能否在生产组织管理中发挥作用。合理的定额水平，应该从实际出发，在确定建筑安装工程费用定额时，一方面要及时准确地反映企业技术和施工管理水平，促进企业管理水平不断完善提高，使它对建筑安装工程费用支出的减少产生积极的影响；另一方面也应考虑由于材料预算价格上涨，定额人工费的变化会使建筑安装工程费用定额中有关费用支出发生变化的因素。各项费用开支标准应符合国务院、财政部、劳动人事部，以及省、自治区、直辖市人民政府的有关规定。

(2) 简明、适用性原则

确定建筑安装工程费用定额，应在尽可能地反映实际消耗水平的前提下，做到形式简明，方便适用。要结合工程建设的技术经济特点，在认真分析各项费用属性的基础上，理顺费用定额的项目划分，有关部门可以按照统一的费用项目划分，制订相应的费率，费率的划分应以不同类型的工程和不同企业等级承担工程的范围相适应，按工程类型划分费率，实行同一工程，同一费率。运用定额计取各项费用的方法应力求简单易行。

(3) 要贯彻灵活性和准确性相结合的原则

工程造价的确定既不能“高估冒进”，也不能“低估压价”。这就要求在建筑安装工程费用定额的编制过程中，一定要充分考虑可能对工程造价造成影响的各种因素。在编制其他直接费定额时，要充分考虑现场的施工条件对某个具体工程的影响，要对各种因素进行定性、定量的分析研究后制定出合理的费用标准。在编制间接费定额和现场经费定额时，要贯彻勤俭节约的原则，在满足施工生产和经营管理需要的基础上，尽量压缩非生产人员的人数，以节约企业管理费中的有关费用支出。

3.3.3 建筑安装工程其他直接费定额

按国家现行规定应列入建筑安装工程造价内的措施费的项目主要有：

1）环境保护费；

2）文明施工费；

3）安全施工费；

4）临时设施费；

5）夜间施工费；

6）二次搬运费；

7）大型机械设备进出场及安拆费；

8）混凝土、钢筋混凝土模板及支架费；

9）脚手架费；

10）已完工工程及设备保护费；

11）施工排水、降水费。

由于建筑安装施工生产的特点所决定的，这些费用不能以消耗量的形式列入预算定额分项之内，而是以费率作为定额的表现形式。

措施费和施工现场的施工条件有关，也和施工的工作量直接有关。当施工条件发生变化时，它可能发生也可能不发生，对于某一个具体工程来说，具体情况会有不同。

措施费定额的内容和编制方法如下：

(1) 环境保护费

环境保护费是指施工现场为达到环保部门要求所需要的各项费用。环境保护费一般按费率形式计取。其计算方法见本书 2.2.3 所述。

(2) 文明施工费

文明施工费是指施工现场文明施工所需的各项费用。其内容主要包括现场围档的设置，封闭管理及各项规章制度，施工场地的硬化，材料、构件、料具的分类堆放及各种标牌的制作，现场住宿的改善及施工场地的防火等。文明施工费按费率形式计取。其计算方法见本书 2.2.3 所述。

(3) 安全施工费

安全施工费是施工现场为满足安全施工所需要的各种费用。其内包括安全管理，脚手架的搭设与拆御、基坑支护与模板工程、“三宝四口”的防护、施工用电、物料提升机与外用电梯、塔吊、起重吊装及施工机具等有关安全制度、措施、设施及人员教育、防护林。安全施工费按费率形式计取。其计算方法见本书 2.2.3 所述。

(4) 临时设施费

临时设施费是指施工企业为进行建筑工程施工必须搭设的生

活和生产用的临时建筑物、构筑物和其他临时设施费用等。其内容包括临时宿舍、文化福利及公用事业房屋与构筑物。仓库、办公室、加工厂及规定范围内的道路、水电、管线等临时设施和小型临时设施和小型临时设施。费用包括：临时设施的搭设、维修、拆除或摊销费。临时设施费受到建设规模大小、工期长短、施工地域和原有房屋设施的影响很大。其取费以费率形式包干使用。具体计算方法见本书 2.2.3 所述。

(5) 夜间施工费

夜间施工费是指因夜间施工所发生的各项费用。费用包括：夜班补助费，夜间施工降效费，照明设施的安装、拆除和摊销费，照明用电等费用。其计算方法见本书2.2.3 所述。

(6) 二次搬运费

二次搬运费是指因施工场地狭小等特殊原因或有障碍物，车辆无法通过，建筑材料无法一次运输到位，而必须经过二次搬运所增加的费用。此项费用的开支与施工组织及管理有密切的关系，一般以费率形式包干使用，即以直接工程费为基数，乘以二次搬运费率。计算方法见本书2.2.3。

(7) 大型机械设备进出场及安拆费

该费是指机械整体或分体自停放场地运至施工现场或由施工地点至另一个施工地点，所发生的机械进出场运输转移费用及机械施工现场进行安装、拆御所需的人工费、材料费、机械费、试运转费和安装所需的辅助设施的费用。其计算方法见本书 2.2.3 所述。

(8) 混凝土、钢筋混凝土模板及支架费

该费是指混凝土施工过程中需要的各种钢模板、木模板、支架等的支、拆、运输费用及模板、支架的摊销(或租赁)费用。随着建筑业的发展，混凝土及钢筋混凝土所占工程的比例将会越来越高，模板及支架费用也将长期保持在一定水平上，由于模板及支架均具有重复使用的特点，因此在计算该项费用时，主要考虑了其摊销量和租赁的费用。其计算方法见本书 2.2.3 所述。

(9) 脚手架搭拆费

脚手架搭拆费是指施工需要的各种脚手架搭、拆、运输费用及脚手架的摊销(或租赁)费用。由于脚手架搭拆费与工程的性质、大小有关，因此该项费用的计算主要是以脚手架使用量为基数进行计算的。其计算方法见本书 2.2.3 所述。

(10) 已完工程及设备保护费

该项费用是指在竣工验收前，对已完工程及设备进行保护所需的费用。由于对已完工程的保护具有不确切性，在具体工程中，一般按实际发生额计取。其计算方法见本书 2.2.3 所述。

(11) 施工排水、降水费

该费用是指为确保工程在正常条件下施工，采取各种排水、降水措施所发生的费用。由于施工条件、工程性质的不同，该项费用可发生，可不发生。因此在计取该项费用时，按实际发生额计取。其计算方法见本书 2.2.3 所述。

3.3.4 间接费定额

间接费包括规费和企业管理费两大部分。

(1) 规费定额的编制

按国家现行规定，列入建筑安装工程造价内的规费项目有：

1）工程排污费；

2）工程定额测定费；

3）社会保障费；

4）住房公积金；

5）危险作业意外伤害保险。

规费是由政府和有关权利部门必须缴纳的费用。这部分费用不是可有可无，应按实际发生额计入建筑安装工程造价。国家对这五项规定费用的收取，均按国家统一的标准收取。因此，在计取规费时，将这五项规定计取的费用综合起来考虑。规费的费率计算有三种，一是以直接费为计算基础，二是以人工费和机械费合计为计算基础，三是以人工费为计算基础。这三种规费费率的计算方法见本书2.2.3所述。

(2) 企业管理费定额的编制

按国家现行规定，列入建筑安装工程造价内的企业管理费项目有：

1) 管理人员工资；

2) 办公费；

3) 差旅交通费；

4) 固定资产使用费；

5) 工具用具使用费；

6) 劳动保险费；

7) 工会经费；

8) 职工教育经费；

9) 财产保险费；

10) 财务费；

11) 税金；

12) 其他。

3.3.5 间接费定额

(1) 间接费定额的基础数据

间接费定额的各项费用支出受许多因素的影响，首先要合理地确定间接费定额的基础数据指标，这些数据指标包括：

1) 全员劳动生产率。全员劳动生产率是指施工企业的每个成员每年平均完成的建筑、安装工程的货币工作量。

在确定全员劳动生产率指标时，要对各类企业或公司的有关资料进行分析整理，既要考虑施工企业过去2～3年的实际完成水平，又要考虑价格变动因素对完成建筑安装工作量的影响，重点分析自行完成建筑安装工作量和企业的全员人数，以便把劳动生产率切实建立在可靠的基础上。全员劳动生产率的计算公式为：

$$\text{全员劳动生产率}=\frac{\text{年度自行完成建筑安装工程工作量}}{\text{年平均在册人数}} \tag{3.3.1}$$

2）非生产人员比例。非生产人员比例是指非生产人员占施工企业职工总数的比例，非生产人员比例一般应控制在职工总数的20%。非生产人员由三部分组成：第一部分是在企业管理费项目开支的人员，主要有企业的政工、经济、技术、警卫、后勤人员，这部分人员占企业总人数的16%左右。第二部分人员是在职职工福利费项目开支的医务、理发和保育人员，这部分人员占职工总数的1%左右。第三部分人员是材料采购及保管费开支的材料采购、保管管理人员，这部分占企业职工总人数的3%左右。

3）全年有效施工天数。全年有效施工天数是指在施工年度内能够用于施工的天数。通常按年日历天数扣除法定节假日和双休日天数以及气候影响平均天数、学习开会和执行社会义务天数、婚假天数后的净天数计取。各地区的全年有效天数由于气候的原因影响略有不同，原则上全年有效天数应不低于现行定额测算时采用的天数。

4）工资标准。工资标准是指施工企业建筑安装生产工人的日平均标准工资和工资性质的津贴与非生产人员的日平均标准工资和工资性津贴。工资性津贴主要指房贴、副食补贴、冬煤补贴和交通费补贴等。

5）间接费年开支额。选择具有代表性的施工企业进行综合分析，确定出建筑安装工人每人平均的间接费开支额。

(2) 间接费定额的编制方法

1）间接费定额的计算基础。间接费定额的计算基础有三种：一种是以直接工程费为计算基础，第二种是以人工费和机械费合计为计算基础，另一种是人工费为计算基础。土建工程的间接费定额是以直接工程费为基础计算的(有的地区如广东是以直接费为基础计算的)，其中单独承包装饰工程以及人工大型土石方工程、包工不包料工程的间接费定额以人工费为基础计算，安装工程的间接费定额以人工费为基数计算。

2）间接费定额的计算公式：

【例 3.3.1】 某施工企业全员人数为1000人，非生产人员占全员人数的20%(200人)。其中在企业管理费项目开支的人员为16%(160人)，生产人员日平均工资为20元，年有效施工天数为230天(年日历天数－法定假日－法定节目－非生产工日＝365－104－10－21＝230天)，经测算加权后人工费占直接工程费的比例为8%。

企业管理费的各项费用开支如下：

1）管理人员工资：

① 基本工资：平均每人每月600元。

② 工资性津贴：每人每月300元。

③ 职工福利费＝工资总额×14%＝[(600＋300)×12×160]×14%＝241920元/年。

④ 劳动保护费：每人每月50元。

企业管理人员工资费用总额为：

[(600＋300＋50)×12×160]＋241920＝2065920元

则每一生产工人每年平均分摊的企业管理人员工资为：

2065920÷800＝2582.40元

2）差旅交通费。如综合取定为40000元，则每一建筑安装工人平均分摊的差旅交通费为：40000÷800＝50.00元

3）办公费。如综合取定为32000元，则每一建筑安装工人平均分摊的数值为：32000÷800＝40.00元

4）固定资产使用费。如综合取定为164000元，则每一生产工人平均分摊数字为：164000÷800＝205元

5）工具用具使用费。如综合取定为44000元，则每一生产工人平均分摊的数字为：44000÷800＝55.00元。

6）工会经费。工会经费按职工工资总额包括奖金(4个月)的2%计算。

职工工资总额＝生产工人工资额＋管理人员工资总额＋4个月奖金

生产工人工资总额＝20元/工日×230×800＝3680000元

管理人员工资总额＝(600＋300)×12×160＝1728000元

奖金：如按每名生产工人每月300元，管理人员每月200元计算，则

奖金＝[800×300＋160×200]×4＝1088000元

工会经费＝职工工资×2％

＝[3680000＋1728000＋1088000]×2％＝129920元

建筑安装生产工人每人平均分摊的工会经费为：129920÷800＝162.40元

7）职工教育费。按职工工资总数的1.5％计算。

职工教育费＝职工工资总数×1.5％

＝(3680000＋1728000)×1.5％

＝81120元

建安装生产工人每人每年平均分摊的职工教育经费为：

81120÷800＝101.40元

8）劳动保险费。如综合取定为600000元。

建筑安生产工人平均分摊的劳动保险费为：600000÷800＝750.00元

建筑安装生产工人平均分摊的职工养老保险金及待业保险费为：(162240＋220800)÷800＝478.8(元)

9）保险费。经测算，建筑安装工人平均每人每年分摊的保险费为20元。

10）财务费。经测算，建筑安装工人每人每年平均分摊的财务用为30元。

11）税金。经测算，建筑安装生产工人每人每年平均分摊的税金为9元。

12）其他。经测算，建筑安装生产工人每人每年平均分摊的其他费用为21元。

以上1～12项合计，建筑安装生产工人平均分摊企业管理费为4505元。

以直接费为计算基础的间接费定额为：

$$\frac{3680.00}{20\times230}\times8\%\times100\%=6.4\%$$

以人工费为计算基础的间接费定额为：

$$\frac{3680.00}{20\times230}\times100\%=80.00\%$$

【例 3.3.2】 某省 1995 年发布的间接费。

基础数据：

1）平均每一工日人工费单价为 16.80 元。

2）平均有效施工天数为 240 天。

3）建筑安装生产工人占全员的 80%。

4）人工费占直接费的比例为 12%。

5）通过调查测算，企业管理费占全员开支额见表 3.3.1。

企业管理费开支额(元) **表 3.3.1**

序号	费用项目	全员人均年开支额		
		一类工程	二类工程	三类工程
1	管理人员工资	226.52	201.33	123.15
2	办公费	61.47	53.89	22.67
3	差旅交通费	56.32	41.62	34.5
4	固定资产使用费	359.06	280.61	181.56
5	工具用具使用费	64.29	57.88	34.14
6	工会经费	75.84	67.28	49.22
7	职工教育经费	58.09	51.43	37.26
8	劳动保险费	891.84	784.53	526.67
9	财产保险费	320.11	275.65	201.29
10	财务费	1.12	0.98	0.54
11	税金	5.89	4.13	3.76
12	其他	24.65	18.71	14.32
	合计	2145.2	1838.04	1229.08

全员人均年企业管理费开支额换算为建筑安装生产工人人均年开支额。一类工程建筑安装生产工人企业管理费人均开支额为：$\frac{2145.2\text{元}}{0.8}=2681.5\text{元}$

二类工程建筑安装生产工人企业管理费人均开支额为：$\frac{1838.04\text{元}}{0.8}=2297.55\text{元}$

三类工程建筑安装生产工人企业管理费人均开支额为：$\frac{1229.08\text{元}}{0.8}=1536.35\text{元}$

以直接费为计算基础时，其计算式如下：

$$\text{一类工程企业管理费费率}=\frac{2681.5}{16.8\times240}\times12\%\times100\%=7.98\%$$

$$\text{二类工程企业管理费费率}=\frac{2297.55}{16.8\times240}\times12\%\times100\%=6.84\%$$

$$\text{三类工程企业管理费费率}=\frac{1536.35}{16.8\times240}\times12\%\times100\%=4.57\%$$

3.3.6 工程建设其他费用定额

(1) 工程建设其他费用定额及其管理的意义

工程建设其他费用定额是指从工程筹建起到工程竣工验收交付使用的整个建设期间，除了建筑安装工程费用和设备、工器具购置以外的，为保证工程建设顺利完成和交付使用后能够正常发挥效用而发生的各项费用开支的标准。长期以来，一直采用定性与定量相结合的方式，由主管部门制订工程建设其他费用标准的编制方法，为合理确定工程造价提供依据。工程建设其他费用定额经批准后对建设项目实施全过程费用控制。

加强对工程建设其他费用的管理有非常重要的意义。

首先，在工程项目总投资中，其他费占很大的比例。目前，由于土地、青苗补偿和安置补助费等费用的迅速增加而使其他费用所占比例有增加的趋势，进而引起总投资的加大和工程造价的上升。所以，加强对其他费用的管理，对于合理使用资金、提高投资效益十分重要。

第二，其他费用涉及方方面面的经济利益关系。例如，土地、青苗补偿和安置补助费等涉及全民、集体和个人利益关系；勘察设计费、施工机构迁移费则涉及到与勘察设计单位和施工企业的经济关系等。所以，各项其他费用的确定和计算非常重要，具有很强的政策性。加强对其他费用的管理，对于体现与贯彻国家一定时期的经济方针与政策，保证工程建设的顺利完成，理顺经济关系都颇为重要。

第三，目前，新旧管理体制交替的时期，确定工程建设其他费用中反映出的矛盾十分突出，解决的难度也非常大，实践中取费混乱和不合理的情况均存在。因此，加强对其他费用合理现研究确定和认真管理具有非常现实的意义。

(2) 工程建设其他费定额的编制原则

工程建设其他费用定额的编制应贯彻细算粗编、不留豁口的原则，以利于实行费用包干。各省、自治区、直辖市和国务院各有关部门应根据规定编制各项费用的具体标准，一般不应增加新的费用项目。对项目所包含的内容也不要随意增加。对其中个别费用项目在本地区、本部门不发生的不应计列。

(3) 工程建设其他费用定额的特点

工程建设其他费用的发生主要取决于工程建设的技术经济特征，例如，建筑产品必须固定于一定地点的地面之上，占用一定量的土地，因此必然要发生为获得建设用地而支付的费用。由于建筑产品的固定性以及施工生产的流动性，施工设施会随着建设地点的变动而迁移，为此也要支付相应的费用等。同时，工程建设其他费用的发生也和未来企业的生产和经营活动有关，例如，为了提高职工素质，使之尽快掌握新设备、新工艺的相关技能，企业要支付技术培训和专业培训的费用等。工程建设其他费用的内容和费用的多少，和经济管理体制以及国家在一定时期所执行的政策也有密切关系。

工程建设其他费用包括许多独立的费用项目，它们的发生有较大的弹性。在不同的建设项目中有些费用可能发生，有些项目可能不会发生。同一项费用在不同的项目建设中发生的多少也会有所差别。不同的行业、不同的建设规模、不同的产品方案和工艺流程因素等，都会对工程建设其他费用开支产生影响。

(4) 工程建设其他费用定额的编制方法

工程建设其他费用定额，是由国家或主管部门、省(市、自治区)规定的确定各项其他费用开支的定额。它是管理和控制工程建设中其他费用开支的基本依据和重要手段，是编制工程建设概预算时计算工程建设其他费用的直接基础。

工程建设其他费用中的每一项都是独立的费用项目，标准的编制和表现形式也都不尽相同。应该按照国家统一规定的编制原则、费用内容、项目划分和计算方法，分别由国家各有关归口管理部门和各省、市、自治区依照行业特点和工程的具体情况，具体问题具体分析，细算粗编。具体编制概预算时，应按照所发生的列出及不发生不列的原则进行编制和管理。现以某部发布的工程建设其他费用定额为例，介绍其具体计算方法如下：

1) 建设单位管理费

建设单位开办费和建设单位经费的编制方法。新建项目根据投资规模，以各个“单项工程费用”总和(即概算中的工程费用)为计算基础，按照工程项目的不同建设规模分别规定的建设单位管理费指标计算方法(见表3.3.2)；改扩建项目可按不超过新建项目指标的60%计算。三资企业可根据项目需要，适当提高指标费率。其计算公式如下：

$$\text{建设单位管理费}=\text{工程费用}\times\text{建设单位管理费指标} \tag{3.3.2}$$

建设单位管理费指标　　　　表3.3.2

序　号	建设总投资(万元)	计算基础	费用指标(%)
1	500以下	工程费用	3.0

续表

序　　号	建设总投资(万元)	计算基础	费用指标(%)
2	501～1000	工程费用	2.7
3	1001～5000	工程费用	2.4
4	5001～10000	工程费用	2.1
5	10001～50000	工程费用	1.8
6	50000 以上	工程费用	1.5

2）建设单位临时设施费

新建项目按照建筑安装工程费的1%计算，改扩建项目可按小于建筑安装工程费的0.6%计算，三资项目可根据项目情况适当提高。

3）工程监理费

工程监理费取费标准按照国家物价局和建设部《关于发布工程建设监理费有关规定的通知》的规定计算。根据委托监理的业务范围、深度和工作性质、规模、难易程序以及工作条件等情况，按以下方法之一计取。

① 按所监理工程概(预)算的百分比计取，标准见表3.3.3。

工程建设监理收费标准　　　　表 3.3.3

序 号	工程概(预)算 M(万元)	设计阶段(含设计招标)监理取费 a(%)	施工(含施工招标)及保修阶段监理取费 b(%)
1	$M<500$	$0.20<a$	$2.50<b$
2	$500\leqslant M<1000$	$0.15<a\leqslant 0.20$	$2.00<b\leqslant 2.50$
3	$1000\leqslant M<5000$	$0.10<a\leqslant 0.15$	$1.40<b\leqslant 2.00$
4	$5000\leqslant M<10000$	$0.08<a\leqslant 0.10$	$1.20<b\leqslant 1.40$
5	$10000\leqslant M<50000$	$0.05<a\leqslant 0.08$	$0.80<b\leqslant 1.20$
6	$50000\leqslant M<100000$	$0.03<a\leqslant 0.05$	$0.60<b\leqslant 0.80$
7	$100000\leqslant M$	$a\leqslant 0.03$	$b\leqslant 0.60$

② 按照参与监理工作的年度平均人数计算：3.5～5 万/人·年。

③ 不宜按①和②两种方法计取的，由建设单位和监理单位按商定的其他办法计取。以上①和②两种规定的工程建设监理收费标准为指导性价格，具体收费标准由建设单位和监理单位在规定的幅度内协商确定。

④ 中外合资、合作、外商独资的建设工程，工程建设监理费由双方参照国际标准协商确定。

4）工程保险费

根据不同的工程类别，分别以建筑、安装工程费用乘以建筑、安装工程保险费率计算。建筑安装工程保险费率见表 3.3.4。

建筑安装工程保险费率　　表 3.3.4

序号	工程名称	保险费率(1/1000)
1	建筑工程	
1.1	民用建筑	
	住宅楼、综合性大楼、商场、旅馆、医院、学校等	2～4
1.2	其他建筑	
	工业厂房、仓库、道路、码头、水坝、隧道、桥梁、管道等	3～6
2	安装工程	
	农业、工业、机械、电子、电器、纺织、矿山、石油、化学及钢铁工业、钢结构桥梁	3～6

5）土地使用费

土地征用及迁移补偿费和土地使用权出让金两项费用根据批准的建设用地和临时用地面积，按工程所在省、自治区、直辖市人民政府制订颁发的各项补偿费、安置补助费标准计算；大中型水利水电工程建设移民安置办法，按照水电部等有关部门的规定执行。

6）研究试验费

按照设计单位根据本工程的需要提出的研究试验内容和要求计算。

7）勘察设计费

勘察、设计费应按照国家计委颁发的工程勘察设计收费标准及有关规定编制。

① 设计费：按国家颁发的工程设计收费标准编制，有设计合同的应按合同规定编制。

② 勘察费：有勘察合同的应按合同规定编制。没有勘察合同的可参照下列指标编制：

A. 一般民用建筑：6层以下3～5元/m^2建筑面积

高层8～10元/m^2建筑面积

B. 工业建筑：10～12元/m^2建筑面积

③ 施工图预算编制费。应按项目总设计费(含初步设计和施工图设计费)的10%计算，单独计列。单项工程可按预算总价的千分之三计列。

8）供电贴费

按照国家规定，供电贴费取费标准包括供电贴费标准和配电贴费标准两部分。它按照用户受电电压等级，规定出用户应缴纳的贴费标准。编制方法如下：

① 按项目所在地有关部门现行规定计算；

② 当建设单位申请的临时施工用电与永久性用电为同一外部供电工程时，只计永久性用电的贴费，否则应按国家计划委员会计投资[1993]116号文《关于110kV以下供电工程收取贴费的暂行规定》增加临时用电贴费。

根据水电部规定，各级电力的贴费标准见表3.3.5。

各级电力的贴费标准　　表3.3.5

用户受电电压等级	用户应交贴费(元/kV·A)	其中	
		供电贴费(元/kV·A)	配电贴费(元/kV·A)
380/220V	150～180	90～110	60～70

续表

用户受电电压等级	用户应交贴费（元/kV·A）	其　中	
		供电贴费（元/kV·A）	配电贴费（元/kV·A）
10kV	120～140	90～110	30
35(66)kV	40～100	80～100	—

9）生产准备费

生产人员培训费。根据初步设计规定的培训人员数、提前进厂人数、培训方法、培训时间（一般为4～6个月），按生产准备费指标进行计算。若设计前期无法确定人数，可按设计定员的60％～80％计算培训费，见表3.3.6。

生产准备费指标　　表3.3.6

序号	费用名称	计算基础	费用指标	
			内　培	外　培
1	职工培训费	培训人数	300～500元/人·月	600～1000元/人·月
2	提前进厂费	提前进厂人数	6000～10000元/人·年	

10）办公及生活家具购置费

新建项目及改、扩建项目按照设计定员新增人数乘以综合指标计算。见表3.3.7。

办公及生活家具综合费用指标　　表3.3.7

序　号	设计定员（人）	费用指标（元/人）	
		新　建	改、扩建
1	1500以内	850～1000	500～600
2	1501～3000	750～850	450～500
3	3001～5000	650～750	400～450
4	5000以上	＜650	＜400

三资企业应根据具体情况适当提高指标标准。

11）引进技术和进口设备其他费用

① 出国人员费用。编制方法：根据设计规定的出国培训和工作的人员、时间及派往国家，按财政部、外交部规定的临时出国人员费用开支标准及中国民航现行国际航线票价等进行计算，其中使用外汇部分应计银行财务费用。

② 国外工程技术人员来华费用。编制方法：

A. 技术服务费，根据合同协议规定的价格计算，应计算银行财务费、外贸手续费。

B. 国外技术人员来华的工资、生活补贴、往来旅费和医疗费等，其人数、期限及取费标准，按合同或协议的有关规定计算，其中使用外汇部分应计算银行财务费。

C. 国外技术人员来华的招待费，可按下列指标估算：自建专家招待所的，按每人每月 4500 元计算；宾馆住宿的，按每人每月 6000～8000 元计算。

③ 引进技术费。编制方法：根据合同或协议的价格进行计算。

④ 分期或延期付款利息。编制方法：按出口信贷合同或协议的有关规定计算。

⑤ 担保费。编制方法：按有关金融机构规定的担保费率计算(一般可按承保金额的 0.005 估算)。

⑥ 进口设备检验鉴定费。编制方法：按进口设备、材料货价的 0.003～0.005 计算。

12）国内专有技术及专利使用费

由专业技术或专利的拥有方与使用方相互议定或按有关部门规定的收费办法计算。

13）样品、样机购置费

根据企业需要的样品样机数量，按实际购价或订货价加上运杂费计列。

14）施工机构迁移费

此项费用在初步设计概算的编制中，应经建设项目的主管部门同意，按建筑安装工程费用的百分比或类似工程预算计算；在施工图预算中应根据主管部门批准的施工队伍调迁计划进行计算。施工单位在迁入地点如果有两个以上建设单位，或施工完成后在迁入地点又承担新的工程项目，此项费用应由各有关建设单位按任务比例分摊。

15）联合试运转费

规定要计算支出大于收入的亏损部分。如果收入大于支出，则规定要将赢余部分列入回收金额。以“单项工程费用”总和为基础，按照工程项目的不同规模分别规定的试运转费率计算或以试运转费的总金额包干使用。例如：

① 机械厂按需要试运转车间的工艺设备购置费的0.5%～1.5%计算；

② 火药厂按工程费用之和的1%计算。

16）预备费

① 基本预备费。以“单项工程费用”总和和工程建设其他费用(不包括本项费用)之和乘以基本预算费费率计算。引进技术和进口设备项目应按国内配套部分费用计算。基本预备费费率见表3.3.8。

基本预备费费率 **表3.3.8**

序号	设计阶段	计取基础	费率(%)
1	项目建议书、可行性研究	工程费用＋其他费用	10～15
2	初步设计	工程费用＋其他费用	7～10

② 涨价预备费。

涨价预备费是指建设项目在建设期间内由于价格等变化引起工程造价变化的预测预留费用。费用内容包括：人工、设备、材料、施工机械的价差费，建筑安装工程费及工程建设其他费用调整，利率、汇率调整等增加的费用。

涨价预备费的测算方法，一般根据国家规定的投资综合价格指数，按估算年份价格水平的投资额为基数，采用复利方法计算。计算公式为：

$$PF = \sum_{t=0}^{n} I_t[(1+f)^t - 1] \tag{3.3.3}$$

式中 PF——涨价预备费；

n——建设期年份数；

I_t——建设期中第 t 年的投资计划额，包括设备及工器具购置费、建筑安装工程费、工程建设其他费用及基本预备费；

f——年均投资价格上涨率。

17）固定资产投资方向调节税

按照《中华人民共和国固定资产投资方向调节税暂行条例》的规定，国家计委、国家税务总局计投资[1991]1045 号文“关于实施《中华人民共和国固定资产投资方向调节税暂行条例》的若干补充规定”及国家税务总局国税发[1991]113 号文颁发的《中华人民共和国固定资产投资方向调节税暂行条例实施细则》的规定计算。

① 基本建设项目的固定资产投资方向调节税应按下式计算：

固定资产投资方向调节税＝(工程费用＋其他费用＋预备费)×固定资产投资方向调节税税率 (3.3.4)

② 技术改造项目的固定资产投资方向调节税应按下式计算：

固定资产投资方向调节税＝[建筑工程费＋(其他费用＋预备费)×(建筑工程费÷工程费用)]×固定资产投资方向调节税税率 (3.3.5)

18）建设期贷款利息

根据建设项目筹集资金的具体办法、金额和银行贷款利率、手续费率及其他有关规定计算。

① 国内贷款建设期利息：假定贷款发生当年均在年中支用，按半年计息，其后年份按全年计息；还款当年按年末还款，按全年计息。

② 国外贷款建设期利息。国外贷款(包括国内外币贷款)的利息与国内贷款类同，但需将贷款名义年利率按计息时间折算成有效年利率：

$$有效年利率=(1+\frac{r}{m})^{m}-1 \quad (3.3.6)$$

式中 r——名义年利率；

m——每年计息次数。

国外贷款除支付银行利息外，还要计算在贷款中所发生的必要费用，如管理费、代理费、杂费及承诺费等财务费用。

4 工程造价指标

4.1 概 算 指 标

(1) 概算指标及其作用

建筑安装工程概算指标通常是以整个建筑物和构筑物为对象，以建筑面积、体积或成套设备装置的台或组为计量单位而规定的人工、材料和机械台班的消耗量标准和造价指标。建筑安装工程概算指标比概算定额具有更加概括与扩大的特点。概算指标的作用主要有以下几点：

1）概算指标可以作为编制投资估算的参考。

2）概算指标中的主要材料指标可作为匡算主要材料用量的依据。

3）概算指标是设计单位进行设计方案比较和建设单位选址的一种依据。

4）概算指标是编制固定资产投资计划，确定投资额的主要依据。

(2) 概算指标的编制原则

1）按平均水平确定概算指标的原则。在我国社会主义市场经济条件下，概算指标作为确定工程造价的依据，同样必须遵循价值规律的客观要求，在编制时必须按社会必要劳动时间，贯彻平均水平的编制原则。只有这样才能合理确定概算指标，充分发挥控制工程造价的作用。

2）概算指标的内容和表现形式，要贯彻简明适用的原则。为适应市场经济的客观要求，概算指标的项目划分应根据用途的不同，确定其项目的综合范围。遵循粗而不漏、适用面广的原则，体现综合扩大的性质。概算指标从形式到内容应简明易懂，在采用时要便于根据拟建工程的具体情况进行必要的调整换算，能在较大范围内满足不同用途的需要。

3）概算指标的编制依据，必须具有代表性。编制概算指标所依据的工程设计资料，应是有代表性的，技术上是先进的，经济上是合理的。

(3) 概算指标的内容组成

概算指标的内容组成一般分为文字说明和列表两部分，以及必要的附录。

1）说明和分册说明。其内容包括：概算指标的编制范围、编制依据、分册情况、指标包括的内容、指标未包括的内容、指标使用方法、指标允许调整范围及调整方法等。

2）列表形式

① 建筑工程列表形式。房屋建筑、构筑物一般是以建筑面积、建筑体积、“座”、“个”等为单位，附以必要的示意图。示意图画出建筑物的轮廓示意或单线平面图，列出综合指标：(元/m^2 或元/m^3)、自然条件(如地耐力、地震烈度等)、建筑物的类型、结构形式及各部位中的主要特点、主要工程量。

② 安装工程的列表形式。设备以“t”“台”为计算单位，也有以设备购置费或设备原价的百分比(%)表示；工艺管道一般是以“t”为计算单位；通讯电话是以“站”为计算单位。列出的指标号、项目名称、规格综合指标(元/计算单位)之后一般还要列出其中的人工费，必要时还要列出主材费、辅材费。

(4) 概算指标的分类

概算指标可分为两大类：一类是建筑工程概算指标；另一类是安装工程概算指标。

1）建筑工程概算指标

① 一般土建工程概算指标；

② 给排水工程概算指标；

③ 采暖工程概算指标；

④ 通讯工程概算指标；

⑤ 电器照明工程概算指标；

⑥ 工业管道工程概算指标。

2）设备安装工程概算指标

① 机器设备安装工程概算指标；

② 电气设备安装工程概算指标；

③ 器具及生产家具购置费概算指标。

(5) 概算指标的形式

1）一般房屋建筑工程概算指标

一般房屋工程概算指标附工程平、剖面图，并列出其建筑结构特征，如结构类型、层数、檐高、跨度、基础深度及用料等。概算指标表中列出每 $100m^2$ 建筑面积的分部分项工程量、主要材料用量。

2）水、暖、电安装工程概算指标

① 给排水工程概算指标。列有工程特征及经济指标，其工程特征栏内一般列出建筑面积(m^2)、建筑层数(层)、结构类型等。经济指标栏内一般列出每 $100m^2$ 建筑面积的直接费(元)，其中人工工资单列。

② 采暖概算指标。除与上述给排水概算指标相同的内容外，其工程特征栏还应列出采暖热媒(比如说采用高压蒸汽、热水等)及采暖形式(比如说采用双管上行式、单管上行下给式等)。

③ 电器照明概算指标。一般在工程特征栏内列出建筑物的层数(层)、结构类型、配电方式、灯具名称。在经济指标栏内一般列出每 $100m^2$ 建筑面积的直接费(元)，其中人工工资(元)单列，并列出每 $100m^2$ 所需的主要材料用量。

概算指标在具体内容和表达方式上，有综合指标和单项指标两种形式。综合指标是以建筑物或构筑物的体积或面积为单位，综合了各单位工程价值的指标，它是一种概括性较强的指标。单项指标则是一种以典型的建筑物为分析对象的概算指标。

(6) 概算指标的编制方法

1）概算指标的编制依据

① 标准设计图纸和各类工程典型设计；

② 国家颁发的建筑标准、设计规范、施工规范等；

③ 各类工程造价资料；

④ 现行的概算定额和预算定额及其补充定额资料；

⑤ 人工工资标准、材料预算价格、机械台班预算价格及其他资料。

2）概算指标的编制步骤

以房屋建筑工程为例，概算指标可按以下步骤进行编制：

① 首先成立编制小组，拟定工作方案，明确编制原则和方法，确定指标的内容及其表现形式，确定基价所依据的人工工资单价、材料预算价格、机械台班单价。

② 收集整理编制指标所必须的标准设计、典型设计以及有代表性的工程设计图纸、设计预算等资料，充分利用有使用价值的已经积累的工程造价资料。

③ 按指标内容及其表现形式的要求进行具体分析，工程量尽可能利用经过审查的工程竣工决算的工程量，以及可以利用的可靠的工程数据，由于原工程设计自然条件等的不同，还必须要进行换算。按基价所依据的价格要求计算综合指标，并计算必要的主要材料消耗指标，用于调整价差的万元工、料、机耗指标，一般可按不同类型工程划分项目进行计算。

④ 最后经过核对审核、平衡分析、水平测算，审查定稿。随着有使用价值的工程造价资料积累制度和数据库的建立，以及电子计算机、网络的充分利用，概算指标的编制工作将得到根本的改观。

3）概算指标的编制方法

也以房屋建筑工程为例，对概算指标的编制方法作一简要概述：

编制概算指标，首先要根据选择好的设计图纸，计算出每一结构构件或分部工程的工程量。计算工程量的目的有两个：第一是以 1000m^3 建筑体积为计算单位，换算出某种类型建筑物所含的的各类结构和分部工程量指标。

例如，根据某砖混结构工程中的典型设计图纸，已知其毛石条形基础的工程量为 225m^3，混凝土基础的工程量为 175m^3，该砖混结构建筑物的体积为 2000m^3，则 1000m^3 砖混结构经综合评定后，所含的毛石条形基础和混凝土基础的工程量指标，分别为：

$$1000\times\frac{225}{2000}=112.5m^3$$

$$1000\times\frac{175}{2000}=87.5m^3$$

工程量指标是概算指标中的重要内容，它详尽地说明了建筑物的结构特征，同时也规定了概算指标的适用范围。计算工程量的另一目的，是为了计算出人工、材料和机械台班的消耗指标，计算出工程的单位造价。所以计算标准设计和典型设计的工程量，是编制概算指标的重要环节。其次在计算工程量指标的基础上，确定人工、机械和材料的消耗指标。确定的方法按照所选择的设计图纸、现行的概预算定额，以及各类价格资料，编制单位工程概算或预算，并将各种人工、机械和材料的消耗量汇总，计算出人工、材料和机械的总用量，然后再计算出每平方米建筑面积和每立方米建筑体积的单位造价，计算出该计量单位所需的主要人工、材料和机械台班的实物消耗量指标，次要人工、材料和机械消耗量，综合为其他人工、其他机械、其他材料，用金额(元)表示。

【例 4.1.1】 假定从上例单位工程预算书中取得资料如下：

一般土建工程 1000000 元，给排水工程 100000 元，汇总预算造价 1100000 元。

根据以上资料，可计算出单位工程的单位造价和整个建筑物单位造价：

每立方米建筑物体积的一般建筑工程造价＝1000000÷2000＝500 元。

每立方米建筑物体积的给排水工程造价＝100000÷2000＝50 元。

每立方米建筑物体积造价＝1100000÷2000＝550 元。

每立方米建筑物的单位造价同上。

各种消耗指标的确定方法如下：

假定根据概算定额，每 $10m^3$ 毛石基础需要用砌石工 6.54 工日，又假定在该单位工程中没有其他工程需要砌石工，则 $1000m^3$ 建筑物需用的砌石工为：

$$112.5\times\frac{6.54}{10}=73.58 \quad (工日)$$

其他各种材料消耗指标的计算方法同上。

对于经过上述编制方法确定和计算的概算指标，要经过平衡比较、调整和水平测算对比以及修订，才能最后定稿报批。

4.2 投资估算指标

(1) 投资估算指标及其作用

工程建设投资估算指标是编制建设项目建议书、可行性研究报告等前期工作阶段投资估算的依据，也可以作为编制固定资产长远规划投资额的参考。投资估算指标为完成项目建设的投资估算提供依据和手段，它在固定资产的形成过程中起着投资预测、投资控制、投资效益分析的作用，是合理确定项目投资的基础。估算指标中的主要材料消耗量也是一种扩大材料消耗指标，也可以作为计算建设项目主要材料消耗量的基础。估算指标的正确制订对于提高投资估算的准确度、对建设项目的合理评估、决策具有重要的意义。

(2) 投资估算指标编制原则

由于投资估算指标属于建设前期进行估算投资的技术经济指

标，它不但要反映实施阶段的静态投资，还必须反映项目建设前期和交付使用期内发生的动态投资，以投资估算指标为依据的投资估算，包含项目建设的全部投资。这就要求投资估算指标比其他各种计价定额具有更大的综合性和概括性。因此，投资估算指标的编制工作，除了应遵循一般定额的编制原则外，还必须坚持下述原则：

1）投资估算指标的确定，应考虑以后几年编制建设项目建议书和可行性研究报告投资估算的需要。

2）投资估算指标的分类、项目划分、项目内容、表现形式等，要结合各专业的特点，并且要与项目建议书、可行性研究报告的编制深度相一致。

3）投资估算的编制内容、典型工程的选择，必须遵循国家有关建设方针政策，符合国家技术发展方向，贯彻国家高科技政策和发展方向的原则，使指标的编制既能反映现实的高科技成果，反映正常建设条件下的造价水平，也能适应今后若干年的科技发展水平。坚持技术上的先进、可行和经济上的合理，力争以较少的投入取得最大的投资效益。

4）投资估算指标的编制要反映不同行业、不同项目和不同工程的特点，投资估算指标要适应项目前期工作深度的需要，而且具有更大的综合性。投资估算造价指标的编制必须密切结合行业特点，项目建设的特定条件，在内容上既要贯彻指导性、准确性和可调性的原则，又要有一定的深度和广度。

5）投资估算指标的编制要体现国家对固定资产投资实施间接控制的特点。要贯彻能分能合、有粗有细、细算粗编的原则。投资估算指标要能满足项目建议书和可行性研究各阶段的要求，既能反映一个建设项目的全部投资及其构成(建筑工程费、安装工程费、设备工具器具购置费和其他费用)，又要有组成建设项目投资的各个单位工程投资(主要生产设施、辅助生产设施、公用设施、生活福利设施等)。做到既能综合使用，又能个别分解使用。占投资比重大的建筑工程工艺设备，要做到有量、有价，根据不同结构形式的建筑物列出每百平方米的主要工程量和主要材料用量，主要设备也要列有规格、型号、数量。同时，要以编制年度为基期计价，进行必要的调整、换算等，以便由于设计方案、选厂条件、建设实施阶段的变化而对投资产生影响作相应的调整，也便于对现有企业实行技术改造和改、扩建项目投资估算的需要，扩大投资估算指标的覆盖面，使投资估算能够根据建设项目的具体情况合理准确地编制。

6）投资估算指标的编制要贯彻静态和动态相结合的原则。要充分考虑到市场经济条件下，由于建设条件、实施时间、建设期限等因素的不同，考虑到建设期的动态因素，即价格、建设期利息、固定资产投资方向调节税及涉外工程的汇率等因素的变动，导致指标的量差、价差、利息差、费用差等“动态”因素对投资估算的影响，对上述动态因素给予必要的调整办法和调整参数，尽可能减少这些动态因素对投资估算准确性的影响，使指标具有较强的实用性和可操作性。

(3) 投资估算指标的内容

投资估算指标是确定和控制建设项目全过程各项投资支出的技术经济指标，其范围涉及建设前期、建设实施期和竣工验收交付使用期等各个阶段的费用支出，内容因行业不同各异，一般可分为建设项目综合指标、单项工程指标和单位工程指标3个层次。

1）建设项目综合指标

指按规定应列入建设项目总投资的从立项筹建开始至竣工验收交付使用的全部投资额，包括单项工程投资、工程建设其他费用和预备费等。其组成见图4.2.1。

建设项目综合指标一般以项目的综合生产能力单位投资表示，如元/t、元/kW等，或以使用功能表示，如医院床位：元/床。

2）单项工程指标

指按规定应列入能独立发挥生产能力或使用效益的单项工程内的全部投资额，包括建筑工程费、安装工程费、设备、工器具及生产家具购置费和其他费用。单项工程的一般划分原则如下：

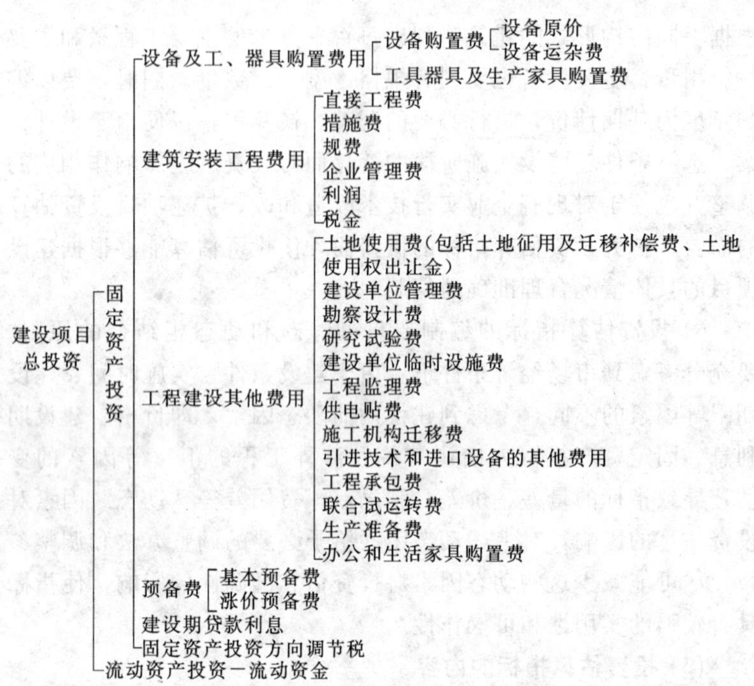

图 4.2.1 建设项目综合指标

① 主要生产设施。指直接参加生产产品的工程项目，包括生产车间或生产装置。

② 辅助生产设施。指为主要生产车间服务的工程项目。包括集中控制室、中央试验室、机修、电修、仪器仪表修理及木工(模)等车间，原材料、半成品、成品及危险品等仓库。

③ 公用工程。包括给排水系统(给排水泵房、水塔、水池及给排水管网)、供热系统(锅炉房及水处理设施、供热管网)、供电及通信系统(变配电所、开关所及全厂输电、电信线路)以及热电站、热力站、煤气站、空压站、冷冻站、冷却塔和管网等。

④ 环境保护工程。包括废气、废渣、废水等的处理和综合利用设施及绿化。

⑤ 总图——运输工程。包括防洪、围墙大门、传达及收发室、

汽车库、消防车库、道路、桥涵、码头及大型土石方工程。

⑥ 服务设施。包括办公室、食堂、医务室、浴室、哺乳室、自行车棚等。

⑦ 生活福利设施。包括职工宿舍、住宅、生活区食堂、医院、俱乐部、托儿所、幼儿园、子弟学校、商业服务点以及与之配套的设施。

⑧ 其他工程。如水源工程、厂外输电、输水、排水、通信、输油等管线以及公路、铁路专用线等。

单项工程指标组成如图 4.2.2 所示。

单项工程投资—
- 建筑工程费
- 安装工程费
- 设备购置费
- 工器具及生产家具购置费
- 工程建设其他费用

图 4.2.2 单项工程指标

建筑工程费。包括场地平整、竖向布置土石方工程及厂区绿化工程，各种厂房、办公及生活福利设施、建筑纪念物排水、采暖、通风空调、煤气等管道工程、电气照明、防雷接地，各种设备基础、管道支架、烟囱烟道、地沟、道路、桥涵、码头以及铁路专用线等的工程费用。

安装工程费。包括主要生产、辅助生产、公用工程的专用设备、机电设备、仪器仪表、各种工艺管道、电力、通信电缆等安装，以及设备、管道保温、防腐等工程费用。

设备、工器具及生产家具购置费。包括需要安装和不需要安装的专用设备、机电设备、仪器仪表及配合试生产所需工、模、量、卡、刃具等试验台、化验台、工作台、工具箱(柜)、更衣柜等生产家具购置费。

工程建设土地、青苗等补偿费和土地出让金、建设单位其他费用。包括管理费、研究试验费、生产职工培训费、办公及生活家具购置费、联合试运转费、勘察设计费、供电贴费、施工机构迁移费、引进技术和进口设备项目的其他费用。

单项工程指标一般以单项工程生产能力单位投资(如元/t)或其他单位表示。例如：变配电站：元/(kV·a)；锅炉房：元/t(蒸汽)；供水站：元/m^3；办公室、仓库、宿舍、住宅等房屋则区别不同结构形式以元/m^2 表示。

3）单位工程指标

按规定列入能独立设计、施工的工程项目的费用，即建筑安装工程费。其费用组成如图 4.2.3 所示。

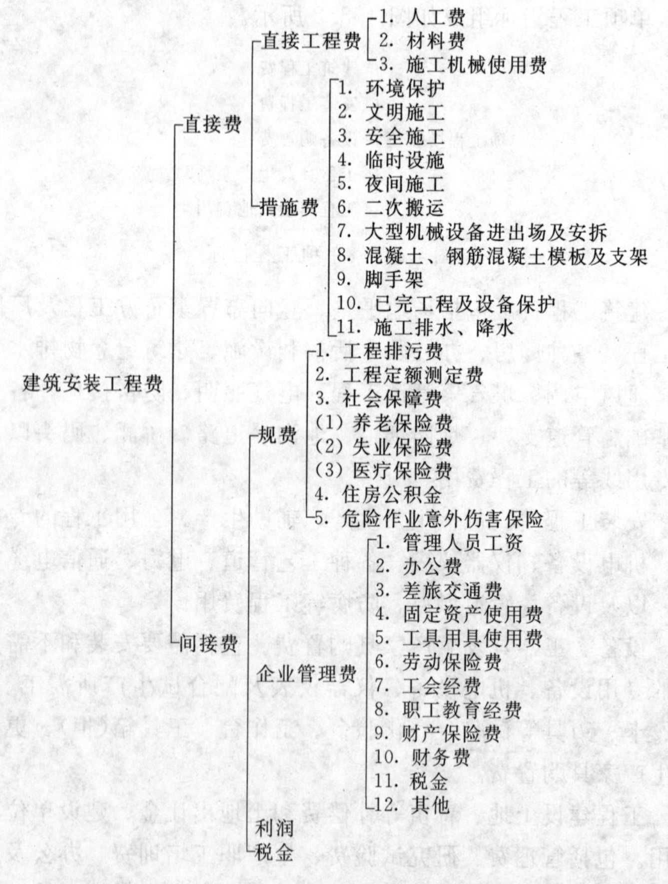

图 4.2.3 单位工程指标

(4) 投资估算指标的编制方法

投资估算指标的编制工作，涉及建设项目的产品规模、产品方案、工艺流程、设备选型、工程设计和技术经济等各个方面，既要考虑到现阶段技术状况，又要展望近期技术发展趋势和设计动向，从而可以指导以后建设项目的实践。投资估算指标的编制应成立专业齐全的编制小组，编制人员应具备较高的专业素质，投资估算指标的编制应当制订一个从编制原则、编制内容、指标的层次相互衔接，从项目划分、表现形式、计量单位、计算、复核、审查程序到相互应有的责任制等内容的编制方案或编制细则，以便编制工作有章可循。投资估算指标的编制一般分为 3 个阶段进行：

1）收集整理资料阶段

收集整理已建成或正在建设的、符合现行技术政策和技术发展方向、有可能重复采用的、有代表性的工程设计施工图、标准设计以及相应的竣工决算或施工图预算资料等。这些资料是编制工作的基础，资料收集得越广泛，反映出的问题越多，编制工作考虑得越全面，就越有利于提高投资估算指标的实用性和覆盖面。同时，对调查收集到的资料要选择占投资比重大、相互关联多的项目进行认真的分析整理，由于已建成或正在建设的工程的设计意图、建设时间和地点、资料的基础等不同，相互之间的差异很大，需要去粗取精、去伪存真地加以整理，才能重复利用。将整理后的数据资料按项目划分栏目加以分类，按照编制年度的现行定额、费用标准和价格，调整成编制年度的造价水平及相应比例。

2）平衡调整阶段

由于调查收集的资料来源不同，虽然经过一定的分析整理，但难免会由于设计方案、建设条件和建设时间上的差异带来的某些影响，使数据失真或漏项等。必须对有关资料进行综合平衡调整。

3）测算审查阶段

测算是将新编的指标和选定工程的概预算在同一价格条件下进行比较，检验其“量差”的偏离程度是否在允许偏差范围以内。如偏差过大，则要查找原因，进行修正，以保证指标的确切、实用。测算同时也是对指标编制质量进行的一次系统检查，应由专人进行，以保持测算口径的统一，并在此基础上组织有关专业人员予以全面审查定稿。

由于投资估算指标的计算工作量非常大，在现阶段计算机已经广泛普及的条件下，应尽可能应用电子计算机进行投资估算指标的编制工作。

4.3 工程造价指数

(1) 工程造价指数及其意义

随着我国经济体制改革，特别是价格体制改革的不断深化，设备、材料价格和人工费的变化对工程造价的影响日益增大。在建筑市场供求和价格水平发生经常性波动的情况下，建设工程造价及其各组成部分也处于不断变化之中，这不仅使不同时期的工程在“量”与“价”两方面都失去可比性，也给合理确定和有效控制造价造成了困难。根据工程建设的特点，编制工程造价指数是解决这些问题的最佳途径。以合理方法编制的工程造价指数，不仅能够较好地反映了工程造价的变动趋势和变化幅度，而且可用以剔除价格水平变化对造价的影响，正确反映建筑市场的供求关系和生产力发展水平。

工程造价指数是反映一定时期由于价格变化对工程造价影响程度的一种指标，它是调整工程造价价差的依据。工程造价指数反映了报告期与基期相比的价格变动趋势，利用它来研究实际工作中的问题很有意义。

首先，可以利用工程造价指数分析价格变动趋势及其原因。其次，可以利用工程造价指数估计工程造价变化对宏观经济的影响。第三，工程造价指数是工程承发包双方进行工程估价和结算的重要依据。

(2) 工程造价指数的分类

1）按照工程范围、类别、用途分类

① 单项价格指数。是分别反映各类工程的人工、材料、施工机械及主要设备报告期价格对基期价格的变化程度的指标，可利用它研究主要单项价格变化的情况及其发展变化的趋势。如人工费价格指数、主要材料价格指数、施工机械台班价格指数、主要设备价格指数等。

② 综合造价指数。是综合反映各类项目或单项工程人工费、材料费、施工机械使用费和设备费等报告期价格对基期价格变化而影响工程造价程度的指标，是研究造价总水平变动趋势和程度的主要依据，如建筑安装工程造价指数、建设项目或单项工程造价指数、建筑安装工程直接费造价指数、措施费及间接费造价指数、工程建设其他费用造价指数等。

2）按造价资料期限长短分类

① 时点造价指数。是不同时点(例如 1999 年 9 月 9 日 9 时对上一年同一时点)价格对比计算的相对数。

② 月指数。是不同月份价格对比计算的相对数。

③ 季指数。是不同季度价格对比计算的相对数。

④ 年指数。是不同年度价格对比计算的相对数。

3）按不同基期分类

① 定基指数。是各时期价格与某固定时期的价格对比后编制的指数。

② 环比指数。是各时期价格都以其前一期价格为基础计算的造价指数。例如，与上月对比计算的指数，为月环比指数。

(3) 工程造价指数的编制

工程造价指数一般应按各主要构成因素(建筑安装工程造价、设备工器具购置费和工程建设其他费用)分别编制价格指数，然后经汇总得到工程造价指数。

1）人工、机械台班、材料等要素价格指数的编制

人工、机械台班、材料等要素价格指数的编制是编制建筑安装工程造价指数的基础。其计算公式如下：

$$材料（设备、人工、机械）价格指数=\frac{P_n}{P_0} \tag{4.3.1}$$

式中 P_0——基期人工费、施工机械台班和材料、设备预算价格；

P_n——报告期人工费、施工机械台班和材料、设备预算价格。

2）建筑安装工程造价指数的编制

建筑安装工程造价指数是一种综合性极强的价格指数，可按照下列公式计算：

建筑安装工程造价指数＝人工费指数×基期人工费占建筑安装工程造价比例＋∑（单项材料价格指数×基期该单项材料费占建筑安装工程造价比例）＋∑（单项施工机械台班指数×基期该单项机械费占建筑安装工程造价比例）＋措施费、间接费综合指数×基期措施费、间接费用占建筑安装工程造价比例 (4.3.2)

3）设备工器具和工程建设其他费用价格指数的编制

① 设备工器具价格指数。设备工器具的种类、品种和规格很多，其指数一般可选择其中用量大、价格高、变动多的主要设备工器具的购置数量和单价进行登记，按照下面的公式进行计算：

$$设备、工器具价格指数=\frac{\sum(报告期设备工器具单价\times 报告期购置数量)}{\sum(基期设备工器具单价\times 报告期购置数量)} \tag{4.3.3}$$

②工程建设其他费用指数。工程建设其他费用指数可以按照每万元投资额中的其他费用支出定额计算，计算公式如下：

$$工程建设其他费用指数=\frac{报告期每万元投资支出中其他费用}{基期每万元投资支出中其他费用} \tag{4.3.4}$$

4）建设项目或单项工程造价指数的编制

编制建设项目或单项工程造价指数的公式如下：

建设项目或单项工程造价指数＝建筑安装工程造价指数×基期建筑安装工程费占总造价的比例＋∑（单项设备价格指数×基期该项设备费占总造价的比例）＋工程建设其他费用指数×基期工程建设其他费用占总造价的比例 （4.3.5）

5 工程量清单计价

5.1 工程量清单计价

我国现行的工程造价管理体制采用定额计价模式，主要遵循的是“控制量、指导价、竞争费”，其价格形成是在市场规律的基础上由政府指导和控制形成的。这种传统的计价模式难以体现企业技术装备水平、管理水平和劳动生产率等自身竞争力的问题，由此也造成难以充分依照公平竞争的原则，满足招投标竞争定价的要求。随着我国加入 WTO 后，建筑市场进一步对外开放。在我国工程建设中推行工程量清单计价，逐步与国际接轨十分必要。为此，国家建立以工程量清单为平台的计价模式，于2001 年 12 月 26 日发布了《全国建筑装饰装修工程量清单计价暂行办法》，2003 年 2 月 17 日又发布了《建设工程量清单计价规范》（GB 50500—2003）。这些办法和规范的出台，适应了建设工程市场定价机制、规范了建设市场计价行为的需要，更是深化工程造价管理改革的重要措施。

工程量清单计价是在建设工程招投标中，由招标单位或委托有资质的中介机构编制工程量清单，并作为招标文件的一部分提供给投标单位，由投标单位依据工程量清单自主报价的计价方式。

5.1.1 “工程量清单计价规范”简介

《建设工程工程量清单计价规范》为建设工程招标投标计价活动健康有序的发展提供了依据，在“计价规范”中贯彻了由政府宏观调控、市场竞争形成价格的指导思想。

政府宏观调控。一是规定了全部使用国有资金或国有资金投资为主的大中型建设工程要严格执行“计价规范”的有关规定，与招标投标法规定的政府投资要进行公开招标是相适应的；二是“计价规范”统一了分部分项工程项目名称、统一了计量单位、统一了工程量计算规则、统一了项目编码，为建立全国统一建设市场和规范计价行为提供了依据；三是“计价规范”没有人、材、机的消耗量，必然促使企业提高管理水平，引导企业学会编制自己的消耗量定额，适应市场需要。

市场竞争形成价格。由于“计价规范”不规定人工、材料、机械消耗量，为企业报价提供了自主空间，投标企业可以结合自身的生产效率、消耗水平和管理能力与已储备的本企业报价资料，按照“计价规范”规定的原则和方法，进行投标报价。工程造价的最终确定，由承发包双方在市场竞争中按价值规律通过合同确定。

5.1.2 “计价规范”主要内容

(1) 一般概念。工程量清单计价方法，是在建设工程招标投标中，由招标单位按照国家统一的工程量计算规则提供工程数量，由投标单位依据工程量清单自主报价，并按照经评审低价中标的工程造价计价方式进行计价。

工程量清单。是表现拟建工程的分部分项工程项目、措施项目、其他项目的名称和相应数量的明细清单，由招标单位按照“计价规范”附录中统一的项目编码、项目名称、计量单位和工程量计算规则进行编制，包括分部分项工程量清单、措施项目清单、其他项目清单。

工程量清单计价。是指投标单位完成由招标单位提供的工程量清单所需的全部费用，包括分部分项工程费、措施项目费、其他项目费和规费、税金。

工程量清单计价采用综合单价计价。综合单价是指完成规定计量单位项目所需的人工费、材料费、机械使用费、管理费、利润，并考虑风险因素。

(2)“计价规范”的各章内容。“计价规范”包括正文和附录两大部分，二者具有同等效力。正文共五章，包括总则、术语、工程量清单编制、工程量清单计价、工程量清单及其计价方式等内容，分别就“计价规范”的适用范围、遵循的原则、编制工程量清单应遵循的规则、工程量清单计价活动的规则、工程量清单及其计价方式作了明确规定。

附录包括：附录A. 建筑工程工程量清单项目及计算规则，附录B. 装饰装修两工程工程量清单项目及计算规则，附录C. 安装工程工程量清单项目及计算规则，附录D. 市政工程工程量清单项目及计算规则，附录E. 园林绿化工程工程量清单项目及计算规则。附录中包括项目编码、项目名称、项目特征、计量单位、工程量计算规则和工程内容，其中项目编码、项目名称、计量单位、工程量计算规则作为四统一的内容，要求招标单位在编制工程量清单时必须执行。

5.1.3 “计价规范”特点

(1) 强制性。主要表现在：一是由建设主管部门按照强制性国家标准的要求批准颁布，规定全部使用国有资金或国有资金投资为主的大中型建设工程应按计价规范规定执行：二是明确工程量清单是招标文件的组成部分，并规定了招标单位在编制工程量清单时必须遵守的规则，做到四统一，即统一项目编码、统一项目名称、统一计量单位、统一工程量计算规则。

(2) 实用性。附录中工程量清单项目及计算规则的项目名称表现的是工程实体项目，项目名称明确清晰，工程量计算规则简洁明了；特别还列有项目特征和工程内容，易于在编制工程量清单时确定具体项目名称和投标报价。

(3) 竞争性。一是“计价规范”中的措施项目，在工程量清单中只列“措施项目”一栏，具体采用什么措施，如模板、脚手架、临时设施、施工排水等详细内容由投标单位根据企业的施工组织设计，视具体情况报价，因为这些项目在各个企业间各有不同，是企业竞争项目，是留给企业竞争的空间；二是“计价规范”中人工、材料和施工机械没有具体的消耗量，投标企业可以依据企业的定额和市场价格信息，也可以参照建设行政主管部门发布的社会平均消耗量定额进行报价，“计价规范”将报价权交给了企业。

(4) 通用性。采用工程量清单计价将与国际惯例接轨，符合工程量计算方法标准化、工程量计算规则统一化、工程造价确定市场化的要求。

5.1.4 “计价规范”与“现行预算定额”的联系与区别

(1) 两者有机结合和区别的原因

“计价规范”在编制过程中，以现行的“全国统一工程预算定额”为基础，特别是项目划分、计量单位、工程量计算规则等方面，尽可能多地与定额衔接。其原因主要是预算定额是我国经过几十年实践的总结，这些内容具有一定的科学性和实用性。与工程预算定额有所区别的主要原因是：预算定额是按照计划经济的要求制订发布贯彻执行的，其中有许多不适应“计价规范”编制指导思想的，主要表面在：

1) 定额项目是国家规定以工序为划分项目的原则；

2) 施工工艺、施工方法是根据大多数企业的施工方法综合取定的；

3) 工、料、机消耗量是根据“社会平均水平”综合测定的；

4) 取费标准是根据不同地区平均测算的。

因此企业报价时就会表现为平均主义，企业不能结合项目具体情况、自身技术管理水平自主报价，不能充分调动企业加强管理的积极性。

(2) 两者计算规则的区别

两种计算规则的区别是：对定额工程量计算规则中不适用于清单工程量计算，以及不能满足工程量清单项目设置要求的部分进行了修改和调整。主要表现在以下 3 个方面：

1）计量单位的变动

工程量清单项目的计量单位一般采用基本计量单位，如 m、kg、t 等。基础定额中的计量单位则有时出现不规范的复合单位，如 $1000m^3$、$100m^2$、10m、100kg 等。但是大部分计量单位与相应定额子项的计量单位相一致。现选取部分项目，进行对比说明，见表 5.1.1。

计量单位变动举例说明 **表 5.1.1**

序号	项目编号	清单项目名称	计量单位	定额对应项名称	计量单位
一、土(石)方工程					
1	010101001	挖土方	m^3	人工挖土方	$100m^3$
2	010102002	石方开挖	m^3	人工造岩石	$100m^3$
二、桩基础工程					
1	010202003	旋喷桩	m	高压旋喷桩	10m
2	010203001	地下连续墙	m^3	地下连续墙	$10m^3$
三、砌筑工程					
1	010302001	实心砖墙	m^2	混水砖内外墙	$100m^2$
2		混水砖内外墙	m^2	混水砖内外墙	
四、电气设备安装工程					
1	030203001	软母线	m	软母线安装	跨/三相
2	030209001	接地装置	项	接地母线敷设	m
				接地极制作安装	根
五、静置设备与工艺金属结构制作安装工程					
1	030501001	容器制作	台	金属容器制作，包括：整体设备制作、分段设备制作、分片设备制作	t
2	030501003	换热器制作	台	换热器制作，包括：固定管板式换热器浮头式换热器、浮头式换热器、U 型管式换热器、螺纹盘管	t

2）计算口径及综合内容的变动

清单工种量计算规则与定额工种量计算规则的区别，主要反映在计算口径及综合内容的变动上。工程量清单对分部分项工程是按工程净量计量，定额分部分项工程则是按实际发生量计量。工程量清单的工程内容是参考规范项目，按实际完成完整实体项目所需工程内容列项。并以主体工程的名称作为工程量清单项目的名称。定额工程量计算规则未对工程内容进行组合，仅是单一的工程内容，其组合的是单一工程内容的各个工序。

工程量清单的清单工程量计算规则是根据清单的特点，针对主体工程项目设置的。但其计算口径涵盖了主体工程项目及主体工程项目以外的其他工程项目的全部工程内容。现就工程量清单项目及计算规则，选其有代表性的一些项目进行说明。

如建筑工程工程量清单：

① 土方工程：挖基础土方。

按计价规范规定，清单计量是按图示尺寸数量计算的净量计量(不包括放坡及工作面等的开挖量)。

定额计量则是按实际开挖量计量(包括放坡及工作面等的开挖量)。

计价规范给出的工程内容参考项，清单的工程内容综合了排地表水、土方开挖、挡土板支拆、截桩头、钎探、运输等内容。

定额计量则将上述的工程内容都作为单独的定额子目处理。

② 混凝土及钢筋混凝土工程：带形基础梁。

计价规范规定，现浇混凝土基础工程量的计量，按设计图示尺寸以体积计算，不扣除构件内钢筋、预埋铁件所占体积。

此项定额计量亦按上述规则计量，没有区别。

计价规范给出的工程内容参考项，清单的工程内容综合了敷设垫层，混凝土制作、运输、浇筑、振捣、养护，地脚螺栓二次灌浆等三项内容。

定额子目表现的仅仅是其中的第二项内容，敷设垫层、地脚螺栓二次灌浆，都作为单独的定额子目处理。

又如安装工程工程量清单：

机械设备安装工程：离心式泵。

离心式泵的计量单位是“台”，工程量计算规则如下：

按设计图示数量计算，直联式泵的质量包括本体、电机及底座的总质量；非直联式的不包括电机的总质量；深井泵的质量包括本体、电动机、底座及设备扬水管的总质量。

从定额计量来看：离心式泵的计量单位、计算规则描述与工程量清单完全相同。但是，两者所包括的工程内容却不相同。

工程量清单的工程内容包括：本体安装、泵拆装检查、电动机安装、二次灌浆等四项工程内容。

定额计量的工程内容包括：本体安装、电动机安装等两项工程内容。

由此可知：对于工程量消耗的计算规则和定额工程量计算规则来讲，从形式上看相同，但有本质上的不同。

通过上述的对比分析我们了解到：无论工程量计算规则是如何表述的，在利用工程量计算规则计算工程量时，计算规则表现的是与主体项目之间的关系。对于清单工程量计算规则来讲，必须把计算规则和清单项目组合的工程内容联系起来，才能达到准确的工程量计量的目的。

清单工程量计算规则要求：业主在设置清单时，要根据设计资料、工程特点、自然环境、材料设备采购渠道以及到货状态，设置清单项目的工程内容。工程内容一旦确定，投标单位可以在法律、规范及招标文件确定的范围内对清单消耗量(清单消耗量是指清单项目组合的工程内容)自主计算。

清单工程量计算规则相对于定额工程量计算规则在计算口径，以及综合内容方面的变动，体现在工程量清单的各个专业、各个方面，此处不再一一叙述。

3) 计算方法的改变

计算方法的改变是指对工程实体项目工程量的计算方法和有关规定的改变。计算方法的改变主要表现在清单项目工程量均以工程实体的净值为准，这不同于以往定额工程量计算规则要求对工程量按净值加规定预留及裕量来计量。

① 建筑工程工程量清单

建筑工程的土石方工程在提取工程量时，是按净量提取的，不包括放坡及操作面的工程量；而定额计量的处理方法则是根据不同的土质和开挖深度按定额计量规定的放坡系数计算实际开挖工程量。

② 安装工程工程量清单

电气设备安装工程中，带型母线(030203003)，清单工程量计算是按设计图示尺寸以单线长度计算，不包括任何附加和预留长度。

定额工程量计算是按设计图示尺寸以单线长度加安装预留长度计算。带型母线安装预留长度包括：带型母线终端预留、带型母线分支线连接预留、带型母线与设备连接预留等。

类似的项目还有槽型母线（030203004）和重型母线(030203007)。

(3) 清单工程量计算规则的举例详解

清单工程量计算规则是招标单位设置工程量清单时计算工程量的依据，也是投标单位投标报价时复核工程量并进行计价的依据，所以对清单工程量计算规则要准确把握。现利用具体事例，通过工程量清单设置过程和计价过程的具体实例，对清单工程量计算规则的应用进行说明。

实例：某多层砖混住宅土方工程。

土壤类别为：三类土，基础为：砖大放脚带形基础，垫层宽度 a：920mm，挖土深度 H：1.8m，弃土运距：4km。

1) 经业主根据基础施工图，按清单工程量计算规则，以基础垫层底面积乘以挖土深度计算工程量，计算过程如下：

基础挖土截面积为

$$S=0.92\text{m}\times1.8\text{m}=1.656\text{m}^2$$

基础总长度根据施工图计算为

$$L=1590.6\text{m}$$

土方挖方总量为

$$V=S\times L=1.656\times 1590.6=2634\text{m}^3$$

业主设置工程量清单格式见表 5.1.2。

分部分项工程量清单 **表 5.1.2**

序号	项目编号	项目名称	计量单位	工程数量
		Ⅰ土石方工程		
1	010101003001	挖基础土方 土壤类别：三类土 基础类型：砖大放脚带形基础 垫层宽度：920mm 挖土深度：1.8m 弃土运距：4km	m^3	2634

2）经投标单位根据分部分项工程量清单及地质资料、施工方案（工作面宽度 C 两边各 0.25m、放坡系数 K 为 0.2）计算：

① 基础挖土截面计算如下

$$S=(a+2C+KH)H=(0.92+0.25\times 2+0.2\times 1.8)\times 1.8$$
$$=3.204(\text{m}^2)$$

基础总长度 L 为：1590.6m

土方挖方总量为

$$V=S\times L=3.204\text{m}^2\times 1590.6\text{m}=5096.3\text{m}^3$$

② 采用人工挖土方量为 5096.3m^3，根据施工方案除沟边堆土外，现场堆土 2170.5m^3、运距 60m、采用人工运输。装载机装自卸汽车运距 4km、土方量 1925.8m^3。

业主提供的《分部分项工程量清单》工程量数量，是根据工程量清单计价规则按工程净量设置。但是不能直接按净量计算施工费，净量不是完整的施工作业量。只能在考虑各种影响因素的基础上，重新计算施工作业量，以施工作业量为基数完成计价。

施工作业量因为施工方案的不同，计算方法与计算结果各不相同。如同上例，按施工方案要求在净量的基础上，增加了工作面与放坡的作业量，计算结果作业工程量是 5096.3m^3。另一施工方案考虑到土质松散，采用挡土板支护开挖，工作面 0.3m，计算施工作业量

$$V=S\times L=(0.92+0.3\times 2)\times 1.8\times 1590.6=4351.9(m^3)$$

同一工程，由于施工方案的不同，工程造价各异。投标单位可根据工程条件选择能发挥自身技术优势的施工方案，力求降低工程造价，确立在招投标中的竞争优势。

需要说明的另一问题是，工程量清单计算规则是针对工程量清单项目的主项的计算方法及计量单位进行确定，对主项以外的所综合的工程内容的计算方法及计量单位不作确定，而由投标单位根据施工图及投标单位的经验自行确定。最后综合处理形成分部分项工程量清单综合单价。

5.2 工程量清单计价规范及其应用

5.2.1 总则及术语

(1) 总则

总则共计 6 条，规定了规范制定的目的、依据、适用范围、工程量清单计价活动应遵循的基本原则，以及附录的作用等。

1) (1.0.1 条)为规范建设工程量清单计价行为，统一建设工程工程量清单的编制和计价方法，根据《中华人民共和国招标投标法》及建设部令第 107 号《建筑工程施工发包与承包计价管理办法》，制订本规范。

我国建设工程招标投标实行“定额”计价，在工程承发包中发挥了很大作用，取得了明显成效，但在这一计价方式的推行过

程中，也存在一些突出问题，如：不能充分发挥市场竞争机制的作用；定额不能体现企业个别成本，市场中缺乏竞争力；定额约束了企业自主报价，达不到合理低价中标，形不成投标单位与招标单位双赢结果；当然，与国际通用做法也相距很远。随着我国社会主义市场经济的深化，“定额”计价的弊端越来越明显，应予以重视并解决。在认真总结我国工程招标投标实行“定额”计价的基础上，研究借鉴国外招标投标实行工程量清单计价的做法，制定了我国建设工程工程量清单计价规范，确立我国招标投标实行工程量清单计价应遵守的规则，要求参与招标投标活动的各方必须一致遵循，以保证工程量清单计价方式的顺利实施，充分发挥其在招标投标中的重要作用。

2)（1.0.2 条）“本规范”适用于建设工程工程量清单计价活动。

广义称“适用于建设工程工程量清单计价活动”，但就承发包方式而言，主要适用于建设工程招标投标的工程量清单计价活动。工程量清单计价是与现行“定额”计价方式共存于招标投标计价活动中的另一种计价方式。本规范所称建设工程是指建筑工程、装饰装修工程、安装工程、市政工程和园林绿化工程。凡是建设工程招标投标实行工程量清单计价，不论招标主体是政府机构、国有企事业单位、集体企业、私人企业和外商投资企业，还是资金来源于国有资金、外国政府贷款及援助资金、私人资金等都应遵守本规范。

3)（1.0.3 条）全部使用国有资金投资或国有资金投资为主的大中型建设工程应执行“本规范”。

从资金来源方面，规定了强制实行工程量清单计价的范围。“国有资金”是指国家财政性的预算内或预算外资金，国家机关、国有企事业单位和社会团体的自有资金及借贷资金，国家通过对内发行政府债券或向外国政府及国际金融机构举借主权外债所筹集的资金也应视为国有资金。“国有资金投资为主”的工程是指国有资金占总投资额50%以上或虽不足50%，但国有资产投资者实质上拥有控股权的工程。“大、中型建设工程”的界定按国家有关部门的规定执行。

4)（1.0.4条）建设工程工程量清单计价活动应遵循客观、公正、公平的原则。

工程量清单计价是市场经济的产物，并随着市场经济的发展而发展，必须遵循市场经济活动的基本原则，即客观、公正、公平的原则。所谓客观、公正、公平的原则，就是要求工程量清单计价活动要有高度透明度，工程量清单的编制要实事求是，不弄虚作假，招标要机会均等，公平一律地对待所有投标单位。投标单位要从本企业的实际情况出发，不能低于成本价报价，不能串通报价，双方应以诚实、信用的态度进行工程竣工结算。

5)（1.0.5条）建设工程工程量清单计价活动，除应遵循规范外，还应符合国家有关法律、法规及标准、规范的规定。

工程量清单计价活动是政策性、经济性、技术性很强的一项工作，涉及国家的法律、法规和标准规范比较广泛。所以，本规范提出工程量清单计价活动，除遵循本规范外，还应符合国家有关法律、法规及标准规范的规定。主要指：《建筑法》、《合同法》、《价格法》、《招标投标法》、建设部令第107号《建筑工程施工发包与承包计价管理办法》，以及直接涉及工程造价的工程质量、安全及环境保护等方面的工程建设强制性标准规范。

6)（1.0.6条）规范附录A、附录B、附录C、附录D、附录E应作为编制工程量清单的依据。

① 附录A为建筑工程工程量清单项目及计算规则，适用于工业与民用建筑物和构筑物工程。

② 附录B为装饰装修工程工程量清单项目及计算规则，适用于工业与民用建筑物和构筑物的装饰装修工程。

③ 附录C为安装工程工程量清单项目及计算规则，适用于工业与民用安装工程。

④ 附录D为市政工程工程量清单项目及计算规则，适用于城市市政建设工程。

⑤ 附录E为园林绿化工程工程量清单项目及计算规则，适用于园林绿化工程。

附录是本规范的组成部分，与正文具有同等效力。

附录是编制工程量清单的依据，主要体现在工程量清单中的12位编码的前9位应按附录中的编码确定，工程量清单中的项目名称应依据附录中的项目名称和项目特征设置，工程量清单中的计量单位应按附录中的计量单位确定，工程量清单中的工程数量应依据附录中的计算规则计算确定。

(2) 术语

1)(2.0.1条)工程量清单

表现拟建工程的分部分项工程项目、措施项目、其他项目名称和相应数量的明细清单(包括分部分项工程量清单、措施项目清单、其他项目清单)。

2)(2.0.2条)工程量清单计价

投标单位完成由招标单位提供的工程量清单所需的全部费用(在“工程量清单”基础上加规费、税金)。

3)(2.0.3条)工程量清单计价方法

在建设工程招投标中，招标单位或委托具有相应资质的中介机构，编制反映实体消耗和措施性消耗的工程量清单，并作为招标文件的一部分提供给投标单位，由投标单位依据工程清单自主报价的计价方式。

4)(2.0.4条)项目编码

采用十二位阿拉伯数字表示。一至九位为统一编码，其中，一、二位为附录顺序码，三、四位为专业工程顺序码，五、六位为分部工程顺序码，七、八、九位为分项工程项目名称顺序码，十至十二位为清单项目名称顺序码。

5）(2.0.5 条)综合单价

完成工程量清单中一个规定计量单位项目所需的人工费、材料费、机械使用费、管理费和利润，并考虑风险因素。

6）(2.0.6 条)措施项目

为完成工程项目施工，发生于该工程施工前和施工过程中技术、生活、安全等方面的非工程实体项目。

7）(2.0.7 条)预留金

招标单位为可能发生的工程量变更而预留的金额。

8）(2.0.8 条)总承包服务费

为配合协调招标单位进行的工程分包和材料采购所需的费用。

9）(2.0.9 条)零星工作项目费

完成招标单位提出的，工程量暂估的零星工作所需的费用。

10）(2.0.10 条)消耗量定额

由建设行政主管部门根据合理的施工组织设计，按照正常施工条件下制定的，生产一个规定计量单位工程合格产品所需人工、材料、机械台班的社会平均消耗量。

11）(2.0.11 条)企业定额

施工企业根据本企业的施工技术和管理水平，以及有关工程造价资料制定的，并供本企业使用的人工、材料和机械台班消耗量。

5.2.2 工程量清单编制

工程量清单编制共 14 条，规定了工程量清单编制人、工程量清单组成和分部分项工程量清单、措施项目清单、其他项目清单的编制等。

(1) 一般规定

1) (3.1.1 条)，工程量清单应由具有编制招标文件能力的招标单位，或受其委托具有相应资质的中介机构进行编制。

工程量清单是招标投标活动中，对招标单位和投标单位都具有约束力的重要文件，是招标投标活动的依据，专业性强，内容复杂，对编制人的业务技术水平要求高，能否编制出完整、严谨的工程量清单，直接影响招标的质量，也是招标成败的关键。因此，规定了工程量清单应由具有编制招标文件能力的招标单位或具有相应资质的中介机构进行编制。“相应资质的中介机构”是指具有工程造价咨询机构资质并按规定的业务范围承担工程造价咨询业务的中介机构等。

2) (3.1.2 条)工程量清单应作为招标文件的组成部分。

《中华人民共和国招标投标法》规定，招标文件应当包括招标项目的技术要求和投标报价要求。工程量清单体现了招标单位要求投标单位完成的工程项目及相应工程数量，全面反映了投标报价要求，是投标单位进行报价的依据，工程量清单应是招标文件不可分割的一部分。

3) (3.1.3 条)工程量清单应由分部分项工程量清单、措施项目清单、其他项目清单组成。

工程量清单应反映拟建工程的全部工程内容及为实现这些工程内容而进行的其他工作。借鉴国外实行工程量清单计价的做法，结合我国当前的实际情况，我国的工程量清单由分部分项工程量清单、措施项目清单和其他项目清单组成。分部分项工程量清单应表明拟建工程的全部分项实体工程名称和相应数量，编制时应避免错项、漏项：措施项目清单表明了，为完成分项实体工程而必须采取的一些措施性工作。编制时力求全面；其他项目清单主要体现了招标单位提出的一些与拟建工程有关的特殊要求，这些特殊要求所需的费用金额计入报价中。

(2) 分部分项工程量清单

1)（3.2.1 条、3.2.2 条）

① 分部分项工程量清单应包括项目编码、项目名称、计量单位和工程数量。

② 分部分项工程量清单应根据“计价规范”附录 A、附录 B、附录 C、附录 D、附录 E 规定的统一项目编码、项目名称、计量单位和工程量计算规则进行编制。

分部分项工程量清单包括的内容，应满足两方面的要求，其一要满足规范管理、方便管理的要求；二要满足计价的要求。为了满足上述要求，本规范提出了分部分项工程量清单的四个统一，即项目编码统一、项目名称统一、计量单位统一、工程量计算规则统一。招标单位必须按规定执行，不得因情况不同而变动。

2)（3.2.3 条）分部分项工程量清单的项目编码，1～9 位应按附录 A、附录 B、附录 C、附录 D、附录 E 的规定设置；10～12 位应根据拟建工程的工程量清单项目名称由其编制人设置，并应自 001 起顺序编制。

分部分项工程量清单编码以 12 位阿拉伯数字表示，前 9 位为全国统一编码，编制分部分项工程量清单时应按附录中的相应编码设置、不得变动，后 3 位是清单项目名称编码，由清单编制人根据设置的清单项目编制。

3)（3.2.4 条）分部分项工程量清单的项目名称应按下列规定确定。

① 项目名称应按附录 A、附录 B、附录 C、附录 D、附录 E 的项目名称与项目特征并结合拟建工程的实际确定。

② 编制工程量清单，出现附录 A、附录 B、附录 C、附录 D、附录 E 中未包括的项目，编制人作相应补充，并应报省、自治区、直辖市工程造价管理机构备案。

分部分项工程量清单项目名称的设置，应考虑三个因素，一是附录中的项目名称；二是附录中的项目特征；三是拟建工程的实际情况。工程量清单编制时，以附录中的项目名称为主体，考虑该项目的规格、型号、材质等特征要求，结合拟建工程的实际情况，使其工程量清单项目名称具体化、细化，能够反映影响工程造价的主要因素。

随着科学技术的发展，新材料、新技术、新的施工工艺将伴随出现，因此本规范规定，凡附录中的缺项，工程量清单编制时，编制人可作补充。补充项目应填写在工程量清单相应分部工程项目之后，并在“项目编码”栏中以“补”字示之。

4）(3.2.5 条)分部分项工程量清单的计量单位应按附录 A、附录 B、附录 C、附录 D、附录 E 中规定的计量单位确定。

现行“预算定额”，其项目一般是按施工工序进行设置的，包括的工程内容一般是单一的，据此规定了相应的工程量计算规则。工程量清单项目的划分，一般是以一个“综合实体”考虑的，一般包括多项工程内容，据此规定了相应的工程量计算规则。二者的工程量计算规则是有区别的。

5）(3.2.6 条)工程数量应按下列规定进行计算：

① 工程数量应按附录 A、附录 B、附录 C、附录 D、附录 E 中规定的工程量计算规则计算。

② 工程数量的有效位数应遵守下列规定：

以“吨”(t)为单位，应保留小数点后三位数字，第四位四舍五入；

以“立方米”(m^3)、“平方米”(m^2)、“米”(m)为单位，应保留小数点后两位数字，第三位四舍五入；

以“个”、“项”等为单位，应取整数。

(3) 措施项目清单

1）措施项目清单应根据拟建工程的具体情况，参照表 5.2.1

列项。

措施项目一览表　　表 5.2.1

序号	项目名称	序号	项目名称
	一、通用项目	3	压力容器和高压管道的检验
1	环境保护	4	焦炉施工大棚
2	文明施工	5	焦炉烘炉、热态工程
3	安全施工	6	管道安装后的充气保护措施
4	临时设施	7	隧道内施工的通风、供水、供气、供电、照明及通讯设施
5	夜间施工	8	现场施工围栏
6	二次搬运	9	长输管道临时水工保护设施
7	大型机械设备进出场及安拆	10	长输管道施工便道
8	混凝土、钢筋混凝土模板及支架	11	长输管道跨越或穿越施工措施
9	脚手架	12	长输管道地下穿越地上建筑的保护措施
10	已完工程及设备保护	13	长输管道工程施工队伍调遣
11	施工排水、降水	14	格构式拔杆
	二、建筑工程		五、市政工程
1	垂直运输机械	1	围堰
	三、装饰装修工程	2	筑岛
1	垂直运输机械	3	现场施工围栏
2	室内空气污染测试	4	便道
	四、安装工程	5	便桥
1	组装平台	6	洞内施工的通风、供水、供气、供电、照明及通讯设施
2	设备、管道施工的安全、防冻和焊接保护措施	7	驳岸块石清理

措施项目清单的编制应考虑多种因素，除工程本身的因素外，还涉及水文、气象、环境、安全等和施工企业的实际情况。为此本规范提供“措施项目一览表”作为列项的参考。表中“通用项目”所列内容是指各专业工程的“措施项目清单”中均可列出的措施项目。表中各专业工程中所列的内容，是指相应专业的“措施项目清单”中可列的措施项目。措施项目清单以“项”为计量单位，相应数量为“1”。

2)(3.3.2条)编制措施项目清单，出现表5.2.1未列的项目，编制人可作补充。

影响措施项目设置的因素太多，“措施项目一览表”中不能一一列出，因情况不同，出现表中未列的措施项目，工程量清单编制人可作补充。补充项目应列在清单项目的最后，并在“序号”栏中以“补”字示之。

(4) 其他项目清单

1)(3.4.1条)其他项目清单应根据拟建工程的具体情况，参照下列内容列项。

预留金、材料购置费、总承包服务费、零星工作项目费等。

工程建设标准的高低、工程的复杂程度、工程的工期长短、工程的组成内容等直接影响其他项目清单中的具体内容，本规范提供了两部分四项作为列项参考。其不足部分，清单编制人可作补充，补充项目应列在清单项目的最后，并以“补”字在“序号”栏中示之。

预留金是主要考虑可能发生的工程量变更而预留的金额，此处提出的工程量变更主要指工程量清单漏项或有误而引起工程量的增加，和施工中的设计变更而引起标准提高或工程量的增加等。

总承包服务费包括配合协调招标单位工程分包和材料采购所需的费用，此处提出的工程分包是指国家允许分包的工程。

2)(3.4.2条)零星工作项目表应根据拟建工程的具体情况，详细列出人工、材料、机械的名称、计量单位和相应数量，并随工程量清单发至招标单位。

为了准确地计价，零星工作项目表应详细列出人工、材料、机械名称和相应数量。人工应按工程列项，材料和机械应按规格、型号列项。

3)（3.4.3 条）编制其他项目清单，出现第 1 条未列的项目，编制人可作补充。

5.2.3 工程量清单计价

工程量清单计价共 10 条，规定了工程量清单计价的工作范围、工程量清单计价价款构成、工程量清单计价单价和标底、报价的编制、工程量调整及其相应单价的确定等。

(1)（4.0.1 条）实行工程量清单计价招标投标的建设工程，其招标标底、投标报价的编制、合同价款确定与调整、工程结算应按本规范执行。

本条既规定了工程量清单计价活动的工作内容，同时又强调了工程量清单计价活动应遵循本规范的规定。招标投标实行工程量清单计价，是指招标单位公开提供工程量清单，投标单位自主报价或招标单位编制标底及双方签定合同价款、工程竣工结算等活动。从我国近些年的招标投标计价活动情况看，压级压价，合同价款签订不规范，工程结算久拖不结等现象比较普遍，也比较严重．有损于招投标活动中的公开、公平、公正和诚实信用的原则。招标投标实行工程量清单计价，是一种新的计价模式，为了合理确定工程造价，避免旧事重演，本规范从工程量清单的编制、计价至工程量调整等各个主要环节都作了详细规定，工程量清单计价活动中应严格遵守。

(2)（4.0.2 条）工程量清单计价应包括按招标文件规定，完成工程量清单所列项目的全部费用，包括分部分项工程费、措施项目费、其他项目费和规费、税金。

为了避免或减少经济纠纷，合理确定工程造价，本规范规定，工程量清单计价价款，应包括完成招标文件规定的工程量清单项目所需的全部费用。其内涵：①包括分部分项工程费、措施项目费、其他项目费和规费、税金；②包括完成每分项工程所含全部工程内容的费用；③包括完成每项工程内容所需的全部费用（规费、税金除外）；④工程量清单项目中没有体现的，施工中又必须发生的工程内容所需的费用；⑤考虑风险因素而增加的费用。

(3) (4.0.3 条)工程量清单应采用综合单价计价。

为了简化计价程序，实现与国际接轨，工程量清单计价采用综合单价计价，综合单价计价是有别于现行定额工料单价计价的另一种单价计价方式，应包括完成规定计量单位、合格产品所需的全部费用，考虑我国的现实情况，综合单价包括除规费、税金以外的全部费用。综合单价不但适用于分部分项工程量清单，也适用于措施项目清单、其他项目清单等。各省、直辖市、自治区工程造价管理机构，应制定具体办法，统一综合单价的计算和编制。

(4) (4.0.4 条)分部分项工程量清单的综合单价，应根据本规范规定的综合单价组成，按设计文件或参照“计价规范”附录A、附录B、附录C、附录D、附录E中的“工程内容”确定。

由于受各种因素的影响，同一个分项工程可能设计不同，由此所含工程内容会发生差异。附录中“工程内容”栏所列的工程内容没有区别不同设计而逐一列出。就某一个具体工程项目而言，确定综合单价时，附录中的工程内容仅供参考。

分部分项工程量清单的综合单价，不得包括招标单位自行采购材料的价款。

(5) (4.0.5 条)措施项目清单的金额，应根据拟建工程的施工方案或施工组织设计，参照“计价规范”规定的综合单价组成确定。

措施项目清单中所列的措施项目均以“一项”提出，所以计价时，首先应详细分析其所含工程内容，然后确定其综合单价。措施项目不同，其综合单价组成内容可能有差异，因此本规范强调，在确定措施项目综合单价时，本规范规定的综合单价组成仅供参考。

招标单位提出的措施项目清单是根据一般情况确定的，没有考虑不同投标单位的“个性”，因此投标单位在报价时，可以根据本企业的实际情况增加措施项目内容报价。

(6) (4.0.6 条)其他项目清单的金额应按下列规定确定。

1) 招标单位部分的金额可按估算金额确定。

2) 投标单位部分的总承包服务费应根据招标单位提出要求所发生的费用确定，零星工作项目费应根据“零星工作项目计价表”确定。

3) 零星工作项目的综合单价应参照本规范规定的综合单价组成填写。

其他项目清单中的预留金、材料购置费和零星工作项目费,均为估算、预测数量,虽在投标时计入投标单位的报价中,不应视为投标单位所有。竣工结算时,应按承包人实际完成的工作内容结算,剩余部分仍归招标单位所有。

(7) (4.0.7 条)招标工程如设标底，标底应根据招标文件中的工程量清单和有关要求、施工现场实际情况、合理的施工方法以及按照省、自治区、直辖市建设行政主管部门制定的有关工程造价计价办法进行编制。

《招标投标法》规定，招标工程设有标底的，评标时应参考标底，标底的参考作用，决定了标底的编制要有一定的强制性。这种强制性主要体现在标底的编制应按建设行政主管部门制定的有关工程造价计价办法进行，标底的编制除应遵照本规范规定外，还应符合建设部令第 107 号《建筑工程施工发包与承包计价管理办法》第六条的要求。

(8) (4.0.8 条)投标报价应根据招标文件中的工程量清单和有关要求、施工现场实际情况及拟定的施工方案或施工组织设计，依据企业定额和市场价格信息，或参照建设行政主管部门发布的社会平均消耗量定额进行编制。

工程造价应在政府宏观调控下，由市场竞争形成。在这一原则指导下，投标单位的报价应在满足招标文件要求的前提下实行人工、材料、机械消耗量自定，价格费用自选、全面竞争、自主报价的方式。

(9)(4.0.9条)合同中综合单价因工程量变更需调整时，除合同另有约定外，应按照下列办法确定：

1）工程量清单漏项或设计变更引起新的工程量清单项目，其相应综合单价由承包单位提出，经发包单位确认后作为结算的依据。

2）由于工程量清单的工程数量有误或设计变更引起工程量增减，属合同约定幅度以内的，应执行原有的综合单价；属合同约定幅度以外的，其增加部分的工程量或减少后剩余部分的工程量的综合单价由承包单位提出，经发包单位确认后，作为结算的依据。

为了合理减少工程承包单位的风险，并遵照谁引起的风险谁承担责任的原则，本规范对工程量的变更及其综合单价的确定作了规定。执行中应注意：

① 不论由于工程量清单有误或漏项，还是由于设计变更引起新的工程量清单项目或清单项目工程数量的增减，均应按实调整；

② 工程量变更后综合单价的确定应按本规范的规定执行；

③ 本条仅适用于分部分项工程量清单。

本条规定以外的费用损失主要指“措施项目费”或其他有关费用的损失。

(10)(4.0.10条)由于工程量的变更，且实际发生了上述九条规定以外的费用损失，承包单位可提出索赔要求，与发包单位协商确认后，给予补偿。

合同履行过程中，引起索赔的原因很多，本规范强调了“由于工程量的变更，……承包单位可提出索赔要求”，但不否认其他原因发生的索赔或工程发包单位可能提出的索赔。

5.2.4 工程量清单及其计价格式

(1) 工程量清单格式

1)(5.1.1 条)工程量清单应采用统一格式。

2)(5.1.2 条)工程量清单格式应由下列内容组成：

① 封面。

② 填表须知。

③ 总说明，见表 5.2.2。

总 说 明 **表 5.2.2**

工程名称：办公楼建筑工程

1. 工程概况：建筑面积 2000m²，5 层，毛石基础，砖混结构。施工工期 10 个月。交通运输方便，施工现场有少数积水，现场东 150m 处有学校，施工要防噪音。

2. 招标范围：全部建筑工程。

3. 清单编制依据：建设工程工程量清单计价规范、施工设计图文件、施工组织设计等。

4. 工程质量应达省优标准。

5. 考虑施工中可能发生的设计变更或清单有误，预留金额 10 万元。

6. 投标单位在投标时应按《建设工程工程量清单计价规范》规定的统一格式，提供"分部分项工程量清单综合单价分析表"、"措施项目费分析表"。

7. 随清单附有"主要材料价格表"，投标单位应按其规定内容填写。

④ 分部分项工程量清单，见表 5.2.3。

分部分项工程量清单 **表 5.2.3**

工程名称：办公楼建筑工程

序号	项目编码	项 目 名 称	计量单位	工程数量
		土石方工程		
1	010101003001	挖带形基槽，二类土，槽宽 0.60m，深 0.80m，弃土运距 150.00m	m^3	300.00

续表

序号	项目编码	项目名称	计量单位	工程数量
2	010101003002	挖带形基槽，二类土，槽宽1.00m，深 2.10m，弃土运距150.00m	m^3	500.00
3		（以下略）		
		砌筑工程		
4	010301003001	垫层，3∶7 灰土厚 15cm	m^3	80.00
5	010305001001	毛石带形基础，M5 水泥砂浆砌，深 2.10m	m^3	480.00
6		（以下略）		
		混凝土及钢筋混凝土工程		
7	010412002001	预制钢筋混凝土空心楼板，C30，350 × 50 × 18，最大安装高度 15.00m	m^3	50.00
8		（以下略）		
		（其他略）		

⑤ 措施项目清单，见表 5.2.4。

措施项目清单 **表 5.2.4**

工程名称：办公楼建筑工程

序号	项目名称	序号	项目名称
1	临时设施	4	环境保护
2	大型机械设备进出场及安拆	5	施工排水
3	垂直运输机械	6	（其他略）

⑥ 其他项目清单，见表 5.2.5。

其他项目清单 **表 5.2.5**

工程名称：办公楼建筑工程

序号	项目名称	序号	项目名称
1	预留金	2	零星工作项目费

⑦ 零星工作项目表，见表5.2.6(此表是为其他项目清单计价服务的)。

零星工作项目表 **表5.2.6**

工程名称：办公楼建筑工程

序 号	名 称	计量单位	数 量
1	人工 (1) 木工 (2) 搬运工 (3) (以下略)	 工 日 工 日	 20 30
	小 计		
2	材料 (1) 茶色玻璃5mm (2) 镀锌铁皮20#	 m^2 m^2	 100 10
	小 计		
3	机械 (1) 载重汽车4t (2) 点焊机100kV·A (3) (以下略)	 台 班 台 班	 10 5
	小 计		
	合 计		

3) (5.1.3条)工程量清单格式的填写应符合下列规定：

① 工程量清单应由招标单位填写。

② 填表须知除本规范内容外，招标单位可根据具体情况进行补充。

③ 总说明应按下列内容填写。

A. 工程概况：建设规模、工程特征、计划工期、施工现场实际情况、交通运输情况、自然地理条件、环境保护要求等。

B. 工程招标和分包范围。

C. 工程量清单编制依据。

D. 工程质量、材料、施工等的特殊要求。

E. 招标单位自行采购材料的名称、规格型号、数量等。

F. 预留金、自行采购材料的金额数量。

G. 其他需说明的问题。

注：序号2)(5.1.2条)内容举例只填写了建筑工程表，装饰装修和安装工程表略。主要材料价格表见5.2.7。

主要材料价格表 **表5.2.7**

工程名称：办公楼建筑工程

序号	材料编码	材料名称	规格、型号等特殊要求	单位	单价(元)
1	(均按统一编码填写)	低碳盘条	$\phi8$	t	
2		圆　钢	$\phi20$	t	
3		普通硅酸盐水泥	32.5	t	
4		(以下略)			

封面

某办公楼＿＿＿＿工程

工程量清单

招标单位：＿＿×××＿＿(单位签字盖章)

法定代表人：＿＿×××＿＿(签字盖章)

中介机构法定代表人：＿＿×××＿＿(签字盖章)

造价工程师及注册证号：＿＿×××＿＿(签字盖执业专用章)

编制时间：＿＿×××＿＿

填　写　须　知

1. 工程量清单及其计价格式中所有要求签字、盖章的地方，必须由规定的单位和人员签字、盖章。

2. 工程量清单及其计价格式中的任何内容不得随意删除或涂改。

3. 工程量清单计价格式中列明的所有需要填报的单价和合价，投标单位均应填报，未填报的单价和合价，视为此项费用已包含在工程量清单的其他单价和合价中。

4. 金额(价格)均应以人民币表示

(2) 工程量清单计价格式

1)(5.2.1 条)工程量清单计价应采用统一格式。

2)(5.2.2 条)工程量清单计价格式应随招标文件发至投标单位。工程量清单计价格式应由下列内容组成：

① 封面。

② 投标总价。

③ 工程项目总价表，见表 5.2.8。

工程项目总价表 **表 5.2.8**

工程名称：办公楼建筑工程

序　号	单项工程名称	金额(元)
1	办公楼工程	1235440.00

④ 单项工程费汇总表，见表 5.2.9。

单项工程费汇总表 **表 5.2.9**

工程名称：办公楼建筑工程

序　号	单位工程名称	金额(元)
1	建筑工程	535490.00
2	装饰装修工程	411950.00
3	安装工程	214000.00
	其中：电气设备安装工程	48000.00
	给排水、采暖、燃气工程	26000.00
合　计		1235440.00

⑤ 单位工程费汇总表，见表 5.2.10。

单位工程费汇总表　　　　**表 5.2.10**

工程名称：办公楼建筑工程

序　号	项　目　名　称	金额(元)
1	分部分项工程量清单计价合计	167440.00
2	措施项目清单计价合计	149800.00
3	其他项目清单计价合计	108250.00
4	规费	90000.00
5	税金	20000.00
合　　计		535490.00

⑥ 分部分项工程量清单计价表，见表 5.2.11。

分部分项工程量清单计价表　　　　**表 5.2.11**

工程名称：办公楼建筑工程

序号	项目编码	项目名称	计量单位	工程数量	金额(元)	
		土石方工程			综合单价	合价
1	010101003001	挖带形基槽，二类土，槽宽 0.60m，深 0.80m，弃土运距 150.00m	m^3	300.00	30.00	9000.00
2	010101003002	挖带形基槽，二类土，槽宽 1.00m，深 2.10m，弃土运距 150.00m	m^3	500.00	70.00	35000.00
3		(以下略)				
		小计				44000.00
		砌筑工程				
4	010301003001	垫层，3：7 灰土厚 15cm	m^3	80.00	73.00	5840.00
5	010305001001	毛石带形基础，M5 水泥砂浆砌，深 2.10m	m^3	480.00	120.00	57600.00
6		(以下略)				

续表

序号	项目编码	项目名称	计量单位	工程数量	金额(元)	
		小计				63440.00
		混凝土及钢筋混凝土工程				
7	010312002001	预制钢筋混凝土空心楼板，C30，350×50×18，最大安装高度 15.00m	m^3	50.00	1200.00	60000.00
8		(以下略)				
		小计				60000.00
		(其他略)				
		合计				167440.00

⑦ 措施项目清单计价表，见表 5.2.12。

措施项目清单计价表 **表 5.2.12**

工程名称：办公楼建筑工程

序　号	项　目　名　称	金额(元)
1	临时设施	36000.00
2	大型机械设备进出场及安拆	3800.00
3	垂直运输机械	100000.00
4	环境保护	6000.00
5	施工排水	4000.00
6	(其他略)	
合　计		149800.00

⑧ 其他项目清单计价表，见表 5.2.13。

其他项目清单计价表 **表 5.2.13**

工程名称：办公楼建筑工程

序　号	项　目　名　称	金额(元)
1	招标单位部分 预留金	 100000.00

续表

序　号	项目名称	金额(元)
小计		100000.00
2	投标单位部分 零星工作项目费	8250.00
小　计		8250.00
合　计		108250.00

⑨ 零星工作项目计价表，见表 5.2.14。

零星工作项目计价表　　表 5.2.14

工程名称：办公楼建筑工程

序号	名　称	计量单位	数　量	金　额(元)	
				综合单价	合　价
1	人工 (1)木工 (2)搬运工 (3)(以下略)	 工日 工日	 20 30	 40.00 30.00	 800.00 900.00
	小　计				1700.00
2	材料 (1)茶色玻璃 5mm (2)镀锌铁皮 20#	 m^2 m^2	 100 10	 28.00 40.00	 2800.00 400.00
	小　计				3200.00
3	机械 (1)载重汽车 4t (2)点焊机 100kV·A (3)(以下略)	 台班 台班	 10 5	 250 170	 2500.00 850.00
	小　计				3350.00
	合　计				8250.00

⑩ 分部分项工程量清单综合单价分析表，见表 5.2.15。

⑪ 措施项目分析表，见表 5.2.16。

表 5.2.15

分部分项工程量清单综合单价分析表

工程名称：办公楼建筑工程

序号	项目编码	项目名称	工程内容	综合单价组成					综合单价
				人工费	材料费	机械使用费	管理费	利润	
1	010101003001	挖带形基槽，二类土，槽宽0.60m，深0.80m，弃土运距150.00m	挖土	23.00	0.06	0.03	5.30	1.61	30.00元/m^3
			挖土	16.00		0.03	4.00	1.21	
			基底钎探	1.00	0.06		0.30	0.10	
			运土	6.00			1.00	0.30	
2	010101003002	挖带形基槽，二类土，槽宽1.00m，深2.10m，弃土运距150.00m	挖土	38.70	15.04	0.01	12.75	3.95	70.45元/m^3
			挖土	21.00		0.01	5.30	1.60	
			基底钎探	1.5	0.04		0.45	0.15	
			运土	6.00			1.00	0.30	
			挡土板	10.20	15.00		6.00	1.90	

表 5.2.16

措施项目费分析表

工程名称：办公楼建筑工程

序号	措施项目名称	单位	数量	金额(元)					
				人工费	材料费	机械使用费	管理费	利润	小计
1	临时设施	项	1	300.00	28000.00	500.00	5500.00	1700.00	36000.00
2	大型机械设备进出场及安拆	项	1	700.00	300.00	2000.00	600.00	200.00	3800.00
3	垂直运输机械	项	1			80000.00	16000.00	4000.00	100000.00
4	环境保护	项	1	500.00	4400.00		800.00	300.00	6000.00
5	施工排水	项	1	300.00	400.00	2500.00	600.00	200.00	4000.00
	合计			1800.00	33100.00	85000.00	23500.00	6400.00	149800.00

⑫ 主要材料价格表，见表5.2.17。

主要材料价格表 **表5.2.17**

工程名称：办公楼建筑工程

序号	材料编码	材料名称	规格、型号等特殊要求	单位	单价(元)
1	(均按编码填写)	低碳盘条	$\phi 8$	t	2400.00
2		圆　钢	$\phi 20$	t	2300.00
3		普通硅酸盐水泥	32.5	t	240.00
4		(以下略)			

注：序号2)(5.2.2条)内容举例只列出建筑工程表，装饰装修和安装工程表略。

封面

某办公楼　　　工程

工程量清单单报价表

招标单位：(略)(单位签字盖章)

法定代表人：(略)(签字盖章)

造价工程师及注册证号：(略)(签字盖章)

投　标　总　价

建设单位：(略)

工程名称：办公楼工程

总标总价(小写)：1235440.00元

(大写)：壹佰贰拾叁万伍仟肆佰肆拾元

投标单位：×××(单位签字盖章)

法定代表人：×××(签字盖章)

编制时间：(略)

编制时间：×××

3)(5.2.3条)工程量清单计价格式的填写应符合下列规定：

① 工程量清单计价格式应由投标单位填写。

② 封面应按规定内容填写、签字、盖章。

③ 投标总价应按工程项目总价表合计金额填写。

④ 工程项目总价表

A. 表中单项工程名称应按单项工程费汇总表的工程名称填写。

B. 表中金额应按单项工程费汇总表的合计金额填写。

⑤ 单项工程费汇总表

1）表中单位工程名称应按单位工程费汇总表的工程名称填写。

2）表中金额应按工程费汇总表的合计金额填写。

⑥ 单位工程费汇总表中的金额应分别按照分部分项工程量清单计价表、措施项目清单计价表和其他项目清单计价表的合计金额应按有关规定计算的规费、税金填写。

⑦ 分部分项工程量清单计价表中的序号、项目编码、项目名称、计量单位、工程数量必须按分部分项工程量清单中的相应内容填写。

⑧ 措施项目清单计价表

A. 表中的序号、项目名称必须按措施项目清单中的相应内容填写。

B. 投标单位可根据施工组织设计采取的措施增加项目。

⑨ 其他项目清单计价表

A. 表中的序号、项目名称必须按其他项目清单中的相应内容填写。

B. 投标单位部分的金额必须按序号 5.2.4(5.1.3 条)中招标单位提出的数额填写。

⑩ 零星工作项目计价表

表中的人工、材料、机械名称、计量单位和相应数量应按零星工作项目表中相应的内容填写，工程竣工后零星工作费应按实际完成的工程量所需费用结算。

⑪ 分部分项工程量清单综合单价分析表和措施项目费分析

表，应由招标单位根据需要提出要求后填写。

⑫ 主要材料价格表

A. 招标单位提供的主要材料价格表应包括详细的材料编码、材料名称、规格型号和计量单位等。

B. 所填写的单价必须与工程量清单计价中采用的相应材料的单价一致。

5.2.5 主要项目编码举例

术语第 2 条已介绍了项目编码由 12 位阿拉伯数字表示。本书只举例介绍建筑工程前 6 位数字编码规定，其余可见《建设工程工程量清单计价规范》(GB 50500—2003)附录 A、附录 B、附录 C、附录 D 和附录 E。

建筑工程前 6 位数字编码规定见表 5.2.18。

建筑工程主要项目编码　　表 5.2.18

序号	项目名称	项目编码	序号	项目名称	项目编码
一、土(石)方工程			四、混凝土及钢筋混凝土		
1	土方工程	010101	1	现浇混凝土基础	010401
2	石方工程	010102	2	现浇混凝土桩	010402
3	土石方回填	010103	3	现浇混凝土梁	010403
二、桩与地基基础			4	现浇混凝土墙	010404
1	混凝土土桩	010201	5	现浇混凝土板	010405
2	其他桩	010202	6	现浇混凝土楼梯	010406
3	地基与边坡处理	010203	7	现浇混凝土其他构件	010407
三、砌筑工程					
1	砖基础	010301	8	后浇带	010408
2	砖砌体	010302	9	预制混凝土柱	010409
3	砖构筑物	010303	10	预制混凝土梁	010410
4	砌块砌体	010304	11	预制混凝土屋架	010411
5	石砌体	010305	12	预制混凝土板	010412
6	砖散水、地坪、地沟	010306	13	预制混凝土楼梯	010413
			14	其他预制构件	010414

续表

序号	项目名称	项目编码	序号	项目名称	项目编码
15	混凝土构筑物	010415	5	压型钢板楼板、墙板	010605
16	钢筋工程	010416			
17	螺栓、铁件	010417	6	钢构件	010606
五、厂库房大门、特种门、木结构			7	金属网	010607
1	厂库房大门、特种门	010501	七、屋面及防水工程		
			1	瓦、型材屋面	010701
2	木屋架	010502	2	屋面防水	010702
3	木构件	010503	3	墙、地面防水、防潮	010703
六、金属结构工程					
1	钢屋架、钢网架	010601	八、防腐、隔热、保温		
2	钢托架、钢构架	010602	1	防腐面层	010801
3	钢柱	010603	2	其他防腐	010802
4	钢梁	010604	3	隔热、保温	010803

5.3 工程量清单项目及计算规则

以建筑工程“计价规范”附录 A 为例介绍工程量清单项目及计算规则。以下所提的附录 A、附录 B、附录 C、附录 D、附录 E 均为“计价规范”中附录，届时请查阅该规范。

5.3.1 内容及适用范围

(1) 内容：附录 A 清单项目包括土石方工程、地基与桩基础工程、砌筑工程、混凝土及钢筋混凝土工程、厂库房大门、特种门、木结构工程、金属结构工程、屋面及防水工程、防腐隔热保温工程，共 8 章 45 节，177 个项目。

(2) 使用范围：附录 A 清单项目适用于采用工程量清单计价的工业与民用的建筑物和构筑物的建筑工程。

5.3.2 章、节、项目的划分

(1) 附录A清单项目与《全国统一建筑工程基础定额》章、节、项目划分进行适当对应衔接，以便广大的建设工程造价从业者从熟悉的计价办法尽快适应新的计价规范。

(2)《全国统一建筑工程基础定额》内的地面工程、装饰工程分部(章)纳入附录B“装饰装修工程量清单项目及计算规则”；脚手架工程、垂直运输工程等列入工程量清单措施项目费。

(3) 附录A清单项目“节”的设置，除个别节列入工程量清单措施项目费外(例如，土石方工程施工降水、混凝土及钢筋混凝土模板等)还有个别节纳入附录B(例如普通木门窗的制作、安装等)，其他基本未动。

(4) 附录A清单项目“子目”的设置，子目的设置力求齐全，补充了新材料、新技术、新工艺、新施工方法的有关项目，以适应建筑技术发展的需要。设置的新项目有：地下连续墙、旋喷桩、喷粉桩、锚杆支护、土钉支护、薄壳板、后浇带、膜结构、保温外墙等。

5.3.3 有关问题说明

(1) 附录与附录之间的衔接

1) 附录A的管沟、土石方、基础、地沟等清单项目也适用于附录C“安装工程工程量清单项目及计算规则”。

2) 附录A清单项目也适用于附录E“园林绿化工程工程量清单项目及计算规则”中未列项的项目。

3) 附录A与附录B“装饰装修工程工程量清单项目及计算规则”的界线。

① 基础垫层含在附录A基础项目内；地面垫层含在附录B.1.1、B.1.2、B.1.3、B.1.4、B.1.8项目内。

② 库房大门、特种门含在附录A表A.5.1内；其他门含在

附录 B. 4. 1 内。

(2) 附录 A 共性问题的说明

1) 附录 A 清单项目中的工程量是按建筑物或构筑物的实体净量计算，施工中所发生的材料、成品、半成品的各种制作、运输、安装等的一切损耗，应包括在报价内。

2) 附录 A 清单项目中所发生的钢材(包括钢筋、型钢、钢管等)均按理论重量计算，其理论重量与实际重量的偏差，应包括在报价内。

3) 设计规定或施工组织设计规定的已完工产品保护发生的费用列入工程量清单措施项目费内。

4) 高层建筑所发生的人工降效、机械降效、施工用水加压等应包括在各分项报价内；卫生用临时管道应考虑在临时设施费用内。

5) 施工中所发生的施工降水、土方支护结构、施工脚手架、模板及支撑费用、垂直运输费用等，应列在工程量清单措施项目费内。

5.3.4 举例：桩与地基基础工程

(1) 概况

本章共 3 节 12 个项目。包括混凝土桩、其他桩和地基与边坡的处理，适用于地基与边坡的处理、加固。

(2) 有关项目的说明

1)“预制钢筋混凝土桩”项目适用于预制混凝土方桩、管桩和板柱等。应注意：

① 试桩应按“预制钢筋混凝土桩”项目编码单独列项。

② 试桩与打桩之间间歇时间，机械在现场的停滞，应包括在打试桩报价内。

③ 打钢筋混凝土预制板桩是指滞留原位(即不拔出)的板桩，板桩应在工程量清单中描述其单桩垂直投影面积。

④ 预制桩刷防护材料应包括在报价内。

2)“接桩”项目适用于预制钢筋混凝土方桩、管桩和板桩的接桩。应注意：

① 方桩、管桩接桩按接头个数计算；板桩按接头长度计算。

② 接桩应在工程量清单中描述接头材料。

3)“混凝土灌注桩”项目适用于人工挖孔灌注桩、钻孔灌注桩、爆扩灌注桩、打管灌注桩、振动管灌注桩等。应注意：

① 人工挖孔时采用的护壁(如：砖砌护壁、预制钢筋混凝土护壁、现浇钢筋混凝土护壁、钢模周转护壁、竹笼护壁等)，应包括在报价内。

② 钻孔固壁泥浆的搅拌运输，泥浆池、泥浆沟槽的砌筑、拆除，应包括在报价内。

4)“砂石灌注桩”适用于各种成孔方式(振动沉管、锤击沉管等)的砂石灌注桩。应注意：灌注桩的砂石级配、密实系数均应包括在报价内。

5)“挤密桩”项目适用于各种成孔方式的灰土、石灰、水泥粉、煤灰、碎石等挤密桩。应注意，挤密桩的灰土级配、密实系数均应包括在报价内。

6)“旋喷桩”项目适用于水泥浆旋喷桩。

7)“喷粉桩”项目适用于水泥、生石灰粉等喷粉桩。

8)“地下连续墙”项目适用于各种导墙施工的复合型地下连续墙工程。

9)“锚杆支护”项目适用于岩石高削坡混凝土支护挡墙和风化岩石混凝土、砂浆护坡。应注意：

① 钻孔、布筋、锚杆安装、灌浆、张拉等搭设的脚手架，应列入措施项目费内。

② 锚杆土钉应按混凝土及钢筋混凝土相关项目编码列项。

10)“土钉支护”项目适用于土层的锚固(注意事项同锚杆支护)。

(3) 共性问题说明

1）本章各项目适用于工程实体，如：地下连续墙适用于构成建筑物、构筑物地下结构部分的永久性的复合型地下连续墙。作为深基础支护结构，应列入清单措施项目费，在分部分项工程量清单中不反映其项目。

2）各种桩(除预制钢筋混凝土桩)的充盈量，应包括在报价内。

3）振动沉管、锤击沉管若使用预制钢筋混凝土桩尖时，应包括在报价内。

4）爆扩桩扩大头的混凝土量，应包括在报价内。

5）桩的钢筋(如：灌注桩的钢筋笼、地下连续墙的钢筋网、锚杆支护、土钉支护的钢筋网及预制桩头钢筋等)应按混凝土及钢筋混凝土有关项目编码列项。

(4) 例如：某工程灌注桩

土壤级别：二级土，单根桩设计长度：8m，总根数：127根，桩截面：ϕ800。

灌注混凝土的强度等级 C30。

1）经业主根据灌注桩基础施工图计算：

混凝土灌注桩总长为：8m×127＝1016m

2）经投标单位根据地质资料和施工方案计算：

① 混凝土桩总体积为：$3.146\times(0.4m)^2\times1016m=510.7m^3$

混凝土桩实际消耗总体积为：$510.7m^3\times(1+0.015+0.25)=646.04m^3$

(每立方米实际消耗混凝土量为：$1.265m^3$)

② 钻孔灌注混凝土的计算：

A. 人工费：25 元/日 × 8.4 工日/$10m^3$ × $510.7m^3$ ＝ 107247 元

B. 材料费：C30 混凝土：210 元/m^3 × $1.265m^3/m^3$ × $510.7m^3$ ＝135667.46 元

板枋材：1200 元/$m^3\times0.01m^3/m^3\times510.7m^3$＝6128.4 元

黏土：340 元/m^3×0.054m^3/m^3×510.7m^3＝9376.45 元

电焊条：5 元/kg×0.145kg/m^3×510.7m^3＝370.26 元

水：1.8 元/m^3×2.62m/m^3×510.7m^3＝2408.46 元

铁钉：2.4 元/kg×0.039kg/m^3×510.7m^3＝47.80 元

其他材料费：30155×16.04%＝4836.86 元

小计：158835.69 元

C. 机械费：潜水钻机(ϕ1250 内)：290 元/台班×0.422 台班/m^3×510.7m^3＝62499.47 元

交流焊机(40kV·A)：59 元/台班×0.026 台班/m^3×510.7m^3＝783.41 元

空气压缩机(m^3/min)：11 元/台班×0.045 台班/m^3×510.7m^3＝2527.97 元

混凝土搅拌机(400L)：90 元/台班×0.076 台班/m^3×510.7m^3＝3493.19 元

其他机械费：69304.04×11.57%＝8018.48 元

小计：77322.52 元

D. 合计：343405.21 元

③ 泥浆运输(泥浆总用量为：0.486m^3/m^3×510.7m^3＝248.2m^3)：

A. 人工费：25 元/日×0.744 工日/m^3×248.2m^3＝4616.52 元

B. 机械费：泥浆运输车：330 元/台班×0.186 台班/m^3×248.2m^3＝15234.51 元

泥浆泵：100 元/台班×0.062 台班/m^3×248.2m^3＝1538.84 元

小计：16773.35 元

C. 合计：21389.87 元

④ 泥浆池挖土方(58m^3)：

人工费：12 元/m^3×58m^3＝696 元

⑤ 泥浆池垫层(2.96m^3)：

A. 人工费：30 元/m^3 ×2.96m^3 =88.8 元

B. 材料费：154 元/m^3 ×2.96m^3 =455.84 元

C. 机具费：16 元/m^3 ×2.96m^3 =47.36 元

D. 合计：592.0 元

⑥ 池壁砌砖(7.5m^3)：

A. 人工费：40.50 元/m^3 ×7.55m^3 =305.78 元

B. 材料费：135.00 元/m^3 ×7.55m^3 =1019.25 元

C. 机具费：4.5 元/m^3 ×7.55m^3 =33.98 元

D. 合计：1359.01 元

⑦ 池底砌砖(3.16m^3)：

A. 人工费：35.0 元/m^3 ×3.16m^3 =110.6 元

B. 材料费：126 元/m^3 ×3.16m^3 =398.16 元

C. 机具费：4.5 元/m^3 ×3.16m^3 =14.22 元

D. 合计：522.98 元

⑧ 池底、池壁抹灰：

A. 人工费：3.3 元/m^2 × 25m^2 + 5 元/m^2 × 30m^2 = 232.50 元

B. 材料费：7.75 元/m^2 × 25m^2 + 5.5 元/m^2 × 30m^2 = 358.75 元

C. 机具费：0.5 元/m^2 ×55m^2 =27.5 元

D. 合计：618.75 元

⑨ 拆除泥浆池：

人工费：600 元

⑩ 综合：

A. 直接费合计：369183.82 元

B. 管理费：直接费×34％=125522.50 元

C. 利润：直接费×8％=29534.71 元

D. 总计：524241.03 元

E. 综合单价：524241.03 元÷1016m=515.98 元/m

分部分项工程量清单计价表 表 5.3.1

工程名称：某工程

序号	项　目	项目名称	计量单位	工程数量	金额(元)	
					综合单价	合　价
1	010201003001	A 2桩与地基基础工程混凝土灌注桩 土壤级别：二级土 桩单根设计长度：8m 桩根数：127根 桩截面：ϕ800 混凝土强度：C30 泥浆运输5km以内	m	1016	515.99	524241.03

分部分项工程量清单综合单价计算表 表 5.3.2

工程名称：某工程　　计量单位：m

项目编码：010201003001　　工程数量：1016

项目名称：混凝土灌注桩　　综合单价：515.97

序号	定额编号	工程内容	单位	数量	单位：(元)					
					人工费	材料费	机械费	管理费	利　润	小　计
	2-88	钻孔灌注混凝土桩	m	1.000	105.56	156.33	76.10	114.92	27.04	479.95
	2-97	泥浆运输5km以内	m^3	0.244	4.54		16.49	7.16	1.68	29.89
	1-2	泥浆池挖土方(2m以内，三类土)	m^3	0.057	0.68			0.23	0.05	0.97
	8-15	泥浆垫层(石灰拌和)	m^3	0.003	0.09	0.46	0.05	0.20	0.05	0.84
	4-10	池壁砖砌(一砖厚)	m^3	0.007	0.28	0.95	0.03	0.45	0.11	1.89
	8-105	池底砖砌(平铺)	m^3	0.003	0.11	0.39	0.01	0.17	0.04	0.72
	11-25	池壁、池底抹灰	m^2	0.025	0.23	0.35	0.03	0.21	0.05	0.87
		拆除泥浆池	座	0.001	0.59			0.20	0.05	0.84
		合计			112.11	158.52	92.73	123.54	29.07	515.99

6 建设项目造价管理

6.1 建设项目决策阶段的造价管理

6.1.1 决策阶段影响造价管理的主要因素

(1) 项目合理规模的确定

项目合理规模的确定，就是要合理选择拟建项目的生产规模问题，即解决“生产多少”的问题。每一个建设项目都存在着一个合理规模的选择问题。生产规模过小，使得资源得不到有效配置，单位产品成本较高，经济效益低下；生产规模过大，超过了项目产品市场的需求量，则会导致开工不足、产品积压或降价销售，致使项目经济效益也会低下。因此，项目规模的合理选择问题关系着项目的成败，决定着工程造价支出的有效与否。

1）规模效益。当项目单位产品的报酬为一定时，项目的经济效益与项目的生产规模成正比。此时，可以根据项目产品的市场需求量及项目的经济技术环境，选择能取得最大收益的项目规模。但是，在许多工业生产中，当把所有投入量加倍时，由于通过更有效的方式来组织生产经营，从而使产出量的增加多于一倍。或者说，当需要增加一倍的产出量时，由于采用更有效的生产经营方式，从而并不需要增加一倍的投入量。在这种情况下，单位产品的成本随生产规模的扩大而下降，单位产品的报酬随生产规模的扩大而增加。在经济学中，这一现象被称为规模效益递增。所谓规模效益，就是指这种伴随生产规模扩大引起单位成本下降而带来的经济效益。

规模效益的客观存在对项目规模的合理选择意义重大而深远，可以充分利用规模效益来合理确定和有效控制工程造价，提高项目的经济效益。但同时也须注意，规模扩大所产生的效益不是无限的，它受到技术进步、管理水平、项目经济技术环境等多种因素的制约。超过一定限度，规模效益将不再出现，甚至可能出现规模报酬递减。

2）项目规模合理化的制约因素

① 市场因素。市场因素是项目规模确定中需考虑的首要因素。其中，项目产品的市场需求状况是确定项目生产规模的前提。一般情况下，项目的生产规模应以市场预测的需求量为限，并根据项目产品市场的长期发展趋势作相应调整。除此之外，还要考虑原材料市场、资金市场、劳动力市场等，它们也对项目规模的选择起着程度不同的制约作用。如项目规模过大可能导致材料供应紧张和价格上涨，项目所需投资资金的筹集困难和资金成本上升等。

② 技术因素。先进的生产技术及技术装备是项目规模效益赖以存在的基础，相应的管理技术水平则是实现规模效益的保证；若与经济规模生产相适应的先进技术及其装备的来源没有保障，或获取技术的成本过高，或管理水平跟不上，则不仅预期的规模效益难以实现，还会给项目的生存和发展带来危机，导致项目投资效益低下，工程造价支出严重浪费。

③ 环境因素。项目的建设、生产和经营离不开一定的社会经济环境，项目规模确定中需考虑的主要环境因素有：政策因素、燃料动力供应、协作及土地条件、运输及通讯条件。其中，政策因素包括：产业政策、投资政策、技术经济政策、国家及地区和行业经济发展的规划；特别是，为了取得较好的规模效益，国家对部分行业的新建项目规模作了下限规定，选择项目规模时应予以遵照执行。

(2) 建设标准水平的确定

建设标准的主要内容有：建设规模、占地面积、工艺装备、建筑标准、配套工程、劳动定员等方面的标准或指标。建设标准是编制、评估、审批项目可行性研究的重要依据，是衡量工程造价是否合理和监督检查项目建设的客观尺度。

建设标准能否起到控制工程造价、指导建设的作用，关键在于标准水平订得是否合理。标准水平订得过高，会脱离我国的实际情况和财力、物力的承受能力，增加造价，浪费投资；标准水平订得过低，将会妨碍技术进步，影响国民经济的发展和人民生活的改善。因此，建设标准水平应从我国目前的经济发展水平出发，区别不同地区、不同规模、不同等级、不同功能合理确定。大多数工业交通项目应采用中等适用的标准，对少数引进国外先进技术和设备的项目或少数有特殊要求的项目，标准可适当高些。在建筑方面，应坚持适用、经济、安全、朴实的原则。建设项目标准中的各项规定，能定量的应尽量给出指标，不能规定指标的要有定性的原则要求。

(3) 建设地区及建设地点(厂址)的选择

一般情况下，确定某个建设项目的具体地址(或厂址)，需要经过建设地区选择和建设地点选择(厂址选择)这样两个不同层次的、相互联系又相互区别的工作阶段。这两个阶段是两种递进关系。其中，建设地区选择是指在几个不同地区之间对拟建项目适宜配置在哪个区域范围的选择；建设地点选择是指对项目具体座落位置的选择。

1) 建设地区的选择。建设地区选择的合理与否，在很大程度上决定着拟建项目的命运，影响着工程造价的高低、建设工期的长短、建设质量的好坏，还影响到项目建成后的经营状况。因此，建设地区的选择要充分考虑各种因素的制约，具体要考虑以下因素：

① 要符合国民经济发展战略规划、国家工业布局总体规划和地区经济发展规划的要求。

② 要根据项目的特点和需要，充分考虑原材料条件、能源条件、水源条件、各地区对项目产品需求及运输条件等。

③ 要综合考虑气象、地质、水文等建厂的自然条件。

④ 要充分考虑劳动力来源、生活环境、协作、施工力量、风俗文化等社会环境因素的影响。

为此，在综合考虑上述因素的基础上，建设地区的选择要遵循以下两个基本原则：

① 靠近原料、燃料提供地和产品消费地的原则。满足这一要求，在项目建成投产后，可以避免原料、燃料和产品的长期远途运输，减少费用，降低产品的生产成本，并且缩短流通时间，加快流动资金的周转速度。这一原则并不是意味着要将项目安排在距原料、燃料提供地和产品消费地的等距离范围内，而是根据项目的技术经济特点和要求，具体对待。例如：对农产品、矿产品的初步加工项目，由于大量消耗原料且失重程度大，应尽可能靠近原料产地；对于大量耗能的项目，如铝厂、电石厂等，宜靠近电厂，它们所取得廉价电能和减少电能运输损失所获得的利益，通常大大超过原料、半成品调运中的劳动耗费；而对于技术密集型的建设项目，由于大中型城市工业和科学技术力量雄厚，协作配套条件完备、信息灵通，所以其选址宜在大中城市。

② 工业项目适当聚集的原则。在工业布局中，通常是一系列相关的项目聚集成适当规模的工业基地和城镇，从而有利于发挥“集聚效益”。集聚效益形成的客观基础是：第一，只有将相关企业集中配置，形成分工合作体系，才能对各种资源和生产要素充分利用，便于形成综合生产能力的项目，尤其是那些具有密切投入产出链环关系的项目，集聚效益尤为明显；第二，为使各项目相应的生产性和社会性基础设施互相配合，充分发挥其能力和效率，将企业布点适当集中，才有可能统一建设比较齐全的基础结构设施，避免重复建设，节约投资，提高这些设施的效益；第三，企业布点适当集中，才能为不同类型的劳动者提供多种就业机会。

但是，工业布局的聚集程度，并非愈高愈好。当工业聚集超越客观条件时，也会带来许多弊端，促使项目投资增加，经济效益下降。这主要是因为：第一，各种原料、燃料需要量大增，原料、燃料和产品的运输距离延长，流通过程中的劳动耗费增加。第二，城市人口相应集中，形成对各种农副产品的大量需求，势必增加城市农副产品供应的费用。第三，生产和生活用水量大增，在本地水源不足时，需要开辟新水源远距离引水，耗资巨大。第四，大量生产和生活排泄物集中排放，势必造成环境污染破坏生态平衡，利用自然界自净能力净化“三废”的可能性相对下降。为保持环境质量，不得不花费巨资兴建各种人工净化处理设施，增加环境保护费用。当工业集聚带来的“外部不经济性”的总和超过生产集聚带来的效益时，综合经济效益反而下降。这就表明集聚程度已超过经济合理的界限。

2）建设地点(厂址)的选择。建设地点的选择是在已选定建设地区的基础上，具体确定项目所在的建筑地段、坐落位置和东、西、南、北四邻。其要求有两点：一是从保证拟建厂直接经济效益出发，满足该厂生产建设和职工生活的要求；二是从保证间接的、社会效益出发，要求厂址的布局有利于所在城镇和工业小区总体规划的实现，不对四邻和所在城镇和流域的景观与环境生态平衡造成破坏。

① 一般来讲，厂址的选择应满足以下要求：

A. 节约土地。项目的建设应尽可能节约土地，尽量把厂址放在荒地和不可耕种的地点，避免大量占用耕地，节省土地的补偿费用。

B. 应尽量选在工程地质、水文地质条件较好的地段，土壤耐压力应满足拟建厂的要求，严防选在断层、溶岩、流沙层与有用矿床上，以及洪水淹没区、已采矿坑塌陷区、滑坡下。厂址的地下水位应尽可能低于地下建筑物的基准面。

C. 厂区土地面积与外形能满足厂房与各种构筑物的需要，并适合于按科学的工艺流程布置厂房与构筑物。

D. 厂区地形力求平坦而略有坡度(一般以5%～10%为宜)，以减少平整土地的土方工程量，节约投资，又便于地面排水。

E. 应靠近铁路、公路、水路，以缩短运输距离，减少建设投资。

F. 应便于供电、供热和其他协作条件的取得。

G. 应尽量减少对环境的污染。对于排放大量有害气体和烟尘的项目，不能建在城市的上风口，以免对整个城市造成污染；对于噪声大的项目，厂址应选在距离居民集中地区较远的地方，同时，要设置一定宽度的绿化带，以减弱噪声的干扰。

上述条件能否满足，不仅关系到建设工程造价的高低和建设期限，对项目投产后的运营状况也有很大影响．因此．在确定厂址时，也应进行方案的技术经济分析和比较，选择最佳厂址。

② 厂址选择时的费用分析。在进行厂址多方案技术经济分析时，除比较上述厂址条件外，还应从以下两方面进行分析：

A. 项目投资费用。包括土地征购费、拆迁补偿费、土石方工程费、运输设施费、排水及污水处理设施费、动力设施费、生活设施费、临时设施费、建材运输费等。

B. 项目投产后生产经营费用的比较，包括原材料、燃料运入及产品运出的费用、污水处理费用、动力供应费用等。

(4) 生产工艺和平面布置方案确定

1) 生产工艺方案的确定。生产工艺是指生产产品所采用的工艺流程和制作方法。工艺流程是指投入物(原料或半成品)经过有次序的生产加工，成为产出物(产品或加工晶)的过程。评价及确定拟采用的工艺是否可行，主要有两项标准，即：先进适用和经济合理。

① 先进适用。这是评定工艺的最基本的标准。先进与适用，是对立的统一，保证工艺的先进性是首先要满足的，因为它能够带来产品高质量和生产低成本的优势。但是不能单独强调先进而忽视适用，还要考察工艺是否符合我国国情和国力，是否符合我国的技术发展政策。就引进工艺技术来讲，世界上最先进的工艺，往往由于对原材料要求过高，国内设备不配套或技术不容易掌握等原因而不适合我国的实际需要。因此，一般来说，引进的

工艺和技术既要比国内现有的工艺先进，又要注意在我国的适用性，并不是越先进越好。有的引进项目，可以在主要工艺上采用先进技术，而其他部分则采用适用技术。总之，要根据国情和建设项目的经济效益，综合考虑先进与适用的关系。对于拟采用的工艺，除了必须保证能用指定的原材料按时生产出符合数量、质量要求的产品外，还要考虑与企业的生产和销售条件(包括原有设备能否配套，以及技术和管理水平、市场需求、使用原材料种类等条件)是否相适应，特别要考虑到原有设备能否利用，技术和管理水平能否跟上，等等。

② 经济合理。经济合理是指所用的工艺应能以最小的消耗获得最大的经济效果，要求综合考虑所用工艺所能产生的经济效益和国家的经济承受能力。在可行性研究中可能提出几种不同的工艺方案，各方案的劳动需要量、能源消耗量、投资数量等可能不同，在产品质量和产品成本等方面可能也有差异，因而应反复进行比较，从中挑选最经济合理的工艺。

2) 平面布置方案的设计。平面布置方案设计，是根据拟建项目的生产性质、规模和生产工艺等要求，结合建厂地区的自然、气候、地形、地质，以及厂内外运输、公用设施和厂际协作等具体条件，按照原料进厂到成品出厂的整个生产工艺过程，对生产车间、辅助生产设施及其他建筑物和构筑物等进行经济合理的布置，以及对交通运输进行组织布置的规划设计工作。平面布置是否合理，在技术上将直接影响厂内物料(包括原材料、燃料、产品、废料等)运输流向、厂内外道路、管线布置、生产安全、环境卫生与保护、基建施工、生产管理、节约用地等方面的合理性和可能性，同时在经济上也直接影响项目投资和生产费用，以及劳动生产率。正确合理的平面布置设计方案，能够做到工艺流程合理、总体布置紧凑，减少建筑工程量，节约用地，减少项目投资，加快建设进度，并且能使项目建成后较快地投入正常生产，发挥良好的投资效益，节省经营管理费用。平面布置的主要影响因素有以下几个方面：

① 生产性质、生产规模、生产流程及生产中的特殊要求。如防震动、防爆炸、防放射性等。

② 自然条件，如地形、地质、水文、气象等条件。

③ 厂内外运输条件，即运输量及运输方式。

④ 动力供应条件。

⑤ 城市规划条件。

⑥ 防火及卫生安全条件。

⑦ 企业的发展远景。

⑧ 施工程序及施工条件。

(5) 设备的选用

在设备选用中，应注意处理好以下问题：

1）要尽量选用国产设备。凡国内能够制造，并能保证质量、数量和按期供货的设备，或者进口一些技术资料就能仿制的设备，原则上必须国内生产，不必从国外进口；凡只引进关键设备就能由国内配套使用的，就不必成套引进。

2）要注意进口设备之间以及国内外设备之间的衔接配套问题。有时一个项目从国外引进设备时，为了考虑各供应厂家的设备特长和价格等问题，可能分别向几家制造厂购买，这时，就必须注意各厂所供设备之间技术、效率等方面的衔接配套问题。为了避免各厂所供设备不能配套衔接，引进时最好采用总承包的方式。

还有一些项目，一部分为进口国外设备，另一部分则引进技术由国内制造。这时，也必须注意国内外设备之间的衔接配套问题。

3）要注意进口设备与原有国产设备、厂房之间的配套问题。主要应注意本厂原有国产设备的质量、性能与引进设备是否配套，以免因国内外设备能力不平衡而影响生产。有的项目利用原有厂房安装引进设备，就应把原有厂房的结构、面积、高度以及原有设备的情况了解清楚，以免设备到厂后安装不下或互不适应而造成浪费。

4）要注意进口设备与原材料、备品备件及维修能力之间的配套问题。应尽量避免引进的设备所用主要原料需要进口。如果必须从国外引进时，应安排国内有关厂家尽快研制这种原料。在备品备件供应方面，随机引进的备品备件数量往往有限，有些备件在厂家输出技术或设备之后不久就被淘汰，因此采用进口设备，还必须同时组织国内研制所需备品备件问题，以保证设备长期发挥作用。另外，对于进口的设备，还必须懂得如何操作和维修，否则不能发挥设备的先进性。在外商派人调试安装时，可培训国内技术人员及时学会操作，必要时也可派人出国培训。

5）引进技术资料应注意的问题。技术资料，即所谓“软件”，是指从国外引进的使用专有技术、技术诀窍或专利权的许可证及各种技术资料。这类“软件”的引进有两种情况：

① 随同成套设备或单机引进“软件”。这是保证进口设备顺利安装、调试、操作和维修所必需的资料。对这类资料应审查是否连同设备同时引进，资料是否齐全。有的项目负责人往往认为买到设备就够了，无需购买这些“软件”，以求节约投资，结果得不偿失，造成了安装和生产中的一系列困难。当然，引进“软件”也应注意选择，避免引进与项目无关或作用不大的技术资料。

② 单独引进“软件”。单独引进，“软件”比引进“硬件”投资要省得多，而且有利于促进我国机械制造业的发展。日本在第二次世界大战后就采取了用少量投资从欧美等国大量引进“软件”的办法，使国民经济得到了迅速恢复和发展，这是值得我们仿效的。当然，根据我国目前的实际情况，要马上做到以单独引进“软件”为主还有一定的困难，但应向着这个方向努力。

6.1.2 建设项目可行性研究

(1) 建设项目可行性研究报告的作用

建设项目可行性研究的主要作用是作为项目投资决策的科学依据，防止和减少决策失误造成的浪费，提高投资效益。经批准的可行性研究报告，其具体作用如下：

1）作为确定建设项目的依据

建设项目可行性研究报告一经审批通过，意味着该项目正式批准立项，可以进行初步设计，所以经批准的可行性研究报告是确定建设项目的依据。

2）作为编制设计文件的依据

在可行性研究报告中，对项目选址、建设规模、主要生产流程、设备选型和施工进度等方面都作了较详细的论证、研究，为设计文件的编制提供了依据。项目设计文件中的有关技术经济数据，都应该在可行性研究工作中进行认真研究。

3）作为向银行贷款的依据

可行性研究报告详细预测了项目的财务效益和经济效益及贷款偿还能力。世界银行等国际金融组织，均把可行性研究报告作为申请项目投资贷款的先决条件。我国的银行也都以可行性研究报告作为审批建设项目投资贷款的依据。通过对贷款项目进行全面、细致的分析评估后，确认项目具有偿还贷款能力、银行不承担过大风险时，才能同意贷款。

4）作为拟建项目与有关协作单位签定合同或协议的依据

根据可行性研究报告，拟建项目可以与有关协作单位签定原材料、燃料、动力、运输、通讯、建筑安装、设备购置等方面的协议。

5）作为环保部门审查项目对环境影响的依据

项目在建设中和投产后对市政建设、环境及生态都有影响，因此项目的开工建设需当地市政、规划及环保部门的审批和认可。在可行性研究报告中，对选址、总图布置、环境及生态保护方案等诸方面都作了论证，因此，可行性研究结论不仅是对环境影响的依据，亦为向当地政府部门或规划部门申请批准建设执照提供的依据。

6）作为施工组织、工程进度安排及竣工验收的依据

可行性研究报告对以上工作都有明确的要求，所以它是检查

施工进度及工程质量的依据。

7）作为项目后评估的依据

在项目后评估时，以可行性研究报告为依据，将项目的预期效果与实际效果进行对比考核，从而对项目的运行进行全面评价。

(2) 可行性研究报告的内容

可行性研究报告的内容，体现了进行可行性研究工作的内容，是主管部门进行审批的主要依据。工业建设项目可行性研究报告一般应包括以下内容：

1）总论

综述项目概况，包括项目的名称、主办单位，也包括项目提出的背景、投资的必要性和经济意义、投资环境、项目建议书及有关审批文件，提出项目调查研究的主要依据、工作范围和要求，以及可行性研究的主要结论、存在的问题与建议。

2）产品的市场需求和拟建规模

主要内容包括：调查国内外市场近期需求状况，并对未来趋势进行预测，对国内现有工厂生产能力进行调查估计，进行产品销售预测、价格分析，判断产品的市场竞争能力及进入国际市场的前景；最后确定拟建项目的规模，对产品方案和发展方向进行技术经济论证比较。

3）资源、原材料、燃料及公用设施情况

经过全国储量委员会正式批准的资源储量、品位、成分以及开采、利用条件的评述；所需原料、辅助材料、燃料的种类、数量、质量及其来源和供应的可能性；有毒、有害及危险品的种类、数量和储运条件；材料试验情况；所需动力(水、电、气等)和公用设施的数量、供应条件、外部协作条件，以及签订协议和合同的情况。

4）建厂条件和厂址选择

指出建厂地区的地理位置，与原材料产地和产品市场的距离；根据建设项目的生产技术要求，在指定的建设地区内，对建厂的地理位置、气象、水文、地质、地形、地震、洪水情况和社会经济现状进行调查研究，收集基础资料，了解交通运输、通讯设施及水、电、气、热的现状和发展趋势；厂址面积、占地范围，厂区总体布置方案，建设条件、地价、拆迁及其他工程费用情况；对厂址选择进行多方案的技术经济分析和比选，提出选择意见。

5）项目设计方案

在选定的建设地点内进行总图和交通运输的设计，进行多方案比较和选择；确定项目的构成范围，主要单项工程(车间)的组成，厂内外主体工程和公用辅助工程的方案比较论证；项目土建工程总量的估算，土建工程布置方案的选择，包括：场地平整、主要建筑和构筑物与厂外工程的规划；采用技术和工艺方案的论证，包括技术来源、工艺路线和生产方法，主要设备选型方案和技术工艺的比较；引进技术、设备的必要性及其来源国别的选择比较；设备的国外交货方式或与外商合作制造方案设想，以及必要的工艺流程图等。

6）环境保护与劳动安全

对项目建设地区的环境状况进行调查，分析拟建项目“三废”(废气、废水、废渣)的种类、成份和数量，并预测其对环境的影响，提出治理方案的选择和回收利用情况，对环境影响进行评价；提出劳动保护、安全生产、城市规划、防震、防洪、防空、文物保护等要求，以及采取的相应措施方案。

7）企业组织、劳动定员和人员培训

全厂生产管理体制、机构的设置，对选择方案的论证；工程技术和管理人员的素质和数量的要求；劳动定员的配备方案；人员的培训规划和费用估算。

8）项目施工计划和进度要求

根据勘察设计、设备制造、工程施工、安装、试生产所需时间与进度要求，选择项目实施方案和总进度，并用横道图和网络图来表述最佳实施方案。

9）投资估算和资金筹措

投资估算包括项目总投资估算，主体工程及辅助、配套工程的估算，以及流动资金的估算；资金筹措应说明资金来源、筹措方式、各种资金来源所占的比例、资金成本及贷款的偿付方式。

建设项目估算总投资＝建设投资＋建设期利息＋流动资金＋固定资产投资方向调节税 （6.1.1）

其中：建设投资＝固定资产费用＋无形资产费用＋其他资产费用（递延资产费用）＋预备费

＝工程费用＋工程建设其他费用＋预备费 （6.1.2）

固定资产费用＝建筑工程费＋设备购置费＋安装工程费＋固定资产其他费用 （6.1.3）

建设项目报批总投资＝建设投资＋建设期利息＋铺底流动资金＋固定资产投资方向调节税

＝建设项目概算总投资 （6.1.4）

建设项目初步设计阶段的概算投资组成：

建设项目概算总投资＝工程费用＋工程建设其他费用＋预备费＋建设期利息＋铺底流动资金＋固定资产投资方向调节税 （6.1.5）

其中：工程费用＝建筑工程费＋设备购置费＋安装工程费

工程建设其他费用＝固定资产其他费用＋无形资产费用＋其他资产费用（递延资产） （6.1.6）

10）项目的经济评价

项目的经济评价包括财务评价和国民经济评价，并通过有关指标的计算，进行项目盈利能力、偿还能力等分析，得出经济评价结论。

11）综合评价、结论和建议

运用各项数据，从技术、经济、社会、财务等各个方面综合论述项目的可行性，推荐一个或几个方案供决策参考，指出项目存在的问题以及结论性意见和改进建议。

可以看出，建设项目可行性研究报告的内容可概括为三大部分。首先是市场研究，包括产品的市场调查和预测研究，这是项目可行性研究的前提和基础，其主要任务是要解决项目的“必要性”问题；第二是技术研究，即技术方案和建设条件研究，这是项目可行性研究的技术基础，它要解决项目在技术上的“可行性”问题；第三是效益研究，即经济效益的分析和评价，这是项目可行性研究的核心部分，主要解决项目在经济上的“合理性”问题。市场研究、技术研究和效益研究共同构成项目可行性研究的三大支柱。

(3) 可行性研究报告的编制程序和编制方法

1）可行性研究报告的编制程序

根据我国现行的工程建设项目建设程序和国家计委的有关规定，可行性研究报告的编制程序为：

① 建设单位提出项目建议书。各部、省、市、自治区和全国性工业公司以及现有的企、事业单位，根据国家经济发展的长远规划，经济建设的方针、任务和技术经济政策，结合资源情况和建设布局等条件，在广泛调查研究、收集资料的基础上，初步分析建设条件和投资效果，提出需要进行可行性研究的项目建议书。

② 项目筹建单位委托进行可行性研究工作。在项目建议书经过有关部门审定批准后，项目筹建单位就可委托经过资格审定的工程咨询公司(或设计单位)着手编制拟建项目的可行性研究报告。

③ 设计或咨询单位进行可行性研究工作，编制完整的可行性研究报告。设计或咨询单位与委托单位签订委托合同(协议书)承接可行性研究任务以后，即可按照可行性研究的步骤逐步开展工作，最终编制出详尽的可行性研究报告。

2）可行性研究报告的编制方法

① 编制依据。编制可行性研究报告的主要依据有：

A. 国民经济发展的长远规划、国家经济建设的方针、任务

和技术经济政策。按照国民经济发展的长远规划、经济建设的方针、政策及地区和部门发展规划，确定项目的投资方向和规模，提出需要进行可行性研究的项目建议书。在宏观投资意向的控制下来安排微观的投资项目，并结合市场需求，有计划地统筹安排好各地区、各部门和企业的产品生产和协作配套，搞好综合平衡。

B. 项目建议书和委托单位的要求。项目建议书是做各项准备工作和进行可行性研究的重要依据，只有经国家计划部门同意，并列入建设前期工作计划后，方可开展可行性研究的各项工作。建设单位在委托可行性研究任务时，应向承担可行性研究工作的单位，提出对建设项目的目标和要求，并说明有关市场、原料、资金来源以及工作范围等情况。

C. 有关的基础数据资料。进行厂址选择、工程设计、技术经济分析需要可靠的自然、地理、气象、水文、地质、社会、经济等基础数据资料，交通运输与环境保护资料等。

D. 有关工程技术经济方面的规范、标准、定额等，以及国家正式颁布的技术法规和技术标准。它们都是考察项目技术方案的基本依据。

E. 国家或有关主管部门颁发的有关项目评价的基本参数和指标。这些参数和指标主要有：基准收益率、社会折现率、折旧率、汇率、贸易费用率、影子工资率、重要投入物的影子价格等。它们是项目可行性研究中财务评价和国民经济评价的基准依据和判别标准。这些参数可由国家统一颁布执行，也可由各主管部门根据部门、行业的特点，对有关项目的技术经济参数和价格调整系数，以及实际情况进行测算后，自行拟定，报国家有关部门备案。

② 编制要求。

A. 编制单位必须具备承担可行性研究的条件。项目可行性研究报告的内容涉及面广，还有一定的深度要求。因此，编制单位必须是具备一定的技术力量、技术装备、技术手段和相当实践

经验等条件的工程咨询公司、设计院等专门单位。参加可行性研究的成员应由工业经济专家、市场分析专家、工程技术人员、机械工程师、土木工程师、企业管理人员、造价工程师、财会人员等组成。

B. 确保可行性研究报告的真实性和科学性。可行性研究工作是一项技术性、经济性、政策性很强的工作，要求编制单位必须保持独立性和公正性，在调查研究的基础上，按客观实际情况实事求是地进行技术经济论证、技术方案比较和优选，切忌主观臆断、行政干预、划框框、定调子，以保证可行性研究的严肃性、客观性、真实性、科学性和可靠性，确保可行性研究的质量。

C. 可行性研究的内容和深度要规范化和标准化。不同行业和不同项目的可行性研究内容和深度可以各有侧重和区别，但其基本内容要完整、文件要齐全，研究深度要达到国家规定的标准，按照国家计委颁布的有关文件的要求进行编制，以满足投资决策的要求。

D. 可行性研究报告必须经签证与审批。可行性研究报告编完之后，应由编制单位的行政、技术、经济方面的负责人签字，并对研究报告的质量负责。另外，还须上报主管部门审批。

(4) 可行性研究报告的审批

1）预审

咨询或设计单位编制和上报的可行性研究报告及有关文件，按项目大小应在预审前1～3个月提交预审主持单位。预审单位认为有必要时，可委托有关方面提出咨询意见，报告提出单位应向咨询单位提供必要的资料、情况和数据，并应积极配合。预审主持单位组织有关设计、科研机构、企业和有关方面的专家参加，广泛听取意见，对可行性研究报告提出预审意见。当发现可行性研究报告有原则性错误或报告的基本依据与社会环境条件有重大变化时，应对可行性研究报告进行修改和复审。可行性研究报告的修改和复审工作仍由原编制单位和预审主持单位按照规定进行。

2）审批

我国建设项目的可行性研究报告，须按照国家计委的有关规定审批：

① 大中型建设项目的可行性研究报告，由各主管部门、省、市、自治区，或全国性专业公司负责预审，报国家计委审批，或国家计委委托有关单位审批。

② 重大项目和特殊项目的可行性研究报告由国家计委会同有关部门预审，报国务院审批。

③ 小型项目的可行性研究报告，按隶属关系由各主管部门、省、市、自治区，或全国性专业公司审批。

经可行性研究证明不可行的项目，经审定后即将项目取消。

6.1.3 建设项目财务评价

(1) 建设项目财务评价的概念

财务评价是根据国家现行财税制度和价格体系，分析、计算项目直接发生的财务效益和费用，编制财务报表，计算评价指标，考察项目的盈利能力、清偿能力以及外汇平衡等财务状况，据以判别项目的财务可行性。它是项目可行性研究的核心内容，其评价结论是决定项目取舍的重要决策依据。

(2) 建设项目财务评价的内容

项目在财务上的生存能力取决于项目的财务效益和费用的大小及其在时间上的分布情况。项目盈利能力、清偿能力及外汇平衡等财务状况，是通过编制财务报表及计算相应的评价指标来进行判断的。因此，为判别项目的财务可行性所进行的财务评价应该包括以下基本内容：

1）财务效益和费用的识别。正确识别项目的财务效益和费用应以项目划分，并以项目的直接收入和支出为目标。至于那些由于项目建设和运营所引起的外部效益和费用，只要不是直接由项目获得或开支的，就不是项目的财务效益和费用。项目的财务效益主要表现为生产经营的产品销售(营业)收入；项目的财务费用主要表现为建设项目总投资、经营成本和税金等各项支出。此外，项目得到的各种补贴、项目寿命期末回收的固定资产余值和流动资金等，也是项目得到的收入，在财务评价中视作效益处理。

2）财务效益和费用的计算。财务效益和费用的计算，要客观、准确，其计算口径要对应一致。计算效益和费用时，项目产出物和投入物价格的选用必须有充分的依据，按国家计委的有关规定，项目财务评价使用财务价格，即以现行价格体系为基础的预测价格，且应根据不同情况考虑价格的变动因素。

3）财务报表的编制。在项目财务效益和费用识别与计算的基础上，可着手编制项目的财务报表，包括基本报表和辅助报表。为分析项目的盈利能力需编制的主要报表有：现金流量表、损益表及相应的辅助报表。为分析项目的清偿能力需编制的主要报表有：资产负债表、资金来源与运用表及相应的辅助报表。对于涉及外贸及影响外汇流量的项目，为考察项目的外汇平衡情况，尚需编制项目的财务外汇平衡表。

4）财务评价指标的计算与评价。由上述财务报表，可以比较方便地计算出各财务评价指标。通过与评价标准或基准值的对比分析，即可对项目的盈利能力、清偿能力及外汇平衡能力等财务状况做出评价，判别项目的财务可行性。财务评价的盈利能力分析要计算财务净现值、财务内部收益率、投资回收期等主要评价指标。根据项目的特点及实际需要，也可计算投资利润率、投资利税率、资本金利润率等指标。清偿能力分析要计算借款偿还期、资产负债率、流动比率、速动比率等指标。此外，还可计算其他价值指标或实物指标(如单位生产电力投资)，进行辅助分析。

(3) 财务评价的程序

建设项目财务评价是在项目市场研究和技术研究的基础上进行的。它主要是利用有关的基础数据，通过编制财务报表，计算财务评价指标及各项财务比率，进行财务分析，做出评价结论。其基本程序如下：

1）收集、整理和计算有关基础财务数据资料。根据项目市场研究和技术研究的结果、现行价格体系及财税制度进行财务预测，获得项目投资、销售(营业)收入、生产成本、利润、税金及项目计算期等一系列财务基础数据，并将所得的数据编制成辅助财务报表。

2）编制基本财务报表。由上述财务预测数据及辅助报表，分别编制反映项目财务盈利能力、清偿能力及外汇平衡情况的基本财务报表。

3）财务评价指标的计算与评价。根据基本财务报表计算各财务评价指标，并分别与对应的评价标准或基准值进行对比，对项目的各项财务状况作出评价，得出结论。

4）进行不确定性分析。通过盈亏平衡分析、敏感性分析、概率分析等不确定性分析方法，分析项目可能面临的风险及项目在不确定情况下的抗风险能力，得出项目在不确定情况下的财务评价结论或建议。

5）作出项目财务评价的最终结论。

由上述确定性分析和不确定性分析的结果，对项目的财务可行性作出最终判断。

6.2 建设项目设计阶段工程造价的管理

6.2.1 工程设计与工程造价的关系

(1) 工程设计与工程造价的关系

工程设计是具体实现技术与经济对立统一的过程。拟建项目一经决策确定后，设计就成了工程建设和控制工程造价的关键。初步设计基本上决定了工程建设的规模、产品方案、结构形式和建筑标准及使用功能，形成设计概算，确定了投资的最高限额。

施工图设计完成后，编制出施工图预算，准确地计算出工程造价。可见，工程设计是影响和控制工程造价的关键环节。

设计质量、深度是否达到国家标准，功能是否满足使用要求，不仅关系到建设项目一次性投资的多少，而且影响到建成交付使用后经济效益的良好发挥，如产品成本、经营费、日常维修费、使用年限内的大修费和部分更新费用的高低，还关系到国家有限资源的合理利用和国家财产以及人民群众生命财产安全等重大问题。

国外一些专家研究指出：设计费虽然只占工程全寿命费用不到1%，但在决策正确的条件下，它对工程造价的影响程度达75%以上。显然，设计是有效控制工程造价的关键。

工程造价对设计也有很大的制约作用，在市场经济条件下，归根结底应该说还是经济决定技术，财力决定工程规模、建设标准和技术水平。在一定经济约束条件下，就一个建设项目而言，尽可能减少次要辅助项目的投资，以保证和提高主要项目设计标准或适用程度。总之，要加强工程设计与工程造价的关系的认真研究分析和比较选择，正确处理好两者的相互制约关系，从而使设计产品技术先进、稳妥可靠、经济合理，使工程造价得到合理确定和有效控制。

(2) 工业建设设计与工程造价的关系

1) 厂区总平面图设计。厂区总平面图设计是指按照工艺流程、防火安全距离、运输道路的曲率等要求，结合厂区的地形、地质、气象、外部运输等自然条件，把要兴建的各种建筑物、构筑物或设施有机、紧密、因地制宜地在平面上和空间竖向上合理组合、配置起来的工作。

厂区总平面图设计是否经济合理，对整个企业设计和施工以及投产后的生产、经营都有重大的影响。正确合理的总平面设计可以大大减少建筑工程量，节约建设用地，节省建设投资，降低工程造价和投产后的使用成本，加快建设速度，并为企业创造良好的生产组织、经营条件、生产环境及企业形象，还可以塑造出优美的艺术整体。据此，总平面图设计必须遵循以下原则：

① 节约用地，少占或不占农田。一般来讲，生产规模大的建设项目的单位生产能力占地面积比生产规模小的建设项目要小得多，为此要合理确定拟建项目的生产规模，妥善处理好建设项目长远规划与近期建设的关系，坚决杜绝多留少用，留而不用。设计中除高温材料、高温成品外，一般应优先考虑无轨运输，减少占地指标，降低造价；在符合防火、卫生和安全距离要求并满足工艺要求和使用功能的条件下，应尽量减少建筑物、生产区之间距离，尽可能设计成外形规整的建筑，以提高场地的有效使用面积和降低造价。

② 按功能分区，结合地形地质、因地制宜、合理布置车间及设施。总平面图设计在满足生产工艺要求和使用功能条件下，应利用厂区道路将厂区按功能划分为生产区、辅助生产区、动力区、仓库区、厂前区等，并充分结合地形地貌、地质条件，因地制宜，依山就势地布置各功能区的建筑物、构筑物，应尽量工艺流程顺畅、生产系统完整；力求物料运输简便、线路短捷，使总平面布置紧凑、安全、卫生、美观；避免大填大挖，减少土石方量和节约用地，更要注意防止出现滑坡和塌方现象。

③ 合理布置厂内运输和选择运输方式。运输设计应根据生产工艺和各功能区的要求以及建设场地等具体情况，合理布置线路，力求缩短运输和管线输送距离；应尽量选用无交叉、无反复、投资少、运费低、载运量大、运输迅速灵活的运输方式。

④ 合理组织建筑群体。工业建筑群体的组合设计，在满足生产功能的前提下，应力求使厂区建筑物、构筑物组合设计整齐、简洁、美观，并与同一工业区相邻厂房在体型、色彩等方面相互协调。在城镇区的厂房应与城镇建设规划相一致，注意建筑群体的整体艺术和环境空间的统一安排，美化城市。

总图设计的主要技术经济指标：

① 建筑系数(建筑密度)，是指厂区内(一般指厂区围墙内)建筑物、构筑物和各种露天仓库及堆场、操作场地等的占地面积

与整个厂区建设用地面积之比。这是反映总平面图设计用地是否经济合理的指标。建筑系数大，表明布置紧凑，节约用地，减少土石方量，又可缩短管线距离，降低工程造价。

② 土地利用系数，是指厂区内建筑物、构筑物、露天仓库及堆场、操作场地、铁路、道路、广场给排水设施及地上地下管线等所占面积与整个厂区建设用地面积之比。它综合反映了总平面布置的经济合理性和土地利用效率。

③ 工程量指标，是反映企业总图运输投资的经济指标，包括：场地平整土石方量、铁路道路和广场铺砌面积、排水工程、围墙长度及绿化面积。

④ 运营费用指标，是反映企业运输设计是否经济合理的指标，包括：铁路、无轨道路每吨货物的运输费用及其经营费用等。

2）工业建筑的空间平面设计，主要包括平面布置形式、厂房与房屋的层数和层高，厂房的柱网、跨距、面积和体积的设计与选择等。空间平面设计是否合理，不仅影响建筑工程造价和使用费用的高低，而且直接影响节约用地和建筑工业化水平的提高。

① 合理确定厂房建筑的平面布置，应满足生产工艺的要求，力求为工人创造良好的工作条件和采用最经济合理的建造方案，其主要任务是合理确定厂房的平面与组合形式，合理确定各车间、各工段的位置和柱网、走道、门窗等。例如，单层厂房的平面形式最好是方形，其次是矩形，以长∶宽＝2～3∶1为好，并尽量避免设置纵横跨，以便采用统一的结构方案，尽量减少构件类型和简化构造，使厂房面积得到最有效的利用。

② 厂房层数尽量采用经济层。

A. 单层厂房。对于工艺上要求跨度大和净空高、拥有重型生产设备和起重设备，常有较大振动和散发大量热与气体的重工业厂房，采用单层厂房是经济合理的。

B. 多层厂房。对于工艺紧凑、可采用垂直工艺流程和利用

重力运输方式、设备与产品重量不大，并要求恒温条件的各种轻型车间，采用多层厂房。多层厂房具有占地少、可减少基础工程量、缩短运输线路以及厂区围墙长度等可降低屋盖和基础的单方造价的优点，经济效果良好。层数多少应根据地质条件、建筑材料性能、建筑结构形式、建筑面积、施工方法和自然条件(地震、强风)等因素以及工艺要求等具体情况确定。

多层厂房经济层的确定主要考虑两个因素：一是厂房展开面积大小，展开面积越大，经济层数可增加；二是与厂房长度和宽度有关，长度和宽度越大，经济层数越可增加，造价也随之降低。如厂房长度为 120m，宽度为 30m 时，经济层数为 3～4 层，而当厂房长度是 150m，宽度为 37.5m 时，经济层数为 3～4 层。由图 6.2.1 可见，多层工业厂房的经济层数为 3～5 层。

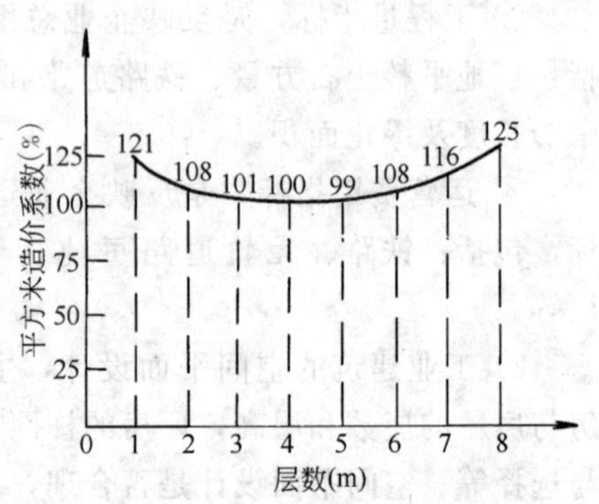

图 6.2.1 经济层数和平方米造价关系图

③ 合理确定厂房高度和层高。相同建筑面积的厂房，高度和层高增加，工程造价也随之增加。决定厂房高度的因素是厂房内的运输方式、设备高度和加工尺寸以及操作高度，其中以运输方式选择较灵活。因此，为降低厂房高度，常选用悬挂式吊车、架空运输、皮带输送、落地式龙门吊以及地面上的无轨运输方式。层高和单位面积

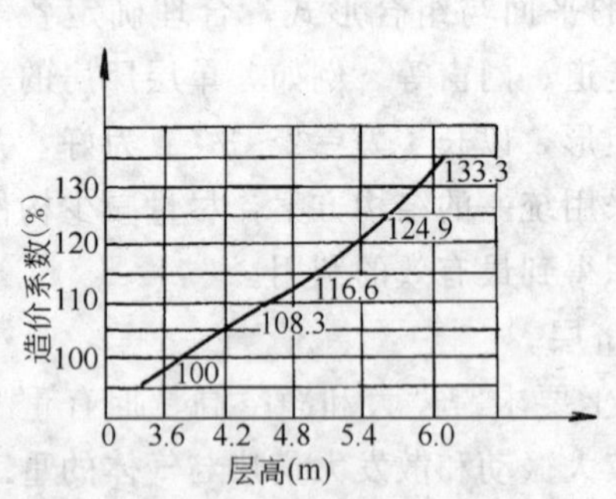

图 6.2.2 层高与平方米造价系数关系图

造价是成正比例的，如图6.2.2所示。因此在满足工艺流程、设备正常运转、操作方便以及工作环境良好的条件下，总是力求降低层高。因为层高增加，墙与隔墙的建造费用、粉刷费用、装饰费用都要增加，水电、暖通占用的空间体积与线路增加使造价增加，楼梯间与电梯间及其设备费用也会增加，起重运输设备及有关费用都会提高，还会增加顶棚施工费等等。据有关资料表明：单层厂房层高每增加1m，单位面积造价增加1.8%～3.6%，多层建筑厂房的层高每增加0.6m，单位面积造价增加8.3%左右。

④ 柱网选择要经济合理。柱网的布置是确定房屋(跨度)和柱距(与跨度方向垂直的柱的间距)的依据。柱网布置是否合理，对工程造价和厂房面积的利用都有较大的影响。对单跨厂房当柱距不变时，跨度越大则单位面积造价越小，这是因为除屋架外其他结构分摊在单位面积上的平均造价随跨度增大而减少；对于多跨厂房，当跨度不变时，中跨数量越多越经济，因为柱子和基础分摊在单位面积上的造价减少。

在工艺生产线长度不变的情况下，柱距不变跨度加大，或跨度不变柱距加大，则生产占用厂房面积有所减少。因为跨度或柱距增大，扩大了节间范围内的面积、减少了柱子所占面积，有利于工艺设备的紧凑而灵活的布置。从而相对地减少了设备占用厂房面积，降低总造价。

⑤ 尽量减少厂房的体积和面积。在满足工艺要求和生产能力的前提下，尽量减少厂房体积和面积以减少工程量和降低工程造价。为此，要求设计者尽可能地选用先进生产工艺和高效能设备，合理而紧凑地布置总平面图和设备流程图以及运输路线；尽可能把可以露天作业的设备布置于露天而不占厂房的设计方案，如冶金、化工炉窑、反应塔等；尽可能将小跨度、小柱距分建小厂合并为大跨度、大柱距的大厂房，提高平面利用率、减少工程量，例如某设计方案将原16个100m×125m的车间合并为一个400m×500m的大车间后，总建筑面积仍为20万m^2，但用地面积减少36.48万m^2，建筑物墙体长度减少了5400m。

3）建筑结构与建筑材料的选择。建筑结构与建筑材料选择是否合理，直接影响建筑工程造价的高低，因为材料费一般占直接工程费的70%左右，同时直接工程费的高低必然导致间接费的高低。设计中采用先进的结构体系和高强度轻质材料，能更好地满足功能要求，减轻建筑物的自重，简化和减轻基础工程，减少建筑材料和构配件的费用及运输费，提高劳动生产率和缩短工期，经济效果明显。因此，工业建筑结构正在向轻型、大跨度、大空间、薄壁的方向发展。

① 建筑结构的选择。建筑结构是指建筑工程中由基础、梁、板、柱、墙、屋架等构件组成、能承受直接和间接“作用”承重结构体系。所谓直接作用是指直接作用在结构上的恒载，如结构自重、土压力等永久荷载，以及活载，如楼面活荷载、吊车、风雪荷载等可变荷载；间接作用是指引起建筑结构外加变形或约束变形的作用(如地震、基础沉降、温度变化等)。

建筑结构按所用材料可分为：钢筋混凝土结构、砌体结构、钢结构和木结构。

A. 钢筋混凝土结构。它是由混凝土和钢筋两种材料构成的，具有坚固耐久、强度高、刚度大、抗震性好、耐酸碱、耐火性能好，可模性好等性能。根据工程需要可制成各种形状的结构构件和结构，也便于工业化施工，在大中型工业厂房中广泛采用。但它的缺点是自重大、抗裂性能差、现浇时耗费模板多、工期较长等。随着科学技术的发展，上述缺点正在克服，如采用轻质骨料以减轻自重，采用预应力混凝土可提高构件抗裂性，以预制方法施工可克服现浇模板耗量大和工期长等缺点。

B. 砌体结构。它是由烧结普通砖、承重黏土空心砖(简称空心砖)、硅酸盐砖、中小型混凝土砌块、中小型粉煤灰砌块或料石、毛石等块材通过砂浆砌筑而成的结构。砌体结构具有就地取材、造价低廉、耐火性能好以及容易砌筑等优点。因此，在现代建筑中，除用于单层与多层建筑外，在特种结构中如烟囱、水塔、小型水池和重力式挡土墙等，仍广泛采用。但它存在着自重

大、强度低、抗震性能差等缺点。特别是普通黏土砖因采用农田黏土制作，影响农业生产，已经被禁止使用。

C. 钢结构。它是由钢板和型钢等钢材，通过铆、焊、螺栓等连接而成的结构。它的优点是强度高、抗震性能好、可做成构件截面积小、重量轻、制作简便、质地均匀、可靠性高、运输方便等，故适用于建造大跨度厂房桁架、重吨位吊车梁及振动大的厂房，高耸结构的广播电视发射塔架等，对一些建筑物采用钢筋混凝土结构满足不了使用要求时可采用钢结构。同时轻钢结构的提出更大大推动了结构的发展。钢结构的主要缺点是：容易锈蚀、维修费高、耐火性能差等。

D. 木结构。它是指全部或大部分采用木材制作的结构。由于木结构具有就地取材、制作简单、容易加工等优点，所以过去在房屋建筑中应用广泛。但在一段时期由于木材用量与日俱增，其产量又受自然条件限制，因此，国务院曾颁布了《节约木材暂行条例》，阐述了节约木材的重要意义，并规定在基本建设方面应尽量少采用木结构。这样，木结构只在林区和农村的房屋建筑中应用，而在大中城市房屋建筑中很少采用。目前，由于进口木材增多，并提出了轻木框架结构，木结构的应用有了一些改观。木结构的主要缺点是：易燃、易腐蚀和结构变形大等，因此，在火灾危险性大或周围环境温度高以及在经常潮湿且不宜通风的条件下，均不宜采用。

建筑结构按承重结构类型可分为：混合结构、框架结构、框架－剪力墙结构、剪力墙结构、筒结构和大跨结构。

A. 混合结构。它是由砌体结构件和其他材料制成的构件所组成的结构。如垂直承重构件用砖墙、砖柱，水平承重构件用钢筋混凝土梁、板所建造的结构就属于混合结构。混合结构的优点是取材容易、构造简单、施工方便、造价便宜等；缺点是抗震、抗拉强度较差。这类结构一般只适用跨度小、吊车吨位不大的单层工业厂房建筑和一般的多层民用建筑。

B. 框架结构。它是由纵梁、横梁和柱组成的结构。目前，

我国多采用钢筋混凝土建造，也有采用钢框架的。框架结构布置灵活，容易满足生产和使用要求，并且较混合结构强度高、延性好、整体性和抗震性能好。因此，在单层和多层工业与民用建筑中广泛应用。但钢筋混凝土框架结构超过一定高度后，其侧向刚度将大大降低，在风荷载或地震作用下，其侧向位移会超过允许值，因此多用于10层以下的建筑。

C. 框架-剪力墙结构。它是在框架纵、横方向的适当位置和柱与柱之间设置几道厚度大于120m的钢筋混凝土墙体的结构。在这种结构中框架主要承受竖向荷载，也承受部分水平荷载产生的剪力，剪力墙承受水平荷载(风荷载或地震荷载)产生的剪力，使剪力墙和框架充分发挥各自的作用，因此广泛应用于高层建筑中。

D. 剪力墙结构。它是由纵、横向的钢筋混凝土墙所组成的结构。这种墙体除抵抗水平荷载和竖向荷载外，还对房屋起围护和分割作用。由于剪力墙结构的墙体较多，房屋侧向刚度大，因此常用于12～30层的高层建筑中。

E. 筒体结构。筒体结构是用钢筋混凝土墙围成侧向刚度很大的筒体来承受水平力的结构；其受力特点与一个固定于基础上的筒形悬臂构件相似。为了满足采光要求，在筒壁上开有孔洞。这种筒叫空腹筒或框筒。当建筑高度更高，要求侧向刚度更大时，可采用筒中筒结构。筒中筒由空腹外筒和实腹内筒组成，内外筒之间用在自身平面刚度很大的楼板相联系，使之共同工作，形成一个空间结构。筒体结构多用于高层或超高层(高度 $H \geqslant$ 100m)的公共建筑中。

F. 大跨结构。大跨结构中，竖向承重结构件多采用钢筋混凝土柱，屋盖采用钢网架、薄壳或悬索结构等。这种结构常用于体育馆、大型火车站、航空港等公共建筑和特大型厂房建筑。

② 建筑材料的选择。建筑材料的选择十分重要，它不仅直接影响工程质量、使用寿命、耐火抗震性能，而且对工程造价高低关系极大。这是由于材料费所占比重大，一般占直接费的

70%左右。我们在满足生产技术和工艺要求条件下，一方面要尽量选用轻质高强材料，以减轻建筑自重，提高保温防火和抗震性能；另一方面要就地取材，减少运输费用，降低造价。因此，设计工程师和造价工程师应通过调查研究，掌握第一手材料，选择各项性能好、经济合理的建筑材料。

4）工艺技术方案的选择。按照建设程序，在可行性研究阶段对生产规模、产品方案和工艺流程已经确定。设计阶段的任务是严格按照批准的可行性研究报告的内容进行工艺技术方案的具体选择和设计，确定从原料到产品的整个生产过程的具体工艺流程和生产技术。

选择工艺技术方案时，应从我国实际出发，以提高投资的经济效益和企业投产后的运营效益为前提，积极稳妥地采用先进的技术方案和成熟的新技术、新工艺。一般来说，先进的技术方案所需投资较大(含软件与硬件)、劳动生产率高、产品质量好。因此，要认真进行经济分析，根据我国国情和企业的经济与技术实力，确定先进适度、经济合理、切实可行的工艺技术方案。

5）设备的选型与设计。设备的选型与设计是根据所确定的生产规模、产品方案和工艺流程的要求，选择先进适用、经济合理、经久耐用、稳妥可靠、能耗低、高效率的设备和装置，同时还应立足国内配套地进行选择，并按上述要求对非标准设备进行设计。在工业建设项目中，设备投资比重大，常占总投资的40%～50%。因此，设备的选型与设计对控制工程造价具有重要的意义。

(3) 民用建筑设计与工程造价的关系

民用建筑一般包括住宅、宿舍、旅馆等居住建筑和文化教育、科学技术、行政办公、医疗卫生、公用事业等公共建筑两大类。居住建筑是民用建筑中最主要、最重要的建筑，随着住宅商品化、市场化的发展，以住宅为中心的房地产业的发展已成为新的经济增长点，可见，在今后的基本建设中住宅建设占有重要的地位。故此，合理地处理好民用建筑设计与工程造价的关系，具有十分重要的意义。

1）住宅小区规划设计。我国城市居民点的总体规划一般按居住区、小区和住宅组三级布置。由几个住宅组组成一个小区，由几个小区组成一个居住区。小区是城市建设的重要组成部分，是居民日常生活较为完整、舒适、相对独立的居住单位。小区住宅规划设计是否合理，直接关系到居民的日常生活和生产，关系到城市建设和建筑群体的艺术效果，关系到城市用地和人力、物力、财力的消耗，关系到工程造价的高低。

小区规划设计必须满足人们居住和日常生活的基本需要。在节约用地的前提下，既要为居民的生活、工作和生产创造方便、舒适、优美的环境，又要能体现独特的城市风貌。一般情况下，城市道路不需要穿越小区，日常生括必须的生活福利设施能在小区内解决。

小区规划设计应根据小区的基本功能要求确定小区构成部分的合理层次与关系，据此安排住宅建筑、公共建筑、管网、道路及绿地的布局，确定合理的人口与建筑密度、房屋间距与建筑层数，合理布置公共设施项目的规模及其服务半径，以及水、电、热、燃气的供应等，并划分包括土地开发在内的上述各部分的投资比例。

评价小区规划设计的主要技术经济指标有用地指标、密度指标和造价指标，见表6.2.1。

小区规划主要经济技术指标　　表6.2.1

指标分类	指标名称	计算公式
用地指标	居住用地系数(%)	$\frac{居住用地面积(hm^2)}{小区总占地面积(hm^2)}\times100\%$
	公共建筑系数(%)	$\frac{公共建筑用地面积(hm^2)}{小区总占地面积(hm^2)}\times100\%$
	人均用地指标(m^2/人)	$\frac{总居住建筑用地面积(m^2)}{小区居住总人口(人)}\times100\%$
	绿化用地系数(%)	$\frac{绿化用地面积(hm^2)}{小区总占地面积(hm^2)}\times100\%$

续表

指标分类	指 标 名 称	计 算 公 式
密度指标	居住建筑面积毛密度	$\frac{\text{居住建筑总面积}(m^2)}{\text{居住区总用地}(hm^2)}\times 100\%$
	居住建筑面积净密度	$\frac{\text{居住建筑总面积}(m^2)}{\text{居住区居住用地}(hm^2)}\times 100\%$
	居住建筑净密度(%)	$\frac{\text{居住建筑占地面积}(hm^2)}{\text{居住用地}(hm^2)}\times 100\%$
	居住面积净密度	$\frac{\text{居住建筑总居住面积}(m^2)}{\text{居住用地}(hm^2)}\times 100\%$
造价指标	居住建筑工程造价(元/m^2)	$\frac{\text{居住建筑总投资(元)}}{\text{居住建筑总面积}(m^2)}$

2) 住宅建筑的平面布置。在多层住宅建筑中，墙体所占比重大，是影响造价高低的主要原因。衡量墙体比重大小，常采用墙体面积系数(=墙体面积/建筑面积)。尽量减少墙体面积系数，与住宅建筑平面布置、层高、单元组成等均有密切关系。

合理加大建筑深度(宽度)，减少外墙长度是减少墙体面积系数、降低造价、提高经济效果的主要措施之一。在相同建筑面积时，住宅建筑的平面形状不同，住宅的建筑周长系数 K 周(即每平方米建筑面积所占外墙长度)也不同。K 周按圆形、正方形、矩形、T 型、L 型的次序依次增大，即外墙面积、墙身基础、墙身内外表面装修面积也依此次序逐渐增大。但由于圆形建筑施工复杂，施工费用较矩形建筑增加 20%～30%，故其墙体工程量的减少不能使建筑工程造价降低，而且用户使用不便。因此，一般都建造矩形和正方形住宅，既有利于施工，又能降低造价和使用方便。在矩形住宅建筑中，又以长：宽＝2：1 为佳。因为当房屋的长度增加到一定程度时，就要设置带有二层隔墙的温度伸缩缝；当长度超过 90m 时，就必须有贯通式过道，这些都要增加造价。所以，一般住宅建筑布置 3～4 个住宅单元、房屋长度为 60～80m 较为经济。

在满足住宅功能和质量前提下，加大住宅进深(宽度)，即采用大开间，对降低工程造价有明显效果。这是由于进深加大，墙体面积系数相应减少，造价降低的缘故。住宅建筑平面布置的主要经济技术指标见表 6.2.2。

住宅建筑平面布置主要技术经济指标　　表 6.2.2

指标名称	计算公式	说明
平面系数(K_1)	$K_1=\frac{居住面积(m^2)}{建筑面积(m^2)}$	居住面积是指住宅建筑中的居室净面积
辅助面积系数(K_2)	$K_2=\frac{辅助面积(m^2)}{居住面积(m^2)}$	辅助面积是指住宅建筑中楼梯、走道、卫生间、厨房、阳台、贮藏室等的面积
结构面积系数(K_3)	$K_3=\frac{结构面积(m^2)}{建筑面积(m^2)}$	结构面积是住宅建筑各层平面中的墙、柱等结构所占的面积
外墙周长系数(K_4)	$K_4=\frac{建筑物外墙的周长(m)}{建筑物建筑面积(m^2)}$	

3）住宅建筑的层高和净高。住宅建筑的层高和净高，直接影响工程造价，这是因为层高和净高增加，墙体面积增加，柱的体积增加，并带来基础、管线、采暖等增加也使造价增加。据湖南一个小区测算，若住宅层高从 3m 降到 2.8m，则平均每套住宅综合造价将下降 4%～4.5%，并可节省材料、节约能源，有利于抗震。因此，住宅层高不应超过 2.8m。

4）住宅的层数。民用建筑按层数划分为低层住宅（1～3层）、多层住宅（4～6 层）、中层住宅（7～9 层）和高层住宅（10 层以上）。在民用建筑中，多层住宅具有造价和使用费用低和用地节省的优点。

建筑住宅层数与工程造价的关系式为：

$$R_n=\frac{1}{n}(Y_{地}+Y_{屋})+\frac{n+1}{n}Y_{楼}+\Sigma Y_k \qquad (6.2.1)$$

式中　R——n 层住宅造价指标（元/m^2）；

n——住宅建筑层数；

$Y_{地}$——地坪单位综合单价(元/m²)，包括地坪土方、垫层、面层、护坡、踏步等；

$Y_{屋}$——屋盖单位综合单价(元/m²)，包括屋面基层、防水层、隔热层、屋面支撑、屋面面层、天棚及檐口等；

$Y_{楼}$——楼盖单位综合单价(元/m²)，包括梁板、楼梯、阳台等；

ΣY_k——门、窗、墙体等垂直部位构件的单位建筑面积造价之和(元/m²)。

将相应的综合单价代入式(6.2.1)，即可得出各种层数的住宅建筑与工程造价的关系如表 6.2.3 所示。

多层住宅与造价关系 **表 6.2.3**

住宅层数		一	二	三	四	五	六
单方造价系数(%)	不含基础费用	122.85	109.13	104.57	102.27	100.86	100
	含基础费用	138.05	116.95	108.38	103.51	101.68	100

由表 6.2.3 可见，6 层以内住宅建筑，层数越多，造价越低，而且相邻层次间造价差值也越小。这是因为，多层住宅在一定范围内层数增加，则房屋内外的设施费、供水管道、煤气管道、电力照明和交通道路等费用是随层数增加而降低的。所以，多层住宅以采用 5～6 层为宜。

由于目前黏土砖的强度等级一般只能达到 7.5MPa，修建 7 层以上的住宅需改变承重结构，使造价增加，因此不经济。同时，住宅建筑超过 7 层，要设置电梯，需要较多的交通面积(过道、走廊需要加宽)和增加设备(供水设备、供电设备等)。特别是高层住宅，要提高抗风和抗震能力，就需提高结构强度，改变结构形式，使工程造价大幅度增加。因此，一般，在中小城市以建造多层住宅较为经济，在大城市可沿主要街道建设一部分中、高层住宅，以合理利用空间，美化市容。对于地皮特别昂贵的地区来讲，如香港，以高层住宅为主也是经济的。

5）住宅建筑的单元组成、户型和住户面积。住宅建筑的单元数前已述及，每栋住宅建筑布置的单元数以3～4单元较为经济。住宅建筑单元的组成是否合理是关系到适用与经济的重要问题，应根据家庭成员的组成情况、职业情况来确定每单元的房间大小和房间的组合，以便于居民的休息、工作和日常生活。

户型即户室数，是指每户有几个居室、它的组合方式以及厨房、卫生间的合理布置。户型分为一居室户、二居室户、三居室户和多居室户。

衡量单元组成、户型设计的指标是结构面积系数，这个系数越小设计方案越经济。因为，结构面积小，有效面积就增加。结构面积系数除与房屋结构有关外，还与房屋外形及其长度和宽度有关，同时也与房间平均面积大小和户型组成有关。房屋平均面积越大，内墙、隔墙在建筑面积所占比重就越小。

6）住宅建筑结构的选择。随着我国住宅工业化水平的提高，住宅工业化建筑体系的结构形式多种多样，主要有：全装配式(预制装配式)结构，包括砌体建筑、大板建筑、框架轻板建筑和盒子结构建筑；工具式模板机械化现浇结构，包括大模板建筑、滑模建筑、升板建筑和隧道建筑等；装配整体式结构，它包括内浇外砌建筑、内浇外挂建筑和一模三板结构等。这些结构形式各有利弊，各地区各部门应根据实际情况，因地制宜，就地取材，采用适合本地区本部门经济合理的结构形式。像北京地区，曾大力推广内浇外砌大模板住宅建筑体系代替传统砖混结构住宅体系，取得了良好的经济效益。据报导，按1997年价格水平计算，内浇外砌大模板结构住宅比传统砖混结构住宅，每平方米造价降低3.28%。

6.2.2 工程设计招投标

(1) 工程设计招投标的含义和特点

1）工程设计招投标。工程设计招投标是指招标单位就拟建工程的设计任务发布招标公告，以吸引设计单位参加竞争，经招标单位审查符合投标资格的设计单位按照招标文件要求，在规定的时间内向招标单位填报投标文件，招标单位从而根据规定择优确定中标设计单位来完成工程设计任务的活动，称之为工程设计招投标。工程设计招标投标的目的是：鼓励竞争，促使设计单位改进管理，采用先进技术，降低工程造价，缩短工期，提高投资效益。工程设计招标和投标是双方法人之间的经济活动，受国家法律的保护和监督。

2）实行设计招标的建设项目应具备以下条件：

① 具有经过审批机关批准的可行性研究报告；

② 具有开展设计必须的可靠设计资料；

③ 依法成立了专门的招标机构并具有编制招标文件和组织评标能力的招标代理机构。

3）设计招标的方式。

① 公开招标。由招标单位通过国家指定的报刊、信息网络或其他媒体发布招标公告方式邀请不特定的法人或其他组织投标的招标。

② 邀请招标。由招标单位向有承担能力、资信良好的设计单位直接发出的投标邀请书的招标，但邀请招标必须在3个以上单位进行，有条件的项目，应邀请不同地区、不同部门的设计单位参加。

4）设计招标的程序。

① 招标单位编制招标文件。

② 招标单位发布招标公告或发出投标邀请书。

③ 投标单位购买或领取招标文件，并按招标文件要求和规定时间报送投标文件。

④ 招标单位对投标单位进行资格审查；主要审查单位性质和隶属关系、工程设计证书等级和证书号、单位成立时间和近期承担的主要工程设计情况、技术力量和装备水平以及社会信誉等。

⑤ 招标单位向合格设计单位发售或发送招标文件。

⑥ 招标单位组织投标单位踏勘工程现场，解答招标文件中

的问题。

⑦ 投标单位编制投标文件并按规定时间、地点密封报送。投标文件内容一般应包括：方案设计综合说明书；方案设计内容和图纸；建设工期；主要施工技术和施工组织方案；工程投资估算和经济分析；设计进度和收费。

⑧ 招标单位当众开标，组织评标，确定中标单位，发出中标通知书，按我国规定：开标、评标至确定中标单位的时间一般不得超过1个月。确定中标的依据是：设计方案优劣；投入产出经济效益好坏；设计进度快慢；设计资历和社会信誉等。

⑨ 招标单位与中标单位签订合同。招标投标法规定，招标单位和中标单位应当自中标通知书发出之日起30日内签订书面设计合同。

5）设计招投标的优点。

① 有利于设计多方案的选择和竞争，从而根据规定择优确定最佳设计方案，达到优化设计方案之目的。

② 有利于控制建设工程造价，中标项目一般作出的投资估算能接近于招标文件所确定的投资范围以内。

③ 有利于加快设计进度、提高设计质量、降低设计费用。

（2）设计方案竞选

1）设计方案竞选。设计方案竞选是指由组织竞选活动的单位通过报刊、信息网络或其他媒介发布竞选公告，吸引设计单位参加方案竞选，参加竞选的设计单位按照竞选文件和国家关于《城市建筑方案设计文件编制深度规定》，做好方案设计和编制有关文件，经具有相应资格的注册建筑师签字，并加盖单位法定代表人或法定代表人委托的代理人的印鉴，在规定的日期内密封送达组织竞选单位。组织竞选单位邀请有关专家组成评定小组，采用科学方法，按照适用、经济、美观的原则，以及技术先进、结构合理、满足建筑节能、环境保护等要求，综合评定设计方案的优劣，择优确定中选方案，最后双方签订合同等一系列活动叫做设计方案竞选。

2）实行设计方案竞选的建设项目应具备的条件。

① 有经过审批机关批复的项目建议书或可行性研究报告。

② 有规划管理部门确定的项目建设地点、规划控制条件、设计要点和用地红线图。

③ 有符合要求的地形图。包括建设场地的工程地质、水文地质详细勘测资料或者有参考价值的场地附近工程地质、水文地质详细勘测资料，水、电、燃气、供热、环保、通讯、市政道路和交通等方面的基础资料。

④ 有设计要求说明书。

3）设计方案竞选的方式。

① 公开竞选。由组织竞选活动的单位通过报刊、信息网络或其他媒体发布竞选公告。

② 邀请竞选。由组织竞选活动的单位直接向有承担该项目工程设计能力、资信良好的3个以上(含3个)设计单位发出方案竞选邀请书。

4）组织方案竞选单位的条件。组织方案竞选的建设单位或受建设单位委托的中介机构应当具备以下条件：

① 具有法人或依法成立的董事会机构。

② 有相应的工程技术和经济管理人员；有组织编制方案竞选文件的能力。

③ 有组织方案竞选和评定的能力。

5）设计方案竞选文件编制的内容。

① 工程综合说明，包括工程名称、地址、竞选项目、占地范围、建筑面积、竞选方式等。

② 经批准的项目建议书或可行性研究报告及其他文件的复印件。

③ 项目说明书。

④ 合同的主要条件和要求。

⑤ 提供设计基础资料的内容、方式和期限。

⑥ 踏勘现场、竞选文件答疑的时间、地点。

⑦ 截止日期和评定时间。

⑧ 文件编制要求及评定原则。

⑨ 其他需要说明的事项。

竞选文件一经发出，组织竞选活动的单位不得擅自变更其内容或附加条件。确需变更和补充的应在截止日期 7 天前通知所有参加竞选的单位。发出竞选文件至竞选截止时间，大、中型项目不少于 30 天，小型项目不少于 15 天。

6）参加竞选单位的条件。参加设计方案竞选的单位应向组织方案竞选单位提供以下材料：

① 单位名称、法人代表、地址、单位所有制性质、隶属关系。

② 设计证书复印件及证书副本、设计收费证书及营业执照的复印件。

③ 单位简历、技术力量及主要装备情况。

④ 方案签字者的一级注册建筑师资格证书，没有一级注册建筑师的单位，可以与有一级注册建筑师的设计单位联合参加竞选。境外设计事务所参加我国境内工程项目设计方案竞选，在注册建筑师资格尚未相互确认前，其方案必须向我国一级注册建筑师咨询并经签字后方可有效。

7）设计竞选方案的评定。评定小组由组织竞选单位和有关专家 7～11 人组成，其中技术专家人数应占 2/3 以上。参加竞选单位和设计方案者不得参加评定小组。评定小组在公证机关公正下当众宣布评定办法，启封各参加单位的文件和补充函件，公布其主要内容。

评定小组按照技术先进、功能全面、结构合理、安全适用，满足建筑节能和环境保护要求，以及实用、经济、美观的原则，并同时考虑设计进度快慢以及设计单位和注册建筑师的资历信誉等因素综合评定设计方案的优劣，择优确定中选方案。

从评定会议后至确定中选单位的期限一般不超过 15 天。确定中选单位后，组织竞选单位应于 7 天内发出中选通知书，同时抄送各未中选单位；未中选单位应在接到通知后7天内取回有关资料。中选通知书发出30天内，建设单位(业主)与中选单位依据有关规定签订工程设计承发包书面合同。

对未中选单位设计方案补偿费的处理。采用公开竞选方式的，是否付给补偿费，由组织竞选活动者决定；采用邀请竞选方式的，应付给未中选单位补偿费，如设计方案达到《城市建筑设计方案文件编制深度规定》要求，一般补偿费全额不低于该项目设计方案费的40%。补偿费在工程设计费中列支。中选单位使用未中选单位的方案成果时，须征得该单位的同意，并实行有偿转让，转让费由中选单位承担。

中选单位完成设计方案后，如建设单位另择设计单位承担初步设计和施工图设计，则应付给中选单位设计方案费，金额不低于该项目标准设计费的30%。

8）设计方案竞选的优点

① 有利于多种设计方案的选择和竞争，从中选择最佳方案。

② 有利于控制项目投资。因为中选的设计方案所作出的投资估算一般控制在竞选文件规定的投资范围内。

③ 能集思广益，吸取多种设计方案的优点。因为设计方案竞选与设计招标是有区别的，它可以吸取未中选方案的优点，这样以中选方案作为设计方案的基础，并把其他方案的优点加以吸收和综合，取长补短，使设计更完美。但应根据劳动量大小，对于吸收未中选方案的优点部分应给予必要的补偿。

(3) 设计方案的技术经济评价

对设计方案技术经济评价的目的，是采用科学方法，按照工程项目经济效果评价原则，用一个或一组主要指标对设计方案的项目功能、造价、工期和设备、材料、人工消耗等方面进行定量与定性分析相结合的综合评价，从而择优确定技术经济效果好的设计方案。常用的技术经济评价方法有：投资回收期法、净现值法和计算费用法、多因素评价优选法等。下面着重分析后面两种评价方法。

1）计算费用法

计算费用法又叫最小费用法，是使用最广泛的技术经济评价方法，它以货币表示的计算费用来反映设计方案对物化劳动和活化劳动量消耗的多少，评价设计方案优劣的方法。计算费用最小的设计方案为最佳方案。

对多方案进行分析对比时，采用的计算费用法较简便。计算费用的数学表达式为：

$$C_{年}=K\times E+V \tag{6.2.2}$$

$$C_{总}=K+V\times t \tag{6.2.3}$$

式中 $C_{年}$——年计算费用；

$C_{总}$——项目总计算费用；

K——总投资额；

V——年生产成本；

t——投资回收期(年)；

E——投资效果系数(它是投资回收期的倒数)。

【例 6.2.1】 某建设项目有 3 个设计方案，其已知条件是：

方案Ⅰ：投资总额 $K_{\text{I}}=2000$ 万元，年生产成本 $V_{\text{I}}=2400$ 元；

方案Ⅱ：投资总额 $K_{\text{II}}=2200$ 万元，年生产成本 $V_{\text{II}}=2300$ 万元；

方案Ⅲ投资总额 $K_{\text{III}}=2800$ 万元，年生产成本 $V_{\text{III}}=2100$ 万元；

标准回收期 $t=5$ 年，投资效果系数 $E=0.2$，优选出最佳设计方案：

解：方案Ⅰ：$C_{年}=K_1\times E+V_1=2000\times 0.2+2400=2800$(万元)

$C_{总}=K_1\times V_1+t=2000+2400\times 5=14000$(万元)

方案Ⅱ：$C_{年}=K_{\text{II}}\times E+V_{\text{II}}=2200\times 0.2+2300=2740$(万元)

$C_{总}=K_{\text{II}}\times V_{\text{II}}+t=2200+2300\times 5=13700$(万元)

方案Ⅲ：$C_{年}=K_{\text{III}}\times E+V_{\text{III}}=2800\times 0.2+2100=2660$(万元)

$C_{总}=K_{Ⅲ}\times V_{Ⅲ}+t=2800+2100\times 5=13300$(万元)

由以上计算结果可见，方案Ⅲ的计算费用最低。方案Ⅲ是最佳方案，从该方案可说明，它的投资为最大，但投产后生产成本最低。这也是我们平常所说的，设计方案优劣不仅要考虑投资时投资额的高低，还应考虑项目投产后的生产成本高低和经营效益，即投资效益的好坏。

2）多因素评分优选法

多因素评分优选法，就是对需要进行分析评价的设计方案设定若干个评价指标和按其重要程度分配权重，然后按评价标准给各指标打分。将各项指标所得分数与其权重相乘并汇总，使得出各设计方案的评价总分，以获总分高者为最佳方案的办法。这种方法，是定量分析评价与定性分析评价相结合的方法。因此，可靠性高，应用较广泛。但关键是要正确地确定权重。其计算公式为：

$$S=\sum_{i=1}^{n}S_i\cdot W_i \tag{6.2.4}$$

式中 S——设计方案的总分；

S_i——某方案在某评价指标的评分；

W_i——某评价指标的权重；

i——评价指标数，i=1、2、3…。

【例 6.2.2】 某建设项目有3个设计方案，各方案的各项指标得分和评分及计算结果如表6.2.4。试确定最佳方案。

多因素评分优选法评分表 **表 6.2.4**

评价指标	权重	指标分等	标准分	方案评分(S_i)		
				Ⅰ	Ⅱ	Ⅲ
单位造价指标	5	1. 低于一般水平	3		3	
		2. 一般水平	2	2		
		3. 高于一般水平	1			1

续表

评价指标	权重	指标分等	标准分	方案评分(S_i)		
				Ⅰ	Ⅱ	Ⅲ
基建投资	4	1. 低于一般	4	4		
		2. 一般	3		3	
		3. 高于一般	2			2
工　期	3	1. 缩短工期 x 天	3		3	
		2. 正常工期	2			2
		3. 延长工期 y 天	1	1		
材料用量	2	1. 低于一般用量	3		3	
		2. 一般水平用量	2	2		
		3. 高于一般用量	1			1
劳动力消耗	1	1. 低于一般消耗量	3			
		2. 一般消耗量	2	2	2	
		3. 高于一般消耗量	1			1
合　计　得　分				35	44	22

解：各设计方案按上式计算所得总分为：

$$\sum_{i=1}^{n} S_{\mathrm{I}} W_i = 2\times5+4\times4+1\times3+2\times2+2\times1=35(\text{分})$$

$$\sum_{i=1}^{n} S_{\mathrm{II}} W_i = 3\times5+3\times4+3\times3+3\times2+2\times1=44(\text{分})$$

$$\sum_{i=1}^{n} S_{\mathrm{III}} W_i = 1\times5+2\times4+2\times3+1\times2+1\times1=22(\text{分})$$

计算结果，方案Ⅱ总分最高，则为最佳方案。

6.2.3　设计概算的编制与审查

(1) 设计概算的含义

设计概算是设计文件的重要组成部分，是在投资估算的控制下由设计单位根据初步设计(或技术设计)图纸及其说明书、概算定额(概算指标)、各项费用定额或取费标准(指标)、设备、材料预算价格等资料，编制和确定的建设项目从筹建至竣工交付使用所需全部费用的文件。采用两阶段设计的建设项目，初步设计阶段必须编制设计概算；采用三阶段设计的，技术设计阶段必须编制修正概算。

设计概算的编制应包括编制期价格、费率、利率、汇率等确定静态投资和编制期到竣工验收前的工程和价格变化等多种因素的动态投资两部分。静态投资作为考核工程设计和施工图预算的依据；动态投资作为筹措、供应和控制资金使用的限额。

(2) 设计概算的作用

设计概算的主要作用可归纳为如下几点：

1）设计概算是编制建设项目投资计划、确定和控制建设项目投资的依据。国家规定，编制年度固定资产投资计划，确定计划投资总额及其构成数额，要以批准的初步设计概算为依据，没有批准的初步设计及其概算的建设工程不能列入年度固定资产投资计划。

经批准的建设项目设计总概算的投资额，是该工程建设投资的最高限额。在工程建设过程中，年度固定资产投资计划安排，银行拨款或贷款、施工图设计及其预算、竣工决算等，未经按规定的程序批准，都不能突破这一限额，以确保国家固定资产投资计划的严格执行和有效控制。

2）设计概算是签订建设工程合同和贷款合同的依据。《中华人民共和国合同法》明确规定，建设工程合同是承包人进行工程建设，发包人支付价款的合同。合同价款的多少以设计概预算为依据，而且总承包合同不得超过设计总概算的投资额。

设计概算是银行拨款或签订贷款合同的最高限额，建设项目的全部拨款或贷款以及各单项工程的拨款或贷款的累计总额，不能超过设计概算。如果项目的投资计划所列投资额或拨款与贷款突破设计概算时，必须查明原因后由建设单位报请上级主管部门调整或追加设计概算总投资额，凡未批准之前，银行对其超支部分拒不拨付。

3）设计概算是控制施工图设计和施工图预算的依据。经批准的设计概算是建设项目投资的最高限额，设计单位必须按照批准的初步设计和总概算进行施工图设计，施工图预算不得突破设计概算。如确需突破总概算时，应按规定程序报经审批。

4）设计概算是衡量设计方案技术经济合理性和选择最佳设计方案的依据。设计概算是设计方案技术经济合理性的综合反映，据此可以用来对不同的设计方案进行技术与经济合理性的比较，以便选择最佳的设计方案。

5）设计概算是工程造价管理及编制招标标底和投标报价的依据。设计总概算一经批准，就作为工程造价管理的最高限额，并据此对工程造价进行严格的控制。以设计概算进行招投标的工程，招标单位编制标底是以设计概算造价为依据的，并以此作为评标定标的依据。承包单位为了在投标竞争中取胜，也以设计概算为依据，编制出合适的投标报价。

6）设计概算是考核建设项目投资效果的依据。通过设计概算与竣工决算对比，可以分析和考核投资效果的好坏，同时还可以验证设计概算的准确性，有利于加强设计概算管理和建设项目的造价管理工作。

(3) 设计概算的内容

1）设计概算的编制原则和依据

① 设计概算的编制原则。为提高建设项目设计概算编制质量，科学合理确定建设项目投资，设计概算编制应坚持以下原则：

A. 严格执行国家的建设方针和经济政策。设计概算是一项重要的技术经济工作，要严格按照党和国家的方针、政策办事，坚决执行勤俭节约的方针，严格执行规定的设计标准。

B. 要完整、准确地反映设计内容。编制设计概算时，要认真了解设计意图，根据设计文件和图纸准确地计算工程量，避免

重算和漏算。设计修改后，要及时修正概算。

C. 要坚持结合拟建工程的实际，反映工程所在地当时价格水平的原则。为提高设计概算的准确性，要求实事求是地对工程所在地的建设条件，可能影响造价的各种因素进行认真的调查研究。在此基础上正确使用定额、指标、费率和价格等各项编制依据，按照现行工程造价的构成，根据有关部门发布的价格信息及价格调整指数，考虑建设期的价格变化因素，使概算尽可能地反映设计内容、施工条件和实际价格。

② 设计概算的编制依据。

A. 国家发布的有关法律、法规、规章、规程。

B. 批准的可行性研究报告及投资估算、设计图纸等有关资料。

C. 有关部门颁布的现行概算定额、概算指标、费用定额等和建设项目设计概算编制办法。

D. 有关部门发布的人工和设备材料价格、造价指数等。

E. 有关合同、协议。

F. 其他有关资料。

2）设计概算的内容

设计概算可分单位工程概算、单项工程综合概算和建设项目总概算三级。各级之间概算的相互关系如图 6.2.3 所示。

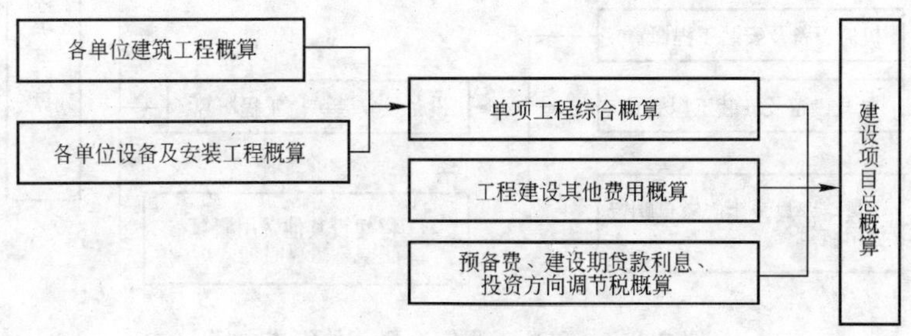

图 6.2.3 设计总概算的组成内容

① 单位工程概算。单位工程概算是确定各单位工程建设费

用的文件，是编制单项工程综合概算的依据，是单项工程综合概算的组成部分。单位工程概算按其工程性质分为建筑工程概算和设备及安装工程概算两大类。建筑工程概算包括土建工程概算，给排水、采暖工程概算，通风、空调工程概算，电气照明工程概算，弱电工程概算，特殊构筑物工程概算等；设备及安装工程概算包括机械设备及安装工程概算，电气设备及安装工程概算，以及工具、器具及生产家具购置费概算等。

② 单项工程概算。单项工程概算是确定一个单项工程所需建设费用的文件，由单项工程中的各单位工程概算汇总编制而成，是建设项目总概算的组成部分。单项工程综合概算的组成内容如图 6.2.4 所示。

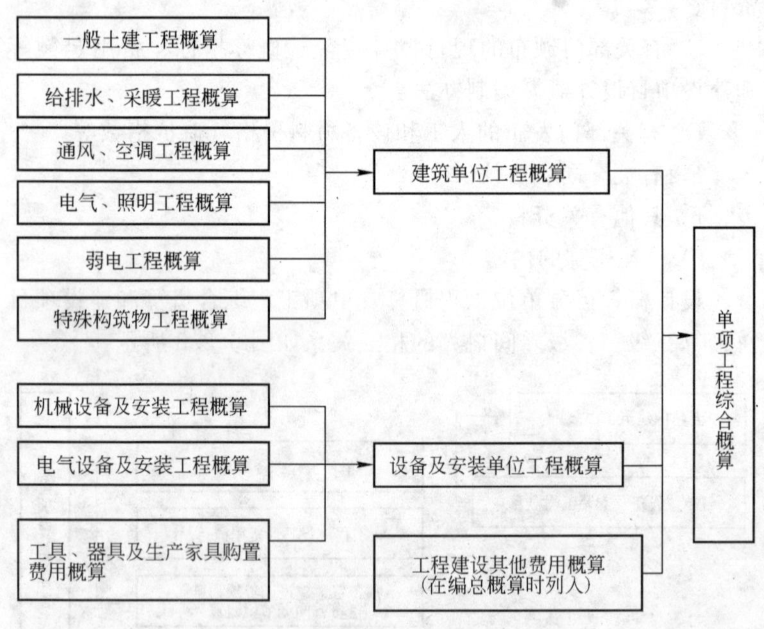

图 6.2.4 单项工程综合概算的组成内容

③ 建设项目总概算。建设项目总概算是确定整个建设项目从筹建到竣工验收所需全部费用的文件，由各单项工程综合概

算、工程建设其他费用概算、预备费和投资方向调节税概算等汇总编制而成，如图 6.2.5 所示。

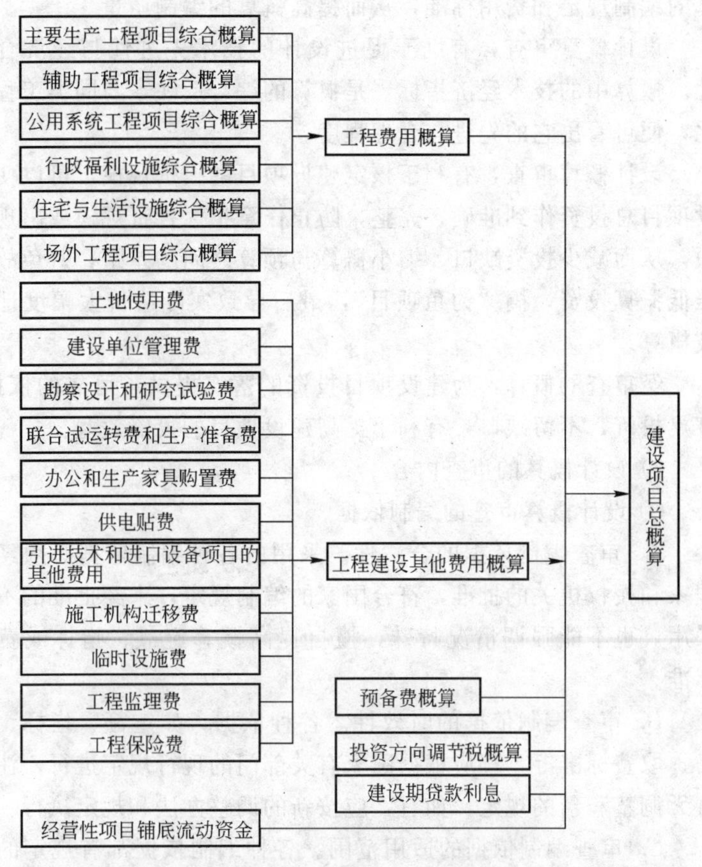

图 6.2.5　建设项目总概算的组成内容

(4) 设计概算的审查

1) 审查设计概算的意义

审查设计概算，有利于合理分配投资资金、加强投资计划管理，有利于合理确定和有效控制工程造价。设计概算偏高或偏低，不仅影响工程造价的控制，也会影响投资计划的真实性，影响投资资金的合理分配。

设计概算审查，可以促进概算编制单位严格执行国家有关概算的编制规定和费用标准，从而提高概算的编制质量。

设计概算审查，有助于促进设计的技术先进性与经济合理性。概算中的技术经济指标，是概算的综合反映，与同类工程对比，便可看出它的先进与合理程度。

设计概算审查，有利于核定建设项目的投资规模，可以使建设项目总投资作到准确、完整，防止任意扩大投资规模或出现漏项，从而减少投资缺口、缩小概算与预算之间的差距，避免故意压低概算投资，搞“钓鱼项目”，最后导致实际造价大幅度地突破概算。

经审查的概算，为建设项目投资的落实提供了可靠的依据。打足投资，不留缺口，有利于提高建设项目的投资效益。

2）设计概算的审查内容

① 设计概算审查的编制依据。

A. 审查编制依据的合法性。采用的各种编制依据必须经过国家和授权机关的批准，符合国家的编制规定，未经批准的不能采用。也不能强调情况特殊，擅自提高概算定额、指标或费用标准。

B. 审查编制依据的时效性。各种依据，如定额、指标、价格、取费标准等，都应根据国家有关部门的现行规定进行，注意有无调整和新的规定，如有，应按新的调整办法和规定执行。

C. 审查编制依据的适用范围。各种编制依据都有规定的适用范围，如各主管部门规定的各种专业定额及其取费标准，只适用于该部门的专业工程；各地区规定的各种定额及其取费标准，只适用于该地区范围内应用，特别是地区的材料预算价格区域性更强。例如某市有该市区的材料预算价格，又编制了郊区内一个矿区的材料预算价格，在编制该矿区某工程概算时，就应采用该矿区的材料预算价格。

② 审查概算编制深度。

A. 审查编制说明。审查编制说明可以检查概算的编制方法、深度和编制依据等重大原则问题，若编制说明有差错，具体概算必有差错。

B. 审查概算编制深度。一般大中型项目的设计概算，应有完整的编制说明和“三级概算”（即总概算表、单项工程综合概算表、单位工程概算表），并按有关规定的深度进行编制。审查是否有符合规定的“三级概算”，各级概算的编制、校对、审核是否按规定签署，有无随意简化，有无把“三级概算”简化为“二级概算”，甚至“一级概算”。

C. 审查概算的编制范围。审查概算编制范围及具体内容是否与主管部门批准的建设项目范围及具体工程内容一致；审查分期建设项目的建筑范围及具体工程内容有无重复交叉，是否重复计算或漏算；审查其他费用应列的项目是否符合规定，静态投资、动态投资和经营性项目铺底流动资金是否分别列出等。

③ 审查建设规模、标准。审查概算的投资规模、生产能力、设计标准、建设用地、建筑面积、主要设备、配套工程、设计定员等是否符合原批准可行性研究报告或立项批文的标准。如概算总投资超过原批准投资估算10%以上，应进一步审查超估算的原因。

④ 审查设备规格、数量和配置。工业建设项目设备投资比重大，一般占总投资30%～50%，要认真审查。审查所选用的设备规格、台数是否与生产规模一致，材质、自动化程度有无提高标准，引进设备是否配套、合理，备用设备台数是否适当，消防、环保设备是否计算等等。还要重点审查设备价格是否合理、是否符合有关规定，如国产设备应按当时询价资料或有关部门发布的出厂价、信息价。引进设备应依据询报价或合同价编制概算。

⑤ 审查工程量。建筑安装工程投资是随工程量增加而增加的应认真审查。要根据初步设计图纸、概算定额及工程量计算规则、专业设备材料表、建构筑物和总图运输一览表进行审查，有

无多算、重算、漏算。

⑥ 审查计价指标。审查建筑工程采用工程所在地区的计价定额、费用定额、价格指数和有关人工、材料、机械台班单价是否符合现行规定；审查安装工程所采用的专业部门或地区定额是否符合工程所在地区的市场价格水平，概算指标调整系数、主材价格、人工、机械台班和辅材调整系数是否按当时最新规定执行；审查引进设备安装费率或计取标准、部分行业专业设备安装费率是否按有关规定计算等。

⑦ 审查其他费用。工程建设其他费用约占项目总投资25%以上，必须认真逐项审查。审查费用项目是否按国家统一规定计列，具体费率或计取标准是否按国家、行业或有关部门规定计算，有无随意列项、有无多列、交叉计列和漏项等。

3）设计概算审查的方法

采用适当方法审查设计概算，是确保审查质量、提高审查效率的关键。较常用方法有：

① 对比分析法。对比分析法主要是通过建设规模、标准与立项批文件对比；工程数量与设计图纸对比；综合范围、内容与编制方法和规定对比；各项取费与规定标准对比；材料、人工单价与统一信息对比；引进设备、技术投资与报价要求对比；技经指标与同类工程对比等等。通过以上对比分析，容易发现设计概算存在的主要问题和偏差。

② 查询核实法。查询核实法是对一些关键设备和设施、重要装置、引进工程图纸不全、难以核算的较大投资进行多方查询核对，逐项落实的方法。主要设备的市场价向设备供应部门或招标公司查询核实；重要生产装置、设施向同类企业（工程）查询了解；引进设备价格及有关费税向进出口公司调查落实；复杂的建安工程向同类工程的建设、承包、施工等单位征求意见；深度不够或不清楚的问题直接同原概算编制人员、设计者询问清楚。

③ 联合会审法。联合会审前，可先采取多种形式分头审查，

包括设计单位自审，主管、建设、承包单位初审，工程造价咨询公司评审，邀请同行专家预审，审批部门复审等，经层层审查把关后，由有关单位和专家进行联合会审。在会审大会上，由设计单位介绍概算编制情况及有关问题，各有关单位及专家汇报初审、预审意见。然后进行认真分析、讨论，结合对各专业技术方案的审查意见所产生的投资增减，逐一核实原概算出现的问题。经过充分协商，认真听取设计单位意见后，实事求是地进行处理、调整。

通过以上审查后，对审查中发现的问题和偏差，按照单项、单位工程的顺序，先按设备费、安装费、建筑费和工程建设其他费用的顺序分类整理。然后按照静态投资、动态投资和铺底流动资金三大类，汇总核增或核减的项目及其投资额。最后将具体审核数据，按照“原编概算”、“审核结果”、“增减投资”、“增减幅度”四栏列表，并照原总概算表汇总顺序，将增减项目逐一列出，相应调整所属项目投资合计，再依次汇总审核后的总投资及增减投资额。对于差错较多、问题较大或不能满足要求的，责成按会审意见修改返工后，重新报批；对于无重大原则问题，深度基本满足要求，投资增减不多的，当场核定概算投资额，并提交审批部门复核后，正式下达审批概算。

6.2.4 施工图预算的编制与审查

(1) 施工图预算及其作用

1）施工图预算

施工图预算是施工图设计预算的简称，又叫设计预算。它是由设计单位在施工图设计完成后，根据施工图设计图纸、现行预算定额、费用定额，以及地区的设备、材料、人工、施工机械台班等预算价格编制和确定的建筑安装工程造价文件。

2）施工图预算的作用

在社会主义市场经济条件下，施工图预算的主要作用是：

① 施工图预算是设计阶段控制工程造价的重要环节，是控

制施工图设计不突破设计概算的重要措施。

② 施工图预算是编制或调整固定资产投资计划的依据。

③ 对于实行施工招标的工程，施工图预算是编制标底的依据，也是承包企业投标报价的基础。

④ 对于不宜实行招标的工程，采用施工图预算加调整价结算的工程，施工图预算可作为确定合同价款的基础或作为审查施工企业提出的施工图预算的依据。

（2）施工图预算的内容和编制依据

1）施工图预算的内容

施工图预算有单位工程预算、单项工程预算和建设项目总预算。单位工程预算是根据施工图设计文件、现行预算定额、费用标准以及人工、材料、设备、机械台班等预算价格资料，以一定方法，编制单位工程的施工图预算；然后汇总所有各单位工程施工图预算，成为单项工程施工图预算；再汇总所有各单项工程施工图预算，便是一个建设项目建筑安装工程的总预算。

单位工程预算包括建筑工程预算和设备安装工程预算。建筑工程预算按其工程性质分为一般土建工程预算、卫生工程预算（包括室内外给排水工程、采暖通风工程、煤气工程等）、电气照明工程预算、特殊构筑物如炉窑、烟囱、水塔等工程预算和工业管道工程预算等。设备安装工程预算可分为机械设备安装工程预算、电气设备安装工程预算，以及化工设备、热力设备安装工程预算等。

2）施工图预算的编制依据

① 施工图纸及说明书和标准图集。经审定的施工图纸、说明书和标准图集，完整地反映了工程的具体内容、各部分的结构尺寸、具体做法、技术特征以及施工方法，是编制施工图预算的重要依据。

② 现行预算定额及单位估价表。国家和地区颁发的现行建筑、安装工程预算定额及单位估价表和相应的工程量计算规则，是编制施工图预算，确定分项工程子目、计算工程量、选用单位

估价表、计算直接工程费的主要依据。

③ 施工组织设计或施工方案。因为施工组织设计或施工方案中包括了与编制施工图预算必不可少的有关资料，如建设地点的土质和地质情况、土石方开挖的施工方法及余土外运方式与运距、施工机械使用情况、结构件预制加工方法及运距、重要的梁板柱的施工方案、重要或特殊机械设备的安装方案等。

④ 材料、人工、机械台班预算价格及调价规定。材料、人工、机械台班预算价格是预算定额的三要素，是构成直接工程费的主要因素。尤其是材料费在工程成本中所占的比重大，而且在市场经济条件下，材料、人工、机械台班的价格是随市场而变化的。为使预算造价尽可能接近实际，各地区主管部门对此都有明确的调价规定。因此，合理确定材料、人工、机械台班预算价格及其调价规定是编制施工图预算的重要依据；

⑤ 建筑安装工程费用定额。各省、市、自治区和各专业部门规定的费用定额及计算程序。

⑥ 预算工作手册及有关工具书。预算员工作手册和工具书包括了计算各种结构件面积和体积的公式，钢材、木材等各种材料规格、型号及用量数据，各种单位换算比例，特殊断面、结构件的工程量的速算方法，金属材料重量表等。显然，以上这些公式、资料、数据是施工图预算中常常要用到的。所以，它是编制施工图预算必不可少的依据。

(3) 单价法编制施工图预算

1）概述

简而言之，单价法是用事先编制好的分项工程的单位估价表来编制施工图预算的方法。按施工图计算的各分项工程的工程量，并乘以相应单价，汇总相加，得到单位工程的人工费、材料费、机械使用费之和；再加上按规定程序计算出来的其他直接费、现场经费、间接费、计划利润和税金，便可得出单位工程的施工图预算造价。

单价法编制施工图预算，其中直接费的计算公式为：

$$单位施工图直接预算费=\sum(工程量\times预算定额单价) \quad (6.2.5)$$

2)单价法编制施工图预算的步骤

单价法编制施工图预算的步骤如图 6.2.6 所示：

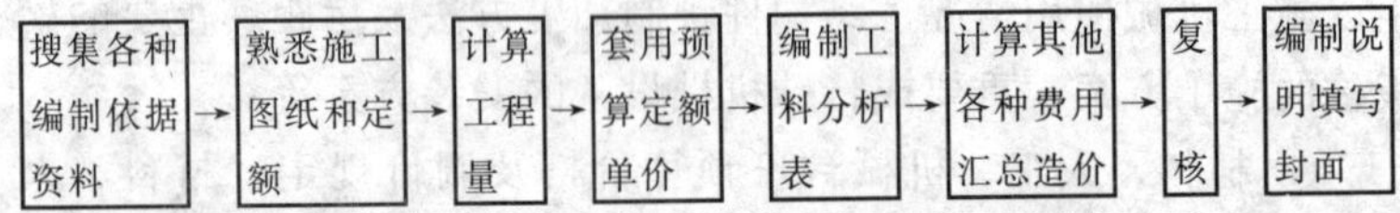

图 6.2.6 单价法编制施工图预算步骤

具体步骤如下：

① 搜集各种编制依据资料。各种编制依据资料包括施工图纸、施工组织设计或施工方案、现行建筑安装工程预算定额、取费标准、统一的工程量计算规则、预算工作手册和工程所在地区的材料、人工、机械台班预算价格与调价规定等。

② 熟悉施工图纸和定额。只有对施工图和预算定额有全面详细的了解，才能全面准确地计算出工程量，进而合理地编制出施工图预算造价。

③ 计算工程量。工程量的计算在整个预算过程中是最重要、最繁重的一个环节，不仅影响预算的及时性，更重要的是影响预算造价的准确性。因此，必须在工程量计算上狠下功夫，确保预算质量。

计算工程量一般可按下列具体步骤进行：

A. 根据施工图的工程内容和定额项目，列出分部分项工程的计算工程量；

B. 根据一定的计算顺序和计算规则，列出计算式；

C. 根据施工图示尺寸及有关数据，代入计算式进行数学计算；

D. 按照定额中的分部分项工程的计量单位对相应的计算结果的计量单位进行调整，使之一致。

④ 套用预算定额单价。工程量计算完毕并核对无误后，用

所得到的分部分项工程量套用单位估价表中相应的定额基价，相乘后再相加汇总，便可求出单位工程的直接费。

套用单价时需注意如下几点：

A. 分项工程量的名称、规格、计量单位必须与预算定额或单位估价表所列内容一致，否则重套、错套、漏套预算基价都会引起直接工程费的偏差，导致施工图预算造价偏高或偏低。

B. 当施工图纸的某些设计要求与定额单价的特征不完全符合时，必须根据定额使用说明对定额基价进行调整或换算。

C. 当施工图纸的某些设计要求与定额单价特征相差甚远，既不能直接套用也不能换算、调整时，必须编制补充单位估价表或补充定额。

⑤ 编制工料分析表。根据各分部分项工程的实物工程量和相应定额中的项目所列的用工工日及材料数量，计算出各分部分项工程所需的人工及材料数量，相加汇总便得出该单位工程造价。

⑥ 计算其他各项应取费用和汇总造价。按照建筑安装工程造价构成的规定费用项目费率及计算基础，分别计算出措施费、现场经费、间接费、计划利润和税金，并汇总单位工程造价。

$$\begin{aligned}\text{单位工程造价}=&\text{直接工程费(直接费＋措施费)}\\&+\text{间接费}+\text{规费}+\text{企业管理费}\\&+\text{利润}+\text{税金}\end{aligned}\tag{6.2.6}$$

⑦ 复核。单位工程预算编制后，有关人员对单位工程预算进行复核，以便及时发现差错，提高预算质量。复核时应对工程量计算公式和结果、套用定额基价、各项费用的取费费率及计算基础和计算结果、材料和人工预算价格及其价格调整等方面是否正确进行全面复核。

⑧ 编制说明、填写封面。编制说明是编制者向审核者交代编制方面有关情况，包括编制依据，工程性质、内容范围，设计图纸号、所用预算定额编制年份(即价格水平年份)、有关部门的调价文件号、套用单价或补充单位估价表方面的情况及其他需要

说明的问题。封面填写应写明工程名称、工程编号、工程量(建筑面积)、预算总造价及单方造价、编制单位名称及负责人和编制日期，审查单位名称及负责人和审核日期等。

单价法是目前国内编制施工图预算的主要方法，具有计算简单、工作量较小和编制速度较快，便于工程造价管理部门集中统一管理的优点。但由于是采用事先编制好的统一的单位估价表，其价格水平只能反映定额编制年份的价格水平；在市场经济价格波动较大的情况下，单价法的计算结果会偏离实际价格水平，虽然可采用调价，但调价系数和指数从测定到颁布既滞后且计算繁琐。

(4) 施工图预算的审查

1) 施工图预算审查的意义

施工图预算编完之后，需要认真进行审查。加强施工图预算的审查，对于提高预算的准确性，正确贯彻党和国家的有关方针政策，降低工程造价具有重要的现实意义。

① 施工图预算审查，有利于控制工程造价，克服和防止预算超概算。

② 施工图预算审查，有利于加强固定资产投资管理，节约建设资金。

③ 施工图预算审查，有利于施工承包合同价的合理确定和控制。因为，施工图预算，对于招标工程，它是编制标底的依据；对于不宜招标工程，它是合同价款结算的基础。

④ 施工图预算审查，有利于积累和分析各项技术经济指标，不断提高设计水平。通过审查工程预算，核实了预算价值，为积累和分析技术经济指标，提供了准确数据，进而通过有关指标的比较，找出设计中的薄弱环节，以便及时改进，不断提高设计水平。

2) 施工图预算审查的内容

施工图预算审查的重点，应该放在工程量计算和预算单价套用是否正确，各项费用标准是否符合现行规定等方面。

① 审查工程量。

A. 审查土方工程量。平整场地、挖地槽、挖地坑、挖土方工程量的计算是否符合现行定额计算规定和施工图纸标注尺寸，有无重算和漏算。回填土工程量和余土外运，计算是否正确。

B. 审查打桩工程量。各种不同桩料的计算是否正确；桩料长度如果超过一般桩料长度需要接桩时，接头数计算是否正确。

C. 审查砖石工程量。墙基和墙身的划分是否符合规定。不同厚度的内、外墙是否分别计算，应扣除的门窗洞口及埋入墙体各种钢筋混凝土梁、柱等是否已扣除。不同砂浆标号的墙和定额规定按立方米或按平方米计算的墙，有无混淆、错算或漏算。

D. 审查混凝土及钢筋混凝土工程量。现浇与预制构件是否分别计算，有无混淆；现浇柱与梁，主梁与次梁及各种构件计算是否符合规定，有无重算或漏算；有筋与无筋构件是否按设计规定分别计算，有无混淆；钢筋混凝土的含钢量与预算定额的含钢量发生差异时，是否按规定予以增减调整。

E. 审查木结构工程量。门窗是否分别不同种类，按门、窗洞口面积计算；木装修的工程量是否按规定分别以延长米或平方米计算。

F. 审查楼地面工程量。楼梯抹面是否按踏步和休息平台部分的水平投影面积计算；细石混凝土地面找平层的设计厚度与定额厚度不同时，是否按其厚度进行换算。

G. 审查屋面工程量。卷材屋面工程是否与屋面找平层工程量相等；屋面保温层的工程量是否按屋面层的建筑面积乘保温层平均厚度计算，不做保温层的挑檐部分是否按规定不作计算。

H. 审查构筑物工程量。当烟囱和水塔定额是以座编制时，地下部分已包括在定额内，按规定不能再另行计算。审查是否符合要求，有无重算。

I. 审查装饰工程量。内墙抹灰的工程量是否按墙面的净高和净宽计算，有无重算或漏算。

J. 审查金属构件制作工程量。金属构件制作工程量多数以

吨(t)为单位。在计算时，型钢按图示尺寸求出长度，再乘每米的重量；钢板要求算出面积，再乘以每平方米的重量。审查是否符合规定。

K. 审查水暖工程量。室内外排水管道、暖气管道的划分是否符合规定，各种管道的长度、口径是否按设计规定和定额计算；室内给水管道不应扣除阀门、接头零件所占的长度，但应扣除卫生设备(浴盆、卫生盆、冲洗水箱、淋浴器等)本身所附带的管道长度，审查是否符合要求，有无重算；室内排水工程采用承插铸铁管，不应扣除异形管及检查口所占长度，室外排水管道是否已扣除了检查井与连接井所占的长度；暖气片的数量是否与设计一致。

L. 审查电气照明工程量。灯具的种类、型号、数量是否与设计图一致；线路的敷设方法、线材品种等，是否达到设计标准，工程量计算是否正确。

M. 审查设备及其安装工程量。设备的种类、规格、数量是否与设计相符，工程量计算是否正确，有无把不需安装的设备作为安装的设备计算安装工程费用。

② 审查预算单价的套用。

A. 预算中所列各分项工程预算单价是否与现行预算定额的预算单价相符，其名称、规格、计量单位和所包括的工程内容是否与单位估价表一致。

B. 审查换算的单价，是否是定额允许换算的，换算是否正确。

C. 审查补充定额和单位估价表的编制是否符合编制原则，单位估价表计算是否正确。

③ 审查其他有关费用。其他直接费包括的内容，各地不一，具体计算时应按当地的现行规定执行。审查时要注意是否符合规定和定额要求。同时，还要注意以下几个方面：

A. 措施费和间接费的计取基础是否符合现行规定，有无不能作为计费基础的费用，列入计费的基础。

B. 预算外调增的材料差价是否计取了间接费。直接费和人工费增减后，有关费用是否相应做了调整。

C. 有无巧立名目，乱计费、乱摊费用现象。

3）施工图预算审查的方法

施工图预算审查方法较多，主要有全面审查法、标准预算审查法、分组计算审查法、筛选审查法、重点抽查法、对比审查法、利用手册审查法和分解对比审查法等八种。

① 全面审查法。全面审查又叫逐项审查法，就是按预算定额顺序或施工的先后顺序，逐一地全部进行审查的方法。其具体计算方法和审查过程与编制施工图预算基本相同。此方法的优点是全面、细致，经审查的工程预算差错比较少，质量比较高。缺点是工作量大。对于一些工程量较小、工艺较简单的工程，编制工程预算的技术力量又比较薄弱时，可采用全面审查法。

② 标准预算审查法。对于利用标准图纸或通用图纸施工的工程，先集中力量，编制标准预算，以此为标准审查预算的方法。按标准图纸设计或按通用图纸施工的工程一般上部结构和作法相同，可集中力量细审一份预算或编制一份预算，作为这种标准图纸的标准预算，或用这种标准图纸的工程量为标准，对照审查，而对局部不同部分作单独审查即可。这种方法的优点是时间短、效果好、好定案；缺点是只适用按标准图纸设计的工程，适用范围小。

③ 分组计算审查法。分组计算审查法是一种加快审查工程量速度的方法，把预算中的项目划分为若干组，并把相邻且有一定内在联系的项目编为一组，审查或计算同一组中某个分项工程量，利用工程量间具有相同或相似计算基础的关系，判断同组中其他几个分项工程量计算的准确程度的方法。

一般土建工程可以分为以下几个组：

A. 地槽挖土、基础砌体、基础垫层、槽坑回填土、运土。

B. 底层建筑面积、地面面层、地面垫层、楼面面层、楼面找平层、楼板体积、天棚抹灰、天棚刷浆、屋面层。

C. 内墙外抹灰、外墙内抹灰、外墙内面刷浆、外墙上的门窗和圈过梁、外墙砌体。

在第A组中，先将挖地槽土方、基础砌体体积(室外地坪以下部分)、基础垫层计算出来，而槽坑回填土、外运土方的体积按下式确定：

$$回填土量=挖土量-(基础砌体+垫层体积) \qquad (6.2.7)$$

$$余土外运量=基础砌体+垫层体积 \qquad (6.2.8)$$

在第B组中，先把底层建筑面积、楼(地)面面积计算出来。而楼面找平层、顶棚抹灰、刷白的工程量与楼(地)面面积相同；垫层工程量等于地面面积乘垫层厚度，空心楼板工程量由楼面工程量乘楼板的折算厚度；底层建筑面积加挑檐面积，乘坡度系数(平层面不乘)就是屋面工程量；底层建筑面积乘坡度系数(平层面不乘)再乘保温层的平均厚度为保温层工程量。

在第C组中，先求出内墙面积，再减门窗面积，再乘墙厚减圈过梁体积等于墙体积(如果室内外高差部分与墙体材料不同时，应从墙体中扣除，另行计算)。外墙内面抹灰可用墙体乘定额系数计算，或用外抹灰乘0.9来估算。

④ 对比审查法。对比审查是用已建成工程的预算或虽未建成但已审查修正的工程预算对比审查拟建的类似工程预算的一种方法。对比审查法，一般有以下几种情况，应根据工程的不同条件，区别对待。

A. 两个工程采用同一个施工图，但基础部分和现场条件不同。其新建工程基础以上部分可采用对比审查法；不同部分可分别采用相应的审查方法进行审查。

B. 两个工程设计相同，但建筑面积不同。根据两个工程建筑面积之比与两个工程分部分项工程量之比例基本一致的特点，可审查新建工程各分部分项工程的工程量。或者用两个工程每平方米建筑面积造价以及每平方米建筑面积的各分部分项工程量，进行对比审查，如果基本相同时，说明新建工程预算是正确的，反之，说明新建工程预算有问题，找出差错原因，加以更正。

C. 两个工程的面积相同，但设计图纸不完全相同时，可把相同的部分，如厂房中的柱子、房架、屋面、砖墙等，进行工程量的对比审查，不能对比的分部分项工程按图纸计算。

⑤ 筛选审查法。筛选法是统筹法的一种，也是一种对比方法。建筑工程虽然有建筑面积和高度的不同，但是它们的各个分部分项工程的工程量、造价、用工量在每个单位面积上的数值变化不大，可以把这些数据加以汇集、优选、归纳为工程量、造价（价值）、用工三个单方基本值表，并注明其适用的建筑标准。将这些基本值比作“筛子孔”，用来“筛选”各分部分项工程，“筛下去”的也就是低于此标准值的就不审查了，没有筛下去的就意味着此分部分项的单位建筑面积数值不在基本值范围之内，应对该分部分项工程详细审查。当所审查预算的建筑面积标准与“基本值”所适用的标准不同，就要对其进行调整。

筛选法的优点是简单易懂，便于掌握，审查速度和发现问题快。但不能解决差错，分析原因，需继续审查分析。因此，此法适用于住宅工程或不具备全面审查条件的工程。

⑥ 重点抽查法。这是抓住工程预算中的重点进行审查的方法。审查的重点一般是：工程量大或造价较高、结构复杂的工程，补充单位估价表，计取的各项费用（计费基础、取费标准等）。

重点抽查法的优点是重点突出，审查时间短，效果好。

⑦ 利用手册审查法；这是把工程中常用的构件、配件，事先整理成预算手册，按手册对照审查的方法。如工程常用的预制构配件：洗池、大便台、检查井、化粪池、碗柜等，几乎每个工程都有，把这些按标准图集计算出工程量，套上单价，编制成预算手册使用，可大大简化预结算的编审工作。

⑧ 分解对比审查法。一个单位工程，按直接费与间接费进行分解，然后再把直接费按工种和分部工程进行分解，分别与审定的标准预算进行对比分析的方法，叫分解对比审查法。

分解对比审查法一般有三个步骤：

第一步，全面审核某种建筑的定型标准施工图或复用施工图的工程预算，经审定后作为审核其他类似工程预算的对比基础。而且将审定预算按直接费与应取费用分解成两部分，再把直接费分解为各工种工程和分部工程预算，分别计算出其每平方米预算价格。

第二步，把拟审的工程预算与同类型预算单方造价进行对比，若出入在1%～3%以内(根据本地区要求)，再按分部分项工程进行分解，边分解边对比，对出入较大者，就进一步审核。

第三步，对比审核。其方法是：

A. 经分析对比，如发现应取费用相差较大，应考虑建设项目的投资来源和工程类别及其取费项目和取费标准是否符合现行规定；材料调价相差较大，则应进一步审查《材料调价统计表》，将各种调价材料的用量、单位差价及其调增数量等进行对比。

B. 经过分解对比，如发现土建工程预算价格出入较大，首先审核其土方和基础工程，因为±0.00以下的工程往往相差较大。再对比其余各个分部工程，发现某一分部工程预算价格相差较大时，应进一步对比各分项工程或工程细目。在对比时，先检查所列工程细目是否正确，预算价格是否一致。发现相差较大者，再进一步审查所套预算单价，最后审核该项工程细目的工程量。

4) 施工图预算审查的步骤

① 做好审查前的准备工作。

A. 熟悉施工图纸。施工图是编审预算分项数量的重要依据，必须全面熟悉了解，核对所有图纸，清点无误后，依次识读。

B. 了解预算包括的范围。根据预算编制说明，了解预算包括的工程内容。例如：配套设施、室外管线、道路以及会审图纸后的设计变更等。

C. 弄清预算采用的单位估价表。任何单位估价表或预算定额都有一定的适用范围，应根据工程性质，搜集熟悉相应的单

价、定额资料。

② 选择合适的审查方法，按相应内容审查。由于工程规模、繁简程度不同，施工方法和施工企业情况不一样，所编工程预算繁简和质量也不同，因此需选择适当的审查方法进行审查。

③ 综合整理审查资料，并与编制单位交换意见，定案后编制调整预算。审查后，需要进行增加或核减的，经与编制单位协商，统一意见后，进行相应的修正。

6.3 建设项目施工阶段工程造价管理

6.3.1 工程变更与合同价调整

在工程项目的实施过程中，经常碰到来自业主方对项目要求的修改，设计方由于业主要求的变化或现场施工环境、施工技术的要求而产生的设计变更等。由于这多方面变更，经常出现工程量变化、施工进度变化、业主方与承包方在执行合同中的争执等问题。这些问题的产生，一方面是由于主观原因，如勘察设计工作粗糙，以致在施工过程中发现许多招标文件中没有考虑或估算不准确的工程量，因而不得不改变施工项目或增减工程量；另一方面是由于客观原因，如发生不可预见的事故，自然或社会原因引起的停工和工期拖延等，致使工程变更不可避免。

(1) 工程变更的确认及处理程序

1）工程变更的确认

由于工程变更会带来工程造价和工期的变化，为了有效地控制造价，无论任何一方提出工程变更，均需由工程师确认并签发工程变更指令。当工程变更发生时，要求工程师及时处理并确认变更的合理性。一般过程是：提出工程变更→分析提出的工程变更对项目目标的影响→分析有关的合同条款和会议、通信记录→初步确定处理变更所需的费用、时间范围和质量要求(向业主提交变更评估报告)→确认工程变更。

2）工程变更的处理程序

① 认真处理好工程变更具有重要意义。工程变更常发生于工程项目实施过程中，一旦处理不好常会引起纠纷，损害投资者或承包商的利益，对项目目标控制很不利。首先是投资容易失控。因为，承包工程实际造价＝合同价＋索赔额。承包方为了适应日益竞争的建设市场，通常在合同谈判时让步而在工程实施过程中通过索赔获取补偿；由于工程变更所引起的工程量的变化、承包方的索赔等，都有可能使最终投资超出原来的预计投资，所以造价工程师应密切注意对工程变更价款的处理。其次，工程变更容易引起停工、返工现象，会延迟项目的动用时间，对进度不利。第三，变更的频繁还会增加监理工程师(业主方的项目管理)的组织协调工作量(协调会议、联系会的增多)。另外对合同管理和质量控制也不利。因此对工程变更进行有效控制和管理就显得十分重要。

② 遵循工程变更的处理程序。

A. 施工中发包方(建设单位)需对原工程设计进行变更，根据《建设工程施工合同》的规定，应提前 14 天以书面形式向承包方发出变更通知。变更超过原设计标准或批准的建设规模时，须经原规划管理部门和其他有关部门重新审查批准，并由原设计单位提供变更的相应图纸和说明。发包方办妥上述事项后，承包方根据发包方变更通知并按工程师要求进行变更。因变更导致合同价款的增减及造成的承包方损失，由发包方承担，延误的工期相应顺延。

合同履行中发包方要求变更工程质量标准及发生其他实质性变更，由双方协商解决。

B. 承包商(施工合同中的乙方)要求对原工程进行变更，其控制程序如图 6.3.1 所示。

具体规定如下：

a. 施工中承包方不得对原工程设计进行变更。因承包方擅自变更设计发生的费用和由此导致发包方的直接损失，由承包方

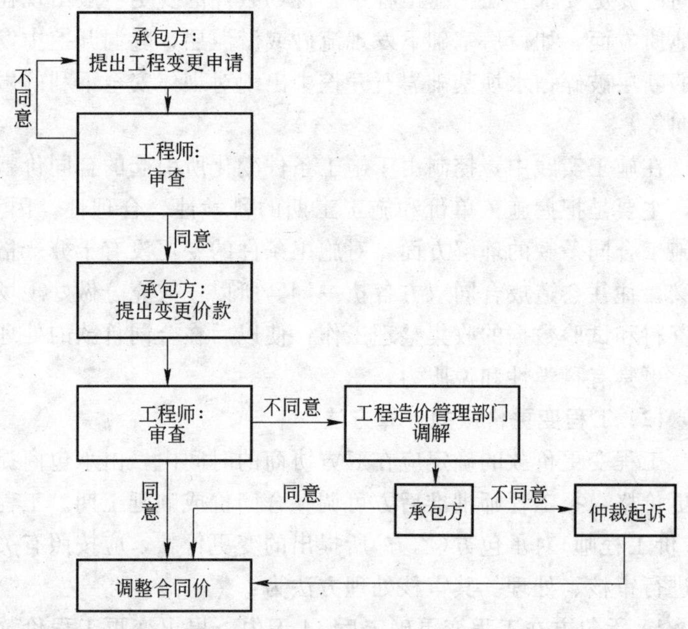

图 6.3.1　对承包方提出的工程变更控制程序

承担，延误的工期不予顺延。

b. 承包方在施工中提出的合理化建议涉及到对设计图纸或施工组织设计的更改及对原材料、设备的换用，须经工程师同意。未经同意擅自更改或换用时，承包方承担由此发生的费用，并赔偿发包方的有关损失，延误的工期不予顺延。

c. 工程师同意采用承包方合理化建议，所发生的费用和获得的收益，发包方、承包方另行约定分担或分享。

d. 控制好由施工条件引起的变更。工程变更中除了对原工程设计进行变更、工程进度计划变更之外，施工条件的变更往往较复杂，需要特别重视，否则会由此而引起索赔的发生。

对于施工条件的变更，往往是指未能预见的现场条件或不利的自然条件，即在施工中实际遇到的现场条件同招标文件中描述的现场条件有本质的差异，使承包商向业主提出施工单价和施工时间的变更要求。在土建工程中，现场条件的变更一般出现在基础地质方面，如厂房基础下发现流砂或淤泥层，隧洞开挖中发现新的断层破碎，水坝基础岩石开挖中出现对坝体安全不利的岩层走向等。

在施工实践中，控制由于施工条件变化所引起的合同价款变化，主要是把握施工单价和施工工期的科学性、合理性。因为，在施工合同条款的理解方面，对施工条件的变更没有十分严格的定义，往往会造成合同双方各执一词。所以，应充分做好现场记录资料和试验数据的收集整理工作，使以后在合同价款的处理方面，更具有科学性和说服力。

(2) 工程变更价款的计算方法

工程变更价款的确定应在双方协商的时间内，由承包商提出变更价格，报工程师批准后方可调整合同价或顺延工期。工程师(造价工程师)对承包方(乙方)所提出的变更价款，应按照有关规定进行审核、处理。其审核处理方法为：

1）承包方在工程变更确定后 14 天内，提出变更工程价款的报告，经工程师确认后调整合同价款。变更合同价款按下列方法进行：

① 合同中已有适用于变更工程的价格，按合同已有的价格计算变更合同价款；

② 合同中只有类似于变更工程的价格，可以参照类似价格变更合同价款；

③ 合同中没有适用或类似于变更工程的价格，由承包方提出适当的变更价格，经工程师确认后执行。

2）承包方在双方确定变更后 14 天内不向工程师提出变更工程价款报告时，视为该项变更不涉及合同价款的变更。

3）工程师应在收到变更工程价款报告之日起 14 天内予以确认。工程师无正当理由不确认时，自变更价款报告送达之日起 14 天后视为变更工程价款报告已被确认。

4）工程师不同意承包方提出的变更价款，可以和解或者要求合同管理及其他有关主管部门(如工程造价管理站)调解。和解或调解不成的，双方可以采用仲裁或向人民法院起诉的方式解决。

5）工程师确认增加的工程变更价款作为追加合同价款，与工程款同期支付。

6）因承包方自身原因导致的工程变更，承包方无权要求追加合同价款。

6.3.2 建设工程价款结算

(1) 我国工程价款结算方法

1）工程价款的主要结算方式

我国现行工程价款结算根据不同情况，可采取多种方式。

① 按月结算。实行旬末或月中预支，月终结算，竣工后清算的办法。跨年度竣工的工程，在年终进行工程盘点，办理年度结算。我国现行建筑安装工程价款结算中，相当一部分是实行这种按月结算的。

② 竣工后一次结算。建设项目或单项工程全部建筑安装工程建设期在12个月以内，或者工程承包合同价值在100万元以下的，可以实行工程价款每月月中预支，竣工后一次结算。

③ 分段结算。即当年开工，当年不能竣工的单项工程或单位工程按照工程形象进度，划分不同阶段进行结算。分段结算可以按月预支工程款。分段的划分标准，由各部门、自治区、直辖市作出规定。

对于以上三种主要结算方式的收支确认，国家财政部在1999年1月1日起实行的《企业会计准则——建造合同》讲解中做了如下规定：

——实行旬末或月中预支，月终结算，竣工后清算办法的工程合同，应分期确认合同价款收入的实现，即：各月份终了，与发包单位进行已完工程价款结算时，确认为承包合同已完工部分的工程收入实现。本期收入额为月终结算的已完工程价款金额。

——实行合同完成后一次结算工程价款办法的工程合同，应于合同完成，施工企业与发包单位进行工程合同价款结算时，确认为收入实现，实现的收入额为承发包双方结算的合同价款总额。

——实行按工程形象进度划分不同阶段、分段结算工程价款办法的工程合同，应按合同规定的形象进度分次确认已完阶段工程收益实现。即：应于完成合同规定的工程形象进度或工程阶段，与发包单位进行工程价款结算时，确认为工程收入的实现。

④ 目标结款方式。即在工程合同中，将承包工程的内容分解成不同的控制界面，以业主验收控制界面作为支付工程价款的前提条件。也就是说，将合同中的工程内容分解成不同的验收单元，当承包商完成单元工程内容并经业主(或其委托人)验收后，业主支付构成单元工程内容的工程价款。

目标结款方式下，承包商要想获得工程价款，必须按照合同约定的质量标准完成界面内的工程内容；要想尽早获得工程价款，承包商必须充分发挥自己组织实施能力，在保证质量前提下，加快施工进度。这意味着承包商拖延工期时，则业主推迟付款，增加承包商的财务费用、运营成本，降低承包商的收益，客观上使承包商因延迟工期而遭受损失。同样，当承包商积极组织施工，提前完成控制界面内的工程内容，则承包商可提前获得工程价款，增加承包收益，客观上承包商因提前工期而增加了有效利润。同时，因承包商在界面内质量达不到合同约定的标准而业主不预验收，承包商也会因此而遭受损失。可见，目标结款方式实质上是运用合同手段、财务手段对工程的完成进行主动控制。

目标结款方式中，对控制界面的设定应明确描述，便于量化和质量控制，同时要适应项目资金的供应周期和支付频率。

⑤ 结算双方约定的其他结算方式。

2）工程预付款及其计算

施工企业承包工程，一般都实行包工包料，这就需要有一定数量的备料周转金。在工程承包合同条款中，一般要明文规定发包单位(甲方)在开工前拨付给承包单位(乙方)一定限额的工程预付备料款。此预付款构成施工企业为该承包工程项目储备主要材料、结构件所需的流动资金。

按照我国有关规定，实行工程预付款的，双方应当在专用条款内约定发包方向承包方预付工程款的时间和数额，开工后按约定的时间和比例逐次扣回。预付时间应不迟于约定的开工日期前7天。发包方不按约定预付，承包方在约定预付时间7天后向发包方发出要求预付的通知，发包方收到通知后仍不能按要求预付，承包方可在发出通知后7天停止施工，发包方应从约定应付之日起向承包方支付应付款的贷款利息，并承担违约责任。

建设部颁布的《招标文件范本》中规定，工程预付款仅用于承包方支付施工开始时与本工程有关的动员费用。如承包方滥用此款，发包方有权立即收回。在承包方向发包方提交金额等于预付款数额(发包方认可的银行开出)的银行保函后，发包方按规定的金额和规定的时间向承包方支付预付款，在发包方全部扣回预付款之前，该银行保函将一直有效。当预付款被发包方扣回时，银行保函金额相应递减。

① 预付备料款的限额。预付备料款限额由下列主要因素决定：主要材料(包括外购构件)占工程造价的比重；材料储备期；施工工期。

对于施工企业常年应备的备料款限额，可按下式计算：

$$\text{备料款现额}=\frac{\text{年度承包工程总值}\times\text{主要材料所占比重}}{\text{年度施工日历天数}}\times\text{材料储备天数} \tag{6.3.1}$$

一般建筑工程不应超过当年建筑工作量(包括水、电、暖)的30％；安装工程按年安装工作量的10％；对于材料比重较大的安装工程按年计划产值的15％左右拨付。

在实际工作中，备料款的数额，要根据各工程类型、合同工期、承包方式和供应体制等不同条件而定。例如，工业项目中钢结构和管道安装占比重较大的工程，其主要材料所占比重比一般安装工程要高，因而备料款数额也要相应提高；工期短的工程比工期长的要高；材料由施工单位自购的比由建设单位供应主要材料的要高。

对于只包定额工日(不包材料定额，一切材料由建设单位供给)的工程项目，则可以不预付备料款。

② 备料款的扣回。发包单位拨付给承包单位的备料款属于预支性质，到了工程实施后，随着工程所需主要材料储备的逐步减少，应以抵冲工程价款的方式陆续扣回。扣款的方法有两种。

A. 可以从未施工工程尚需的主要材料及构件的价值相当于备料款数额时开始扣除，从每次结算工程价款中，按材料比重扣抵工程价款，在竣工前全部扣清。

B. 建设部《招标文件范本》中规定，在承包方完成金额累计达到合同总价的10%后，由承包方开始向发包方还款，发包方从每次应付给承包方的金额中扣回工程预付款，至此时应同时考虑在执行合同过程中由于合同变更、索赔、奖励等原因而形成的追加收入。

③ 工程进度款支付。国家工商行政管理总局及建设部颁布的《建设工程施工合同》中对工程进度款支付做了如下详细规定：

A. 工程款(进度款)在双方确认计量结果后14天内，发包方应向承包方交付工程款(进度款)。按约定时间发包方应扣回的预付款，与工程款(进度款)同期结算。

B. 符合规定范围的合同价款的调整、工程变更调整的合同价款及其他条款中约定的追加合同价，应收款与工程款(进度款)同期调整支付。

C. 发包方超过约定的支付时间不支付工程款(进度款)，承包方可向发包方发出要求付款通知，发包方收到承包方通知后仍不能按要求付款，可与承包方协商签订延期付款协议，经承包方同意后可延期支付。协议须明确延期支付时间和从发包方计量结

果确认后第 15 天起计算应付款的贷款利息。

D. 发包方不按合同约定支付工程款(进度款)，双方又未达成延期付款协议，导致施工无法进行，承包方可停止施工，由发包方承担违约责任。

3) 工程保修金(尾留款)的预留

按照有关规定，工程项目总造价中应预留出一定比例的尾留款作为质量保修费用(又称保留金)，待工程项目保修期结束后最后拨付。有关尾留款应如何扣除，一般有两种做法：

① 当工程进度款拨付累计额达到该建筑安装工程造价的一定比例(一般为 95%～97%左右)时，停止支付，将预留造价部分作为尾留款。

② 国家颁布的《招标文件范本》中规定，尾留款(保留金)的扣除，可以从发包方向承包方第一次支付的工程进度款开始，在每次承包方应得的工程款中扣留投标书附录中规定金额作为保留金，直至保留金总额达到投标书附录中规定的限额为止。

(2) 设备、工器具和材料价款的支付与结算

1) 国内设备、工器具和材料价款的支付与结算

国内设备、工器具价款的支付与结算。按照我国现行规定，银行、单位和个人办理结算都必须遵守结算原则：一是恪守信用，及时付款；二是谁的钱进谁的账，由谁支配；三是银行不垫款。

建设单位对订购的设备、工器具，一般不付定金，只对制造期在半年以上的大型专用设备和船舶的价款，按合同分期付款。如上海市对大型机械设备结算进度规定为：当设备开始制造时，收取 20%货款，设备制造进行 60%时收取 40%货款；设备制造完毕托运时，再收取 40%货款。有的合同规定，设备购置方扣留 5%的质量保证金，待设备运抵现场验收合格或质量保证期届满时再返还质量保证金。

建设单位收到设备工器具后，要按合同规定及时结算付款，不应无故拖欠。如果资金不足而延期付款，要支付一定的赔

偿金。

2）国内材料价款的支付与结算。建筑安装工程承发包双方的材料往来，可以按以下方式结算：

① 由承包单位自行采购建筑材料的，发包单位可以在双方签订工程承包合同后按年度工作量的一定比例向承包单位预付备料资金，并应在十个月内付清。备料款的预付额度，建筑工程一般不应超过当年建筑（包括水、电、暖、卫等）工作量的30%，大量采用预制构件以及工期在6个月以内的工程，可以适当增加；安装工程一般不应超过当年安装工程量的10%，安装材料用量较大的工程，可以适当增加。

预付的备料款，可从竣工前未完工程所需材料价值相当于预付备料款额度时起，在工程价款结算时按材料款占结算价款的比重陆续抵扣；也可按有关文件规定办理。

② 按工程承包合同规定，由承包方包工包料的，则由承包方负责购货付款，并按规定向发包方收取备料款。

③ 按工程承包合同规定，由发包单位供应材料的，其材料可按材料预算价格转给承包单位。材料价款在结算工程款时陆续抵扣。这部分材料，承包单位不应收取备料款。

凡是没有签订工程承包合同和不具备施工条件的工程，发包单位不得预付备料款，不准以备料款为名转移资金。承包单位收取备料款后两个月仍不开工或发包单位无故不按合同规定付给备料款的，开户银行可以根据双方工程承包合同的约定，分别从有关单位账户中收回或付出备料款。

3）进口设备、工器具和材料价款的支付与结算

进口设备分为标准机械设备和专制设备两类。标准机械设备系指通用性广泛、供应商（厂）有现货，可以立即提交的货物。专制设备是指根据业主提交的定制设备图纸专门为该业主制造的设备。

① 标准机械设备的结算。标准机械设备的结算，大都使用国际贸易广泛使用的不可撤销的信用证。这种信用证在合同生效

之后一定日期由买方委托银行开出，经买方认可的卖方所在地银行为议付银行。以卖方为收款人的不可撤销的信用证，其金额与合同总额相等。

A. 标准机械设备首次合同付款。当采购货物已装船，卖方提交下列文件和单证后，即可支付合同总价的90%。

a. 由卖方所在国的有关当局颁发的允许卖方出口合同货物的出口许可证，或不需要出口许可证的证明文件；

b. 由卖方委托买方认可的银行出具的以买方为受益人的不可撤销保函。担保金额与首次支付金额相等；

c. 装船的海运提单；

d. 商业发票副本；

e. 由制造厂(商)出具的质量证书副本；

f. 详细的装箱单副本；

g. 向买方信用证的出证银行开出以买方为受益人的即期汇票；

h. 相当于合同总价形式的发票。

B. 最终合同付款。机械设备在保证期截止时，卖方提交下列单证后支付合同总价的尾款，一般为合同总价的10%。

a. 说明所有货物无损、无遗留问题、完全符合技术规范要求的证明书；

b. 向出证行开出以买方为受益人的即期汇票；

c. 商业发票副本。

C. 支付货币与时间。

a. 合同付款货币：买方以卖方在投标书标价中说明的一种或几种货币和卖方在投标书中说明在执行合同中所需的一种或几种货币比例进行支付。

b. 付款时间：每次付款在卖方所提供的单证符合规定之后，买方须从卖方提出日期的定期限内(一般45天内)，将相应的货款付给卖方。

② 专制机械设备的结算。专制机械设备的结算一般分为三

个阶段，即预付款、阶段付款和最终付款。

A. 预付款。一般专制机械设备的采购，在合同签订后开始制造前，由买方向卖方提供合同总价的10%～20%的预付款。

预付款一般在提出下列文件和单证后进行支付：

a. 由卖方委托银行出具以买方为受益人的不可撤销的保函，担保金额与预付款货币金额相等；

b. 相当于合同总价形式的发票；

c. 商业发票；

d. 由卖方委托的银行向买方的指定银行开具由买方承兑的即期汇票。

B. 阶段付款。按照合同条款，当机械制造开始加工到一定阶段，可按设备合同价一定的百分比进行付款。阶段的划分是当机械设备加工制造到关键部位时进行一次付款，到货物装船、买方收货验收后再付一次款。每次付款都应在合同条款中作较详细的规定。

机械设备制造阶段付款的一般条件如下：

a. 当制造工序达到合同规定的阶段时，制造厂应以电传或信件通知业主；

b. 开具经双方确认完成工作量的证明书；

c. 提交以买方为受益人的所完成部分保险发票；

d. 提交商业发票副本。

机械设备装运付款，包括成批订货分批装运的付款，应由卖方提供下列文件和单证：

a. 有关运输部门的收据；

b. 交运合同货物相应金额的商业发票副本；

c. 详细的装箱单副本；

d. 由制造厂(商)出据的质量和数量证书副本；

e. 原产国证书副本；

f. 货物到达、买方验收合格后，当事双方签发的合同货物验收合格证书副本。

C. 最终付款。最终付款指在保证期结束时的付款。付款时应提交：

a. 商业发票副本；

b. 全部设备完好无损，所有待修缺陷及待办的问题，均已按技术规范说明圆满解决后的合格证副本。

③ 利用出口信贷方式支付进口设备、工器具和材料价款。对进口设备、工器具和材料价款的支付，我国还经常利用出口信贷的形式。出口信贷根据借款的对象分为卖方信贷和买方信贷。

A. 卖方信贷是卖方将产品赊销给买方，规定买方在一定时期内延期或分期付款。卖方通过向本国银行申请出口信贷，来填补占用的资金。

采用卖方信贷进行设备材料结算时，一般是在签订合同后先预付 10％定金，在最后一批货物装船后再付 10％，在货物运抵目的地经验收后付 5％，待质量保证期届满时再付 5％，剩余的 70％货款应在全部交货后规定的若干年内一次或分期付清。

B. 买方信贷有两种形式：一种是由产品出口国银行把出口信贷直接贷给买方，买卖双方以即期现汇成交。

买方信贷的另一种形式，是由出口国银行把出口信贷贷给进口国银行，再由进口国银行转贷给买方，买方用现汇支付借款，进口国银行分期向出口国银行偿还借款本息。

6.3.3 竣工决算

竣工决算是由建设单位编制的反映建设项目实际造价和效果的文件，是竣工验收报告的重要组成部分。所有竣工验收的项目应在办理手续之前，对所有建设项目的财产和物资进行认真清理，及时而正确地编报竣工决算，它对于总结分析建设过程的经验教训，提高工程造价管理水平和积累技术经济资料，为有关部门制定类似工程的建设计划与修订概预算定额指标提供资料和经验，都具有重要的意义。

(1) 竣工决算的内容

建设项目竣工决算应包括从筹划到竣工投产全过程的全部实际费用，即建筑工程费用、安装工程费用、设备工器具购置费用和工程建设其他费用以及预备费和投资方向调节税支出费用等。按照国家财政部印发的财基字［1998］4号关于《基本建设财务管理若干规定》的通知、国家计委颁布的计建设［1990］1215号关于《建设项目(工程)竣工验收办法》和原国家建委发施字［1982］50号关于《编制基本建设工程竣工图的几项暂行规定》，竣工决算的内容包括：竣工财务决算说明书、竣工财务决算报表、工程竣工图和工程造价对比分析四个部分，前两个部分又称之为建设项目竣工财务决算，是竣工决算的核心内容和重要组成部分。

1）竣工财务决算说明书

竣工决算说明书主要包括以下内容：

① 建设项目概况；

② 会计账务的处理、财产物资情况及债权债务的清偿情况；

③ 资金节余、基建结余资金等的上交分配情况；

④ 主要技术经济指标的分析、计算情况；

⑤ 基本建设项目管理及决算中存在的问题和建议；

⑥ 需说明的其他事项。

2）建设项目竣工财务决算报表

按国家财政部印发的财基字［1998］4号关于《基本建设财务管理若干规定》的通知和财基字［1998］498号《基本建设项目竣工财务决算报表》和《基本建设项目竣工财务决算报表填表说明》的通知，建设项目竣工财务决算报表按大、中型建设项目和小型建设项目分别制定，有关报表格式见表6.3.1～表6.3.6。

大、中型建设项目竣工财务决算报表—

1. 建设项目竣工财务决算审批表(见表6.3.1)
2. 大、中型建设项目概况表(见表6.3.2)
3. 大、中型建设项目竣工财务决算表(见表6.3.3)
4. 大、中型建设项目交付使用资产总表(见6.3.4)
5. 建设项目交付使用资产明细表(见表6.3.5)

建设项目竣工财务决算审批表　　表 6.3.1

<table>
<tr><td>建设项目法人(建设单位)</td><td></td><td>建设性质</td><td></td></tr>
<tr><td>建设项目名称</td><td></td><td>主管部门</td><td></td></tr>
<tr><td colspan="4">开户银行意见：

盖　章
年　月　日</td></tr>
<tr><td colspan="4">专员办审批意见：

盖　章
年　月　日</td></tr>
<tr><td colspan="4">主管部门或地方财政部门审批意见：

盖　章
年　月　日</td></tr>
</table>

小型建设项目竣工财务决算——
1. 建设项目竣工财务决算审批表(同表 6.3.1)
2. 小型建设项目竣工财务决算总表(由表 6.3.6)
3. 建设项目交付使用资产明细表(表 6.3.5)

① 建设项目财务决算审批表(见表 6.3.1)，大、中、小型建设项目竣工决算均要填报此表。

A. 建设性质按新建、扩建、改建、迁建和恢复建设项目等分类填列。

B. 主管部门是指建设单位的主管部门。

C. 所有建设项目均须先经开户银行签署意见后，按下列要求报批：

a. 中央级小型建设项目由主管部门签署审批意见。

b. 中央级大、中型建设项目报所在地财政监察专员办事机构签署意见后，再由主管部门签署意见报财政部审批。

c. 地方级项目由同级财政部门签署审批意见即可。

大、中型建设项目概况表

表 6.3.2

<table>
<tr><td>建设项目
(单项工程)名称</td><td colspan="2"></td><td>建设地址</td><td colspan="4"></td></tr>
<tr><td>主要设计单位</td><td colspan="2"></td><td>主要施工
企业</td><td colspan="4"></td></tr>
<tr><td rowspan="2">占地面积</td><td>计划</td><td>实际</td><td rowspan="2">总投资
(万元)</td><td colspan="2">设计</td><td colspan="2">实际</td></tr>
<tr><td></td><td></td><td>固定资产</td><td>流动资金</td><td>固定资产</td><td>流动资金</td></tr>
<tr><td rowspan="2">新增生产能力</td><td colspan="2">能力(效益)名称</td><td>设计</td><td colspan="4">实际</td></tr>
<tr><td colspan="2"></td><td></td><td colspan="4"></td></tr>
<tr><td rowspan="2">建设起止时间</td><td>设计</td><td colspan="6">从 年 月开工至 年 月竣工</td></tr>
<tr><td>实际</td><td colspan="6">从 年 月开工至 年 月竣工</td></tr>
<tr><td>设计概算批准文号</td><td colspan="7"></td></tr>
<tr><td rowspan="3">完成主要工程量</td><td colspan="3">建筑面积(平方米)</td><td colspan="4">设备(台套吨)</td></tr>
<tr><td>设计</td><td colspan="2">实际</td><td colspan="2">设计</td><td colspan="2">实际</td></tr>
<tr><td></td><td colspan="2"></td><td colspan="2"></td><td colspan="2"></td></tr>
<tr><td rowspan="2">收尾工程</td><td colspan="3">工程内容</td><td colspan="2">投资额</td><td colspan="2">完成时间</td></tr>
<tr><td colspan="3"></td><td colspan="2"></td><td colspan="2"></td></tr>
</table>

<table>
<tr><td rowspan="8">基建支出</td><td colspan="2">项目</td><td>概算</td><td>实际</td><td>主要指标</td></tr>
<tr><td colspan="2">建筑安装工程</td><td></td><td></td><td rowspan="11"></td></tr>
<tr><td colspan="2">设备 工具 器具</td><td></td><td></td></tr>
<tr><td colspan="2">待摊投资
其中：建设单位管理费</td><td></td><td></td></tr>
<tr><td colspan="2">其他投资</td><td></td><td></td></tr>
<tr><td colspan="2">待核销基建支出</td><td></td><td></td></tr>
<tr><td colspan="2">非经营项目转出投资</td><td></td><td></td></tr>
<tr><td colspan="2">合计</td><td></td><td></td></tr>
<tr><td rowspan="4">主要材料消耗</td><td>名称</td><td>单位</td><td>概算</td><td>实际</td></tr>
<tr><td>钢材</td><td>t</td><td></td><td></td></tr>
<tr><td>木材</td><td>m^3</td><td></td><td></td></tr>
<tr><td>水泥</td><td>t</td><td></td><td></td></tr>
<tr><td>主要技术经济指标</td><td colspan="5"></td></tr>
</table>

大、中型建设项目竣工财务决算表　　　　表 6.3.3

单位：元

资金来源	金额	资金占用	金额	补充资料
1. 基建拨款		1. 基本建设支出		1. 基建投资借款期末余额
(1) 预算拨款		(1) 交付使用资产		
(2) 基建基金拨款		(2) 在建工程		2. 应收生产单位投资借款期末数
(3) 进口设备转账拨款		(3) 待核销基建支出		
(4) 器材转账拨款		(4) 非经营项目转出投资		3. 基建结余资金
(5) 煤代油专用基金拨款		2. 应收生产单位投资借款		
(6) 自筹资金拨款		3. 拨付所属投资借款		
(7) 其他拨款		4. 器材		
2. 项目资本		其中：待处理器材损失		
(1) 国家资本		5. 货币资金		
(2) 法人资本		6. 预付及应收款		
(3) 个人资本		7. 有价证券		
3. 项目资本公积		8. 固定资产		
4. 基建借款		固定资产原值		
5. 上级拨入投资借款		减：累计折旧		
6. 企业债券资金		固定资产净值		
7. 待冲基建支出		固定资产清理		
8. 应付款		待处理固定资产损失		
9. 未交款				
(1) 未交税金				
(2) 未交基建收入				
(3) 未交基建包干节余				
(4) 其他未交款				
10. 上级拨入资金				
11. 留成收入				
合　计		合　计		

大、中型建设项目交付使用资产总表 **表 6.3.4**

单位：元

单项工程项目名称	总计	固定资产					流动资产	无形资产	递延资产
		建筑工程	安装工程	设备	其他	合计			
1	2	3	4	5	6	7	8	9	10
合计									

交付单位盖章　　年　　月　　日　　　　接收单位盖章　　年　　月　　日

建设项目交付使用资产明细表 **表 6.3.5**

单项工程建筑工程	建筑工程			设备、工具、器具、家具						流动资产		无形资产		递延资产	
	结构	面积（m^2）	价值（元）	名称	规格型号	单位	数量	价值（元）	设备安装费（元）	名称	价值（元）	名称	价值（元）	名称	价值（元）
合计															

交付单位盖章　　年　　月　　日　　　　接收单位盖章　　年　　月　　日

小型建设项目竣工财务决算总表 表 6.3.6

建设项目名称			建设地址					资金来源		资金运用	
初步设计概算批准文号								项目	金额（元）	项目	金额（元）
占地面积	计划	实际	总投资（万元）	计划		实际		一、基建拨款		一、交付使用资产	
								其中：预算拨款		二、待核销基建支出	
				固定资产	流动资金	固定资产	流动资金	二、项目资本		三、非经营项目转出投资	
								三、项目资本公积			
新增生产能力	能力（效益）名称		设计	实际				四、基建借款		四、应收生产单位投资借款	
								五、上级拨入借款			
建设起止时间	计划		从 年 月开工至 年 月竣工					六、企业债券资金		五、拨付所属投资借款	
	实际		从 年 月开工至 年 月竣工					七、待冲基建支出		六、器材	
基建支出	项目			概算（元）		实际（元）		八、应付款		七、货币资金	
	建筑安装工程							九、未交款		八、预付及应收款	
	设备 工具 器具							其中：未交基建收入		九、有价证券	
	待摊投资							未交包干收入		十、原有固定资产	
	其中，建设单位管理费							十、上级拨入资金			
	其他投资							十一、留成收入			
	待核销基建支出										
	非经营性项目转出投资										
	合计							合计		合计	

D. 已具备竣工验收条件的项目，三个月内应及时填报此审批表，如三个月内不办理竣工验收和固定资产移交手续的视同项目已正式投产，其费用不得从基建投资中支付，所实现的收入作为经营收入，不再作为基建收入管理。

② 大、中型建设项目概况表(见表6.3.2)。此表用来反映建设项目总投资、基建投资支出、新增生产能力、主要材料消耗和主要技术经济指标等方面的设计或概算数与实际完成数的情况。其具体内容和填写要求如下：

A. 建设项目名称、建设地址、主要设计单位和主要施工单位，应按全称名填列。

B. 各项目的设计、概算、计划指标是指经批准的设计文件和概算、计划等确定的指标数据。

C. 设计概算批准文号，是指最后经批准的日期和文件号。

D. 新增生产能力、完成主要工程量、主要材料消耗的实际数据，是指建设单位统计资料和施工企业提供的有关成本核算资料中的数据。

E. 主要技术经济指标，包括单位面积造价、单位生产能力、单位投资增加的生产能力(如：吨/万元)、单位生产成本和投资回收年限等反映投资效果的综合性指标。

F. 基建支出，是指建设项目从开工起至竣工止发生的全部基建支出。包括形成资产价值的交付使用资产，即固定资产、流动资产、无形资产、递延资产支出，以及不形成资产价值按规定应核销的非经营性项目的待核销基建支出和转出投资。以上这些基建支出，应根据财政部门历年批准的“基建投资表”中的数据填列。还须注意的是：按照财政部印发财基字［1998］4号关于《基本建设财务管理若干规定》的通知，说明几点：

a. 建筑安装工程投资支出、设备工器具投资支出、待摊投资支出和其他投资支出构成建设项目的建设成本。

(*a*) 建筑安装工程投资支出是指建设单位按项目概算发生的建筑工程和安装工程的实际成本。不包括被安装设备本身的价值以及按合同规定支付给施工企业的预付备料款和预付工程款。

(*b*) 设备工器具投资支出是指建设单位按照项目概算内容发生的各种设备的实际成本和为生产准备的不够固定资产标准的工具、器具的实际成本。

(*c*) 待摊投资支出是指建设单位按项目概算内容发生的，按规定应当分摊计入交付使用资产价值的各项费用支出，包括：建设单位管理费、土地征用及迁移补偿费、勘察设计费、研究试验费、可行性研究费、临时设施费、设备检验费、负荷联动试运转费、包干结余、坏账损失、借款利息、合同公证及工程质量监理费、土地使用税、汇兑损益、国外借款手续费及承诺费、施工机构迁移费、报废工程损失、耕地占用税、土地复垦及补偿费、投资方向调节税、固定资产损失、器材处理亏损、设备盘亏毁损、调整器材调拨价格折价、企业债券发行费用、概(预)算审查费、(贷款)项目评估费、社会中介机构审计费、车船使用税、其他待摊销投资支出等。建设单位发生单项工程报废时，按规定程序报批并经批准以单项工程的净损失，按增加建设成本处理，计入待摊投资支出。

(*d*) 其他投资支出是指建设单位按项目概算内容发生的构成建设项目实际支出的房屋购置和基本畜禽、林木等购置、饲养、培养支出以及取得各种无形资产和递延资产发生的支出。

b. 待核销基建支出是指非经营性项目发生的江河清障、航道清淤、飞播造林、补助群众造林、水土保持、城市绿化、取消项目可行性研究费、项目报废等不能形成资产部分的投资。但是若形成资产部分的投资，应计入交付使用资产价值。

c. 非经营性项目转出投资支出是指非经营性项目为项目配套的专用设施投资，包括专用道路、专用通讯设施、送变电站、地下管道等，其产权不属本单位的投资支出。但是，若产权归属本单位的，应计入交付使用资产价值。

G. 收尾工程是指全部工程项目验收后还遗留的少量收尾工程。在此表中应明确填写收尾工程内容、完成时间，尚需投资额

（实际成本），可根据具体情况进行并加以说明，完工后不再编制竣工决算。

③ 大、中型建设项目竣工财务决算表（见表6.3.3）。此表是用来反映建设项目的全部资金来源和资金占用（支出）情况，是考核和分析投资效果的依据。该表是采用平衡表形式，即资金来源合计等于资金占用（支出）合计。

A. 资金来源包括基建拨款、项目资本金、项目资本公积金、基建借款、上级拨入投资借款、企业债券资金、待冲基建支出、应付款和未交款以及上级拨入资金和企业留成收入等。

a. 预算拨款、自筹资金拨款及其他拨款、项目资本金、基建借款及其他借款等项目，是指自开工建设至竣工止的累计数，应根据历年批复的年度基本建设财务决算和竣工年度的基本建设财务决算中资金平衡表相应项目的数字经汇总后的投资额。

b. 项目资本金是经营性项目投资者按国家关于项目资本金制度的规定，筹集并投入项目的非负债资金。按其投资主体不同，分为国家资本金、法人资本金、个人资本金和外商资本金，并在财务决算表中单独反映。竣工决算后，相应转为生产经营企业的国家资本金、法人资本金、个人资本金和外商资本金。国家资本金包括中央财政预算拨款、地方财政预算拨款、政府设立的各种专项建设基金和其他财政性资金等。

c. 项目资本公积金。此处的项目资本公积金是指经营性项目对投资者实际缴付的出资额超出其资金的差额（包括发行股票的溢价净收入）、资产评估确认价值或者合同、协议约定价值与原账面净值的差额、接受捐赠的财产、资本汇率折算差额等，在项目建设期间作为资本公积金。项目建成交付使用并办理竣工决算后，转为生产经营企业的资本公积金。

d. 基建收入是指基建过程中形成的各项工程建设副产品变价净收入、负荷试车的试运行收入以及其他收入，具体内容如下：

（*a*）工程建设副产品变价净收入，包括煤炭工程建设过程中的煤收入、矿山建设中的矿产品收入、油(汽)田钻井建设过程中的原油(汽)收入和森林工业建设中的路影材收入等。

(*b*) 经营性项目为检验设备安装质量进行的负荷试车或按合同及国家规定进行试运行所实现的产品收入，包括水利、电力建设移交生产前的水、电、热费收入，原材料、机电轻纺、农林建设移交生产前的产品收入，铁路、交通临时运营收入等。

(*c*) 各类建设项目总体建设尚未完成和移交生产，但其中部分工程简易投产而发生的经营性收入等。

(*d*) 工程建设期间各项索赔以及违约金等其他收入。

以上各项基建收入均是以实际所得纯收入计列，即实际销售收入扣除销售过程中所发生的费用和税后的纯收入。

B. 资金占用(支出)反映建设项目从开工准备到竣工全过程的资金支出的全面情况。具体内容包括基本建设支出、应收生产单位投资借款、库存器材、货币资金、有价证券和预付及应收款以及拨付所属投资借款和库存固定资产等。

C. 补充资料的“基建投资借款期末余额”是指建设项目竣工时尚未偿还的基建投资借款数，应根据竣工年度资金平衡表内的“基建借款”项目期末数填列；“应收生产单位投资借款期末数”，应根据竣工年度资金平衡表内的“应收生产单位投资借款”项目的期末数填列；“基建资金结余资金”是指竣工时的结余资金，应根据竣工财务决算表中有关项目计算填列，基建结余资金计算公式为：

$$\begin{aligned}\text{基建结余资金} = & \text{基建拨款} + \text{项目资本} + \text{项目资本公积金} + \text{基建借款} + \text{企业债券资金} \\ & + \text{待冲基建支出} + \text{基本建设支出} + \text{应收生产单位投资借款} \end{aligned} \tag{6.3.2}$$

④ 大、中型建设项目交付使用资产总表(见表 6.3.4)。交付使用资产总表是反映建设项目建成后，交付使用新增固定资产、流动资产、无形资产和递延资产的全部情况及价值，作为财产交接、检查投资计划完成情况和分析投资效果的依据。表中各栏目

数据应根据交付使用资产明细表的固定资产、流动资产、无形资产、递延资产的汇总数分别填列，表中总计栏的总计数应与竣工财务决算表中的交付使用资产的金额一致。第 2、7 栏的合计数和 8、9、10 栏的数据应与竣工财务决算表交付使用的固定资产、流动资产、无形资产、递延资产的数据相符。

⑤ 建设项目交付使用资产明细表(见表 6.3.5)。大、中型和小型建设项目均要填写此表。该表是交付使用财产总表的具体化，反映交付使用固定资产、流动资产、无形资产和递延资产的详细内容，是使用单位建立资产明细账和登记新增资产价值的依据。表中固定资产部分要逐项盘点填列；工具、器具和家具等低值易耗品，可分类填列。各项合计数应与交付使用资产总表一致。

⑥ 小型建设项目竣工财务决算总表(见表 6.3.6)。该表是大、中型建设项目概况表与竣工财务决算表合并而成的，主要反映小型建设项目的全部工程和财务情况。可参照大、中型建设项目概况表指标和大、中型建设项目竣工财务决算的指标口径填列。

3) 建设工程竣工图

建设工程竣工图是真实地记录各种地上地下建筑物、构筑物等情况的技术文件，是工程进行交工验收、维护改建和扩建的依据，是国家的重要技术档案。国家规定：各项新建、扩建、改建的基本建设工程，特别是基础、地下建筑、管线、结构、井巷、峒室、桥梁、隧道、港口、水坝以及设备安装等隐蔽部位，都要编制竣工图。为确保竣工图质量，必须在施工过程中(不能在竣工后)及时做好隐蔽工程检查记录，整理好设计变更文件。其具体要求：

① 凡按图竣工没有变动的，由施工单位(包括总包和分包施工单位，下同)在原施工图上加盖“竣工图”标志后，即作为竣工图。

② 凡在施工过程中，虽有一般性设计变更，但能将原施工图加以修改补充作为竣工图的，可不重新绘制，由施工单位负责

在原施工图(必须是新蓝图)上注明修改的部分，并附以设计变更通知单和施工说明，加盖“竣工图”标志后，作为竣工图。

③ 凡结构形式改变、施工工艺改变、平面布置改变、项目改变以及有其他重大改变，不宜再在原施工图上修改、补充者，应重新绘制改变后的竣工图。由设计原因造成的，由设计单位负责重新绘图；由施工原因造成的，由施工单位负责重新绘图；由其他原因造成的，由建设单位自行绘图或委托设计单位绘图。施工单位负责在新图上加盖“竣工图”标志，并附以有关记录和说明，作为竣工图。

④ 为了满足竣工验收和竣工决算需要，还应绘制能反映竣工工程全部内容的工程设计平面示意图。

4）工程造价比较分析

经批准的概、预算是考核实际建设工程造价的依据，在分析时，可将决算报表中所提供的实际数据和相关资料与批准的概预算指标进行对比，以反映出竣工项目总造价和单方造价是节约还是超支，在比较的基础上，总结经验教训、找出原因，以利改进。

考核概、预算执行情况，要正确核实建设工程造价。财务部门首先应积累概、预算动态变化资料，如设备材料价差、人工价差和费率价差及设计变更资料等；其次，考查竣工工程实际造价节约或超支的数额。为了便于进行比较分析，可先对比整个项目的总概算，然后对比单项工程的综合概算和其他工程费用概算，最后对比分析单位工程概算，并分别将建筑安装工程费、设备工器具费和其他工程费用逐一与竣工决算的实际工程造价对比分析，找出节约和超支的具体内容和原因。在实际工作中，侧重分析以下内容：

① 主要实物工程量。概预算编制的主要实物工程量的增减必然使工程概预算造价和竣工决算实际工程造价随之增减。因此，要认真对比分析和审查建设项目的建设规模、结构、标准、工程范围等是否遵循批准的设计文件规定，其中有关变更是否按

照规定的程序办理，它们对造价的影响如何。对实物工程量出入较大的项目，还必须查明原因。

② 主要材料消耗量。在建筑安装工程投资中，材料费一般占直接工程费70%以上，因此考核材料费的消耗是重点。在考核主要材料消耗量时，要按照竣工决算表中所列三大材料实际超概算的消耗量，查清是在哪一个环节超出量最大，并查明超额消耗的原因。

③ 建设单位管理费、建筑安装工程其他直接费、现场经费和间接费。要根据竣工决算报表中所列的建设单位管理费与概预算所列的建设单位管理费数额进行比较，确定其节约或超支数额，并查明原因。对于建筑安装工程其他直接费、现场经费和间接费的费用项目的取费标准，国家和各地均有统一的规定，要按照有关规定查明是否多列或少列费用项目，有无重计、漏计、多计的现象以及增减的原因。

以上所列内容是工程造价对比分析的重点，应侧重分析。但对具体项目应进行具体分析，究竟选择哪些内容作为考核、分析重点，还得因地制宜，视项目的具体情况而定。

(2) 新增资产价值的确定

竣工决算是办理交付使用财产价值的依据。正确核定新增资产价值，不但有利于建设项目交付使用后的财务管理，而且为建设项目以后的经济评价提供依据。

1）新增资产的分类

按照新的财务制度和企业会计准则，新增资产按资产性质可分为固定资产、流动资产、无形资产、递延资产和其他资产等五大类。

① 固定资产。固定资产是指使用期限超过一年，单位价值在规定标准以上（例如：1000元或1500元或2000元），并且在使用过程中保持原有物质形态的资产，包括房屋及建筑物、机电设备、运输设备、工具器具等。不同时具备以上两个条件的资产为低值易耗品，应列入流动资产范围内，如企业自身使用的工

具、器具、家具等。

② 流动资产。流动资产是指可以在一年内或超过一年的一个营业周期内变现或者运用的资产，包括现金及各种存货、应收及预付款项等。

③ 无形资产。无形资产是指企业长期使用但没有实物形态的资产，包括专利权、著作权、非专利技术、商标、名誉等。

④ 递延资产。递延资产是指不能全部计入当年损益，应当在以后年度分期摊销的各项费用，包括开办费、租入固定资产的改良工程(如延长使用寿命的改装、翻修、改造等)支出等。

⑤ 其他资产。其他资产是指具有专门用途，但不参加生产经营的经国家批准的特种物资、银行冻结存款和冻结物资、涉及诉讼的财产等。

2）新增资产价值的确定

① 新增固定资产价值的确定。

A. 核定新增固定资产价值的意义。新增固定资产价值是投资项目竣工投产后所增加的固定资产价值，即交付使用的固定资产价值，是以价值形态表示建设项目的固定资产最终成果的指标。从建设项目微观来看，核定新增固定资产价值，分析其完成情况，是加强工程造价全过程管理的重要方面；从国民经济宏观上看，新增固定资产意味着国民财政增加，不仅可以反映出固定资产再生产的规模和速度，而且可以据此分析国民经济各部门的技术、产业结构变化与相互间适应的情况，以及考核投资经济效果等。因此，核定新增固定资产不仅对建设项目还是对国民经济建设均具有重要的意义。

B. 新增固定资产价值包括的内容。

a. 已投入生产或交付使用的建筑、安装工程造价；

b. 达到固定资产标准的设备、工器具的购置费用；

c. 增加固定资产价值的其他费用，包括土地征用及迁移费(即通过划拨方式取得无限期土地使用权而支付的土地补偿费、附着物和青苗补偿费、安置补助费、迁移费等)、联合试运转费、

勘察设计费、项目可行性研究费、施工机构迁移费、报废工程损失费和建设单位管理费中达到固定资产标准的办公设备、生活家具、用具和交通工具等的购置费。

C. 新增固定资产价值的计算。计算以单项工程为对象，单项工程建成经有关部门验收鉴定合格，正式移交生产使用，即应计算新增固定资产价值。一次性交付生产或使用的工程一次计算新增固定资产价值；分期分批交付生产或使用的工程，应分期分批计算新增固定资产价值。计算时应注意以下情况：

a. 对于为了提高产品质量、改善劳动条件、节约材料消耗、保护环境而建设的附属辅助工程，只要全部建成，正式验收或交付使用后就应计入新增固定资产价值；

b. 对于单项工程中不构成生产系统，但能独立发挥效益的非生产性工程，如住宅、食堂、医务所、托儿所、生活服务设施等，在建成并交付使用后，也应计算新增固定资产价值；

c. 凡购置达到固定资产标准不需要安装的设备工器具，均应在交付使用后计入新增固定资产价值；

d. 属于新增固定资产价值的其他投资，按新财务制度规定。如与建设项目配套的专用铁路线、专用公路、专用通讯设施、送变电站、地下管道、专用码头等，由本项目投资，其产权归属本项目所在单位，并应随同受益工程交付使用，同时一并计入新增固定资产价值。

D. 交付使用财产成本的计算内容是：

a. 房屋、建筑物、管道、线路等固定资产的成本包括建筑工程成本和应分摊的待摊投资；

b. 动力设备和生产设备等固定资产的成本包括：需要安装设备的采购成本、安装工程成本、设备基础支架等建筑工程成本、砌筑锅炉及各种特殊炉的建筑工程成本、应分摊的待摊投资；

c. 运输设备及其他不需要安装的设备、工具、器具、家具等固定资产，一般仅计算采购成本，不计分摊的“待摊投资”。

E. 待摊投资的分摊方法。增加固定资产的其他费用，应按各受益单项工程以一定比例共同分摊。分摊时，哪些费用由哪些工程分摊，又有具体规定。一般是：建设单位管理费由建筑工程、安装工程、需安装设备价值总额等按比例方法分摊；土地征用费、勘察设计费等费用只按建筑工程造价分摊。

② 流动资产价值的确定。

A. 货币资金，即现金、银行存款和其他货币资金(包括在外埠存款、还未收到的在途资金、银行汇票和本票等资金)。一律按实际入账价值核定计入流动资产；

B. 应收和预付款。包括：应收工程款、应收销售款、其他应收款、应收票据及预付分包工程款、预付分包工程备料款、预付工程款、预付备料款、预付购货款和待摊费用。其价值的确定，一般情况下按应收和预付款项的企业销售商品、产品或提供劳务时的实际成交金额或合同约定金额入账核算。

C. 各种存货是指建设项目在建设过程中耗用而储存的各种自制和外购的各种货物，包括各种器材、低值易耗品和其他商品等。其价值确定：外购的，按照买价加运输费、装卸费、保险费、途中合理损耗、入库前加工整理或挑选及缴纳的税金等项计价；自制的，按照制造过程中发生的各项实际支出计价。

③ 无形资产价值的确定。

A. 无形资产计价原则。无形资产的计价，原则上应按取得时的实际成本计价。新财务制度规定，根据企业取得无形资产的途径不同，其计价还应遵循以下原则：

a. 投资者以无形资产作为资本金或合作条件投入的，按照对其评估确认或合同协议约定的金额计价；

b. 企业购入的无形资产按照实际支付的价款计价；

c. 企业自制并依法申请取得的无形资产，按其开发过程中的实际支出计价；

d. 企业接受捐赠的无形资产，可按照发票账单所持金额或同类无形资产的市价计价。

B. 无形资产价值的确定。

a. 专利权的计价。专利权分为自制和外购两种。自制专利权，其价值为开发过程中的实际支出计价，主要包括专利的研究开发费用、专利登记费、专利年费和法律诉讼费等。专利转让时(包括购入和卖出)，其价值主要包括转让价格和手续费用。由于专利是具有专有性并能带来超额利润的生产要素，因此其转让价格不能按其成本估价，而应依据所带来的超额收益来估价。

b. 非专利技术的计价。非专利技术是指具有某种专有技术或技术秘密、技术诀窍，是先进的、未公开的、未申请专利的，可带来经济效益的专门知识和特有经验，如工业专有技术、商业(贸易)专有技术、管理专有技术等。它也包括自制和外购两种。外购非专利技术，应由法定评估机构确认后，再进一步估价，一般通过其产生的收益来估价，其方法类同专利技术；自制的非专利技术，一般不得以无形资产入账，自制过程中所发生的费用，按新财务制度可作当期费用处理，这是因为非专利技术自制时难以确定是否成功，这样处理符合稳健性原则。

c. 商标权的价值。商标权是商标经注册后，商标所有者依法享有的权益，它受法律保障。分为自制和购入(转让)两种。企业购入和转让商标时，商标权的计价一般根据被许可方新增的收益来确定；自制的，尽管在商标设计、制作、注册和保护、广告宣传都要花费一定费用，一般不能作为无形资产入账，而直接以销售费用计入当期损益。

d. 土地使用权的计价。取得土地使用权的方式有两种，则计价方法也有两种：一是建设单位向土地管理部门申请，通过出让方式取得有限期的土地使用权而支付的出让金，应以无形资产计入核算。二是建设单位获得土地使用权原先是通过行政划拨的，就不能作为无形资产核算，只有在将土地使用权有偿转让、出租、抵押、作价入股和投资，按规定补交土地出让金后，才可作为无形资产计入核算。

无形资产入账后，应在其有限使用期内分期摊销。

④ 递延资产价值的确定。

A. 开办费的计价。筹建期间建设单位管理费中未计入固定资产的其他各项费用，如建设单位经费，包括筹建期间工作人员工资、办公费、差旅费、印刷费、生产职工培训费、样品样机购置费、农业开荒费、注册登记费等以及不计入固定资产和无形资产购建成本的汇兑损益、利息支出。按照新财务制度规定，除了筹建期间不计入资产价值的汇兑净损失外，开办费从企业开始生产经营月份的次月起，按照不短于五年的期限平均摊入管理费用中。

B. 以经营租赁方式租入的固定资产改良工程支出的计价。以经营租赁方式租入的固定资产改良工程支出是指能增加以经营租赁方式租入的固定资产的效用或延长其使用寿命的改装、翻修、改建等支出。应在租赁有效期限内分期摊入制造费用或管理费用中。

⑤ 其他资产计价。主要以实际入账价值核算。

6.3.4 保修费用的处理

(1) 保修和保修费用

1）保修

按照《中华人民共和国合同法》规定，建设工程的施工合同内容包括对工程质量保修范围和质量保证期。保修就是指施工单位按照国家或行业现行的有关技术标准、设计文件以及合同中对质量的要求，对已竣工验收的建设工程在规定的保修期限内，进行维修、返工等工作。这是因为建设产品不同一般商品。往往在竣工验收后仍可能存在质量缺陷(指工程不符合国家或行业现行的有关技术标准、设计文件以及合同对质量的要求，下同)和隐患，直到使用过程中才能逐步暴露出来，如屋面漏雨、墙体渗水、建筑物基础超过规定的不均匀沉降、采暖系统供热不佳、设备及安装工程达不到国家或行业现行的技术标准等，需要在使用过程中检查、观测和维修。为了使建设项目达到最佳状态，确保工程质量，降低生产和使用费用，发挥最大的投资效益，造价工程师应督促设计单位、施工单位、设备材料供应单位认真做好保修工作，并加强保修期间的投资控制。

2000年1月国务院发布的第279号令《建设工程质量管理条例》中规定：建设工程实行质量保修制度。建设工程承包单位在向建设单位提交工程竣工验收报告时，应当向建设单位出具质量保修书。质量保修书应当明确建设工程的保修范围、保修期限和责任等。该号令还明确规定，在正常使用条件下，建设工程的最低保修期限为：

① 基础设施工程、房屋建筑的地基基础工程和主体结构工程，为设计文件规定的该工程的合理使用年限；

② 屋面防水工程、有防水要求的卫生间、房间和外墙面的防渗漏，为5年；

③ 供热与供冷系统，为2个采暖期、供冷期；

④ 电气管线、给排水管道、设备安装和装修工程为2年；其他项目的保修期限由发包方与承包方约定。建设工程的保修期，自竣工验收合格之日起计算。

2）保修费用

保修费用是指对建设工程在保修期限和保修范围内所发生的维修、返工等各项费用支出。保修费用应按合同和有关规定合理确定和控制。保修费用一般可参照建筑安装工程造价的确定程序和方法计算，也可以按建筑安装工程造价或承包合同价的一定比例计算（如5%）。

(2) 保修费用的处理方法

基于建筑安装工程情况复杂，不如其他商品那样单一，出现的质量缺陷和隐患等问题往往是由于多方面原因造成的。因此，在费用的处理上应分清造成问题的原因以及具体返修内容，按照国家有关规定和合同要求与有关单位共同商定处理办法。

1）勘察、设计原因造成保修费用的处理

勘察、设计方面的原因造成的质量缺陷，由勘察、设计单位负责并承担经济责任，由施工单位负责维修或处理。按新的合同法规定，勘察、设计人应当继续完成勘察、设计，减收或免收勘察、设计费并赔偿损失。

2）施工原因造成的保修费用处理

施工单位未按国家有关规范、标准和设计要求施工，造成质量缺陷由施工单位负责无偿返修并承担经济责任。

3）设备、材料、构配件不合格造成的保修费用处理

因设备、建筑材料、构配件质量不合格引起的质量缺陷，属于施工单位采购的或经其验收同意的，由施工单位承担经济责任；属于建设单位采购的，由建设单位承担经济责任。至于施工单位、建设单位与设备、材料、构配件供应单位或部门之间的经济责任，应按其设备、材料、构配件的采购供应合同处理。

4）用户使用原因造成的保修费用处理

因用户使用不当造成的质量缺陷，由用户自行负责。

5）不可抗力原因造成的保修费用处理

因地震、洪水、台风等不可抗力造成的质量问题，施工单位和设计单位都不承担经济责任，由建设单位负责处理。

关于建设工程质量的具体责任及其处罚，要严格按国务院第279号令执行。

参 考 文 献

[1] 宋俊岳主编．建设项目评估与投资控制．北京：中国科学技术出版社，1994

[2] 黄如宝主编．建设项目投资控制原理、方法与控制系统．上海：同济大学大学出版社，1995

[3] 徐大图．工程造价的确定与控制．北京：中国计划出版社，1997

[4] 尹贻林主编．工程管理相关知识．北京：中国计划出版社，1997

[5] 徐大图．建设项目投资控制．北京：中国建筑工业出版社，1997

[6] 曲修山．工程建设合同管理．北京：中国建筑工业出版社，1997

[7] 罗福周主编．建设工程造价与计价实务全书．北京：中国建材工业出版社，1999

[8] 全国造价工程师考试培训教材委员会．工程造价的确定与控制(第二版)．北京：中国计划出版社，2001

[9] 李宏阳，李跃水，杨海．建筑北饰装修工程量清单计价与投标报价．北京：中国建材工业出版社，2003

[10] 北京广联达慧中软件技术有限公司工程量清单专家顾问委员会．工程量清单的编制与投标报价．北京：中国建材工业出版社，2003

[11] 中国建设监理协会．全国监理工程师执业资格考试辅导材料．北京：知识产权出版社，2004

[12] 建设部标准定额研究所《建设工程工程量清单计价规范》宣贯辅导教材．北京：中国计划出版社，2003